高等学校“十三五”规划教材

XIANDAI GONGYE FAJIAO GONGCHENG

现代工业发酵工程

杨 立　龚乃超　吴士筠　主编
柯斌清　杨文婷　郑 丹　副主编

化学工业出版社
·北京·

《现代工业发酵工程》分两篇，共10章。第一篇主要介绍工业发酵的基础与背景、开展课程设计前需要掌握的设备设计与选型、工业发酵工程工艺流程设计三个部分内容，都是专业课程设计的基础知识；第二篇主要介绍工业发酵工程典型产品的设计与生产，先后讲解了酒精工业的发酵生产、有机酸工业的发酵生产、味精工业的发酵生产、啤酒工业的发酵生产、白酒工业的发酵生产、土霉素工业的发酵生产和硫酸小诺米星工业的发酵生产。

《现代工业发酵工程》可作为生物类、轻化工程、生物制药、环境科学、生命科学、食品、农业、化学工程与工艺等专业的教材，也可供相关人员参考使用。

图书在版编目（CIP）数据

现代工业发酵工程/杨立，龚乃超，吴士筠主编. —北京：化学工业出版社，2019.10
高等学校“十三五”规划教材
ISBN 978-7-122-35083-1

Ⅰ.①现… Ⅱ.①杨…②龚…③吴… Ⅲ.①工业发酵-发酵工程-高等学校-教材 Ⅳ.①TQ920.6

中国版本图书馆CIP数据核字（2019）第182695号

责任编辑：李 琰　　装帧设计：韩 飞
责任校对：王 静

出版发行：化学工业出版社（北京市东城区青年湖南街13号 邮政编码100011）
印　　刷：三河市航远印刷有限公司
装　　订：三河市宇新装订厂
787mm×1092mm 1/16 印张14 字数331千字 2020年3月北京第1版第1次印刷

购书咨询：010-64518888　售后服务：010-64518899
网　　址：http://www.cip.com.cn
凡购买本书，如有缺损质量问题，本社销售中心负责调换。

定　　价：58.00元

前言

进入21世纪以来，随着现代发酵工程技术的快速发展，以及计算机科学、自动化与控制、机械设备生产等技术的协同快速发展，我国发酵工业产品已涉及医药、保健、农药、食品与饲料、有机酸等各个方面。

随着科技创新和技术进步的推进，科技推广应用和产业化步伐的加快，发酵产业产品空间进一步拓展，产业链不断延伸，发展前景更加广阔，因此社会需要更多相关专业人才。为了让发酵工程的知识与生产实践中的关键技术得到更大程度的普及和应用，作者所在教学团队编写了此书。

《现代工业发酵工程》的最大特点在于，以工厂实际生产为例进行讲解，计算过程详细，工艺流程设计合理，对在校大学生的专业课课程设计与毕业设计指导意义重大。在多年的教学过程中发现学生在大二和大三进行专业课的学习中计算能力与画图能力均有待提高。笔者所在教学团队通过多年在发酵工程课程设计、生化工程课程设计、下游技术课程设计、制药工程课程设计、轻化工程课程设计、食品工程课程设计等专业课课程设计的积累，期望本书能弥补目前生物类、生物制药、食品科学、轻化工程、化学工程与工艺等专业实践类教材的不足，培养学生较好的工程计算能力，从而使学生更好地进行毕业设计。本书第一篇共3章，主要介绍工业发酵的基础与背景、开展课程设计前需要掌握的设备设计与选型、工业发酵工程工艺流程设计三个部分内容，均为专业课程设计的基础知识。第二篇共7章，主要介绍工业发酵工程典型产品的设计与生产，先后介绍了酒精工业的发酵生产、有机酸工业的发酵生产、味精工业的发酵生产、啤酒工业的发酵生产、白酒工业的发酵生产、土霉素工业的发酵生产和硫酸小诺米星工业的发酵生产，共介绍了七种商品的工业生产。

《现代工业发酵工程》第1章到第4章，第8章第1～3节由龚乃超老师编写；第5章到第7章由杨立老师编写；第8章第4～11节由杨文婷老师编写；第9章由吴士筠老师编写；第10章第1～5节由柯斌清老师编写；第10章第6～11节由郑丹老师编写；全书计算部分由柯斌清老师负责核算；工艺流程部分由吴士筠老师核算；图纸部分由郑丹老师进行修订。

由于笔者水平有限，书中难免疏漏及不足之处，恳请读者提出宝贵意见。

笔者

2019年6月

目录

第一篇　工业发酵工程理论

第一篇

工业发酵工程理论

第1章

我国工业发酵工程行业介绍

1.1 发酵工程在食品工业中的应用

1.1.1 传统的食品加工工艺的改造

利用现代发酵技术改造传统的食品发酵过程，经典的工艺是采用双酶法糖化取代传统的酸法水解。一些欧洲国家把啤酒称作液体面包，而传统的发酵方法需时较长，无法有效地满足现阶段啤酒生产的实际需求。利用固定化酵母的连续发酵工艺，可有效地减少啤酒所需要的发酵时间，90min 左右即可达到啤酒发酵的最终效果。

随着科技进步，发酵工艺也有很大提高，发酵工程在黄酒、酱类、豆腐乳等传统的制造行业中得到应用，发酵工程可有效地缩短发酵的周期，大大地提升原料的利用率，并在一定程度上提高相关产品的品质。

1.1.2 单细胞蛋白的生产

单细胞蛋白又叫做微生物蛋白，是利用大量的工农业废料和石油废料人工培养的一种微生物菌体。随着我国科技的不断发展，酵母产品也在快速发展中。单细胞蛋白是一种微生物蛋白质，被人们广泛应用于食品中，是近几年来人们认为最有前景的一种蛋白质新资源之一。单细胞蛋白富含硒酵母和铬酵母等人体需要的物质，单细胞蛋白有效地解决了蛋白质资源不足的情况。

1.1.3 大型真菌的开发

功能性食品的主要成分来自比较名贵的中药材，如灵芝、冬虫夏草、茯苓和香菇等药用真菌，主要是因为真核的微生物可以调节机体的免疫机能、抗癌或抗肿瘤、在一定程度上防衰老。功能性食品最重要的原料来源是天然源的药用真菌，还可以通过发酵的方法进行工业化生产，从而得到需要的药用真菌。在实际应用的过程中，人工发酵培育的虫草菌已有很大的突破，中国医学科学院药物研究所通过相关的研究得出，人工发酵培育出的虫草菌的主要化学成分和实际的药理效用与天然的冬虫夏草大体相同，能代替天然的冬虫夏草，通过人工培育即可将虫草菌广泛地应用到相关的领域中。

1.1.4　γ-亚麻酸的制备

γ-亚麻酸是人体必不可少的一种不饱和的脂肪酸，对人体的很多组织尤其是脑组织的生长发育起到十分重要的作用。γ-亚麻酸具有较好的降血压、降血清甘油三酯和胆固醇的功效，当前主要从月见草提取。但月见草种子的产量和实际的含油量不稳定、受到天气和产地等自然条件的影响极大、生长的周期长、提炼的成本相对较高。因此，相关科学家采用豆粕和麸皮等相关作物进行培植，深层发酵液体以提取γ-亚麻酸。在发酵提取γ-亚麻酸的过程中，要确保温度为30℃，时间约2天，即可得到12%～15%的γ-亚麻酸。相比于天然的月见草，人工培植更加稳定、生长周期更短、工艺相对简单，适合大面积利用。

1.1.5　微生态制剂的制备

微生态制剂是指采用正常的微生物或能够有效地促进微生物生长的物质制成活的微生物制剂。双歧型微生物制剂通常使用于婴儿双歧杆菌中，制备的工艺是反复地接种培养双歧杆菌纯培养物，使其能够恢复自身的活力情况。糖是人体所必需的一种营养素，在食物中的含量十分丰富。随着我国经济水平的不断提高，人们的生活水平也有了很大的改善，过多地摄入糖易导致肥胖或糖尿病等。物质生活不断改善，也改变了人们传统的饮食思想。只是追求吃饱和吃好的时代已成为过去，在现阶段，人们更需要的是吃得更加健康，以达到长寿的目的。所以，微生物发酵生产出来的新糖源慢慢地被人们所认识从而能够接受。新糖源相比较传统的糖来说更甜、口感更好，而且热量更可有效地满足肥胖症、肝肾病和糖尿病人对于低糖食品的需要。

1.1.6　有机形式的微量元素的制备

人体必需的微量元素包括硒、铬、锗、碘、锌、铁等，其中硒、锗、铬3种元素与目前严重危害人类健康的肿瘤、心血管疾病和糖尿病等的治疗关系较大，因此也成为保健食品研究的热点之一。由于无机形式的硒、锗、铬活性很低，同时具有不同程度的毒性，所以其应用于保健品首先要通过生物方法，将无机形式的这些元素转化成有机形式微量元素。经过研究发现，酵母细胞对硒具有富集作用（吸收率约75%）。利用这一特点，可以在特定培养环境下及不同阶段在培养基中加入硒，使它被酵母吸收利用而转化为酵母细胞内的有机硒，然后由酵母自溶制得产品。富硒酵母中95%以上的硒是以有机硒形式存在的，其抗衰老及抑制肿瘤功能较亚硒酸钠显著，而其毒性却远远低于亚硒酸钠。

1.1.7　超氧化物歧化酶（SOD）的制备

SOD广泛存在于动植物和微生物细胞中，目前国内生化制品中的SOD主要是从动物血液的红细胞中提取的。SOD不仅能清除人体内过多的氧自由基，起到延缓衰老、提高人体免疫能力并增强对各种疾病的抵抗力的作用，而且作为一种临床药物，在治疗由于自由基的损害而引发的多种疾病时效果显著，可与放疗、化疗结合治疗癌症、骨髓损伤、炎症，也可消除肌肉疲劳等。临床应用证明SOD作为人体组织细胞的正常成分是安全的、有效的，可以广泛应用于化妆品、牙膏和保健食品中。

1.1.8 L-肉碱的制备

L-肉碱（Candtme）的化学名称是L-3-烃基-4-三甲铵丁酸，普遍存在于机体组织内，是我国新批准的营养强化剂。因为它能促进脂肪酸的运输和氧化，可以应用在运动员食品中，以提高其耗氧量和氧化代谢能力，从而增强机体耐受力；同时可用在特殊群体食品如婴幼儿食品、老年食品和减肥健美食品中。如今发酵法和酶法已经取代了传统的化学生产法，目前L-肉碱已应用于医药、保健和食品等领域，并已被瑞士、法国、美国和世界卫生组织规定为多用途营养剂。

1.2 我国食品发酵工业的研究现状

从我国食品工业的产值看，其在我国工业总产值中的比重呈现逐年上升趋势，食品工业的工业附加值也保持了较快的增长速度。在此良好的发展形势下，探究我国食品发酵工业的现状、不足及对策，有助于进一步提高我国食品发酵工业的国际竞争力。

1.2.1 我国食品发酵工业的发展现状

在改革开放及社会主义市场经济的带动下，我国社会经济迎来了快速发展的新契机，在此背景下，我国食品工业及发酵工业也取得了长足发展进步。

2017年我国生物发酵产业主要行业产品总产值约2390亿元人民币，产量约2846万吨，较2016年同期增长约7.7%。2018年上半年生物发酵产业延续了2017年的发展态势，整体发展继续保持平稳运行，主要行业产品产量约1420.8万吨，与2017年同期相比增长约1.3%。其中味精、赖氨酸的出口出现负增长。同时，有部分产品如柠檬酸、葡萄糖的出口有小幅度的增长，大部分产品出口与2017年相比变化不大，保持稳定。

根据海关进出口数据统计，2017年生物发酵行业主要行业、主要产品出口量501.6万吨，与2016年相比增长22.9%，出口量继续保持两位数增长；出口额42.8亿美元，同比增长16.8%。出口量方面，除柠檬酸、葡萄糖酸、酶制剂和酵母增长幅度在个位数外，其余行业产品均在两位数增长幅度，苏氨酸产品出口增长最大达到54%，谷氨酸产品紧随其后，达到了40%，多元醇产品增幅31%，乳酸产品也有较大幅的增长，达到了22.5%。出口价格方面，柠檬酸、多元醇产品出口价格较2016年同期有了较大提高，谷氨酸产品、淀粉糖产品、酶制剂产品出口平均价格都有较大程度的降低，特别是谷氨酸产品。

味精、酶制剂及柠檬酸是发酵制品的主要构成形式，由此可见，我国食品发酵工业在我国工业结构中占据了极大比重。进入新世纪后，我国食品发酵工业虽尚具备产量高的优势，但在销售及技术管理上呈现出一定的下滑趋势，在食品发酵工业的生产中，过多依赖人力物力的现象较为普遍，产品的技术含量不高、资源利用率低下、技术人才短缺、销售通道狭窄等问题日益暴露。要保障食品发酵工业的可持续发展，应注重以技术促生产，用管理求效益。

1.2.2 我国食品发酵工业研究及应用的重点及方向

在食品发酵工业的生产研究中，主要的产业研究方向为农产品综合开发利用、奶制品生产、开发功能性食品及方便食品等。在农产品综合开发利用上，应借助行业先进生产设备及工艺，提高稻谷及小麦的产率，从而为食品发酵所用的专用粉提供充足的原料。与其他国家相比，我国在面包粉、炸鱼拖粉、速溶面粉、炸面包圈粉等食品专用粉的产量上存在一定的劣势。而在食品加工专用油脂的生产中，相比我国台湾地区和日本，在类型及产量上差距也较为明显。我国食品发酵工业应在商用淀粉、蛋白制品的生产及加工中提高产量及产值。

在奶制品的生产中，由于奶制品富含易被人体吸收的优质蛋白、维生素、钙质，其营养价值极为丰富。在奶制品的生产及供应中，我国的人均奶制品占有量仅为7kg，而荷兰、新西兰等国的人均奶制品占有量达到2000～3000kg，由此可见，在奶制品生产及供应上，我国与西方国家相比差距极为显著。在奶制品生产中，消毒杀菌技术、微生物发酵技术、保鲜技术都是重要的生产加工技术类型，而且微生物发酵技术在酸奶生产中发挥了其独特功效，食品发酵工业研究应致力于对液体奶的工艺进行研发，提高技术含量，增强奶制品生产能力，丰富奶制品品种。在功能性食品及方便食品中，食品发酵技术可以用于脂肪酸、糖醇、膳食纤维等功能性饮料的生产开发，针对孕妇、儿童、老年人，也可以借助食品发酵工艺，生产相应的专用型及辅助型食品，如酱、汤等。

在生物加工技术保障下，食品发酵工业可以在高蛋白、高钙质、低糖类功能食品的研发中充分发挥其功用。在方便食品，如馒头、粥、米、面包和方便面等食品类型的生产中，进步较快，相应的副食调料、肉制品、酒类、食醋、汤料和烘焙品等半成品及成品生产数量及质量提升显著，其食品发酵技术的应用水平较高。

1.2.3　食品发酵工业提升产品质量及产值的相关要点

首先，应提高资源利用率，依托高新生物科技，提高食品发酵工业的技术含量。在食品发酵原料资源的利用上，要提高粮食资源的利用效率，对食品发酵加工的副产物，可以进行再次回收及二次利用，将其制作成肥料及饲料等，投放农田。在食品发酵工业废水的排放控制上，可将其用于造纸业，减少污染。而在生物技术及基因技术的辅助下，食品发酵工业中的活性剂、多糖、营养品生产更加便捷，采用生物技术中的益菌技术对食品进行基因重组，可以增强食品发酵工业的技术含量。

其次，要优化食品发酵工业的产业结构类型，注重采用高新科技，提高柠檬酸、乳酸、酶制剂、淀粉糖和酵母等工业类型的技术产量及产品种类，弥补食品发酵工业在一些制剂及食品添加剂上的空白。

1.3　现代固态发酵技术在食品工业中的应用

1.3.1　现代固态发酵技术常用的菌种和基质

1.3.1.1　菌种特征

固态发酵的最佳微生物是丝状微生物，其理想微生物要求能够耐受高浓度的营养盐，在含水量低的基质中生长迅速，染菌概率小，且以菌丝形式生长、不易孢子化，能够深入到料层中、穿入基质细胞内，有完整的酶系，可以利用多糖混合物。常用微生物有三类：一是真菌类，包括曲霉、黑曲霉、黄曲霉、木霉、青霉等；二是细菌类，包括地衣芽孢杆菌、枯草芽孢杆菌等；三是酵母菌类，包括酿酒酵母、葡萄酒酵母、产朊假丝酵母等。

1.3.1.2 基质特征

在固态发酵中，微生物发酵的传质、传热及微生物的代谢功能都会受到基质的影响。现在大多采用未处理的农副产品或其废弃物，经预处理并消毒，保证微生物的纯种培养，部分营养不全面的基质，需要增加其他必需的无机盐等营养物质，以适应微生物的生长和代谢。在现代固态发酵技术中，木质纤维素原料基质使用最广泛，其次是淀粉质含量高的原料，微生物生长代谢的碳源由淀粉或其水解后得到的葡萄糖等提供。固态发酵基质原料特征有底物颗粒形状、大小、纤维含量、空隙率、黏度等物理因素和疏水性、聚合度、结晶度、电化学性质等化学因素。

1.3.2 固态发酵技术在传统食品工业中的应用

1.3.2.1 酱油制曲酿造

酱油生产中较为重要的一环是制曲，它直接影响酱油的品质和产量。传统酱油生产都是在敞开的环境中进行种曲和成曲的，易感染杂菌，影响曲的质量，进而影响酱油的品质和产量。采用现代固体发酵技术可以克服上述问题。

1.3.2.2 生产酿酒曲

利用固态发酵技术直接将糖质原料转化为乙醇，过程简单、糖利用率高，成为近年来的一个研发热点。投入相同质量的原料，因为可发酵总糖初始含量不同，最终乙醇产量有异，甜菜、甜高粱、甘蔗依次降低。比较消耗单位质量糖分所生成的乙醇质量，发现甜高粱对于2种菌株都具有最高的乙醇/糖转化率，说明甜高粱茎秆中大部分糖分用于生成乙醇，少量糖分用于维持酵母菌自身生长繁殖及生成副产物。

1.3.2.3 生产固态发酵醋

以云南大叶种绿茶、玉米为主要原料，人工添加黑曲霉、酿酒酵母、醋酸菌等微生物，采用固态发酵技术，对发酵原料进行浸提、过滤、挑选、浸泡、蒸煮、糖化、酒精发酵、醋酸发酵等步骤，在相应阶段添加微生物菌种进行混合培养。结果表明：对发酵料进行过滤、陈化、灭菌等处理，控制好各环节温度、添加物比例等，可以形成兼有茶和醋独特风味的绿茶醋，保健和营养功效较好。

1.3.3 食品用酶制剂

1.3.3.1 生产 α-淀粉酶

α-淀粉酶在食品加工中主要用于淀粉加工业和酒精酿造业，使用范围广，需求量大。生产 α-淀粉酶的菌种有霉菌和细菌，霉菌 α-淀粉酶大多采用固态法生产。固态发酵枯草杆菌BF7658变异菌种，比液态发酵的产酶酶活要高 4～5 倍，从而降低生产成本，经济效益可观。

1.3.3.2　纤维素酶

生产可使植物纤维素糖化转变成食品原料的纤维素酶，是一项很有意义的工作。传统固体发酵因为传质、传热、水活度等培养参数难以控制，而难以进行规模化生产。现代固态发酵技术可以较好地控制以上参数，促进了纤维素酶的发酵生产。固态发酵法生产β-葡萄糖苷酶的研究也多有报道。

1.4　我国发酵工业的现状

我国生物化工行业经过长期发展，已有一定基础。特别是改革开放以后，生物化工的发展进入了一个崭新的阶段。目前生物化工产品涉及医药、保健、农药、食品与饲料、有机酸等各个方面。

随着科技创新和技术进步的推进，科技推广应用和产业化步伐的加快，发酵产业产品空间进一步拓展、产业链不断延伸，发展前景更加广阔。我国发酵工业的巨大发展不仅在于产量的巨大提升，更在于发酵技术和发酵工艺的巨大进步。当前发酵技术进步主要表现为：技术经济指标有明显提高；工艺技术有重大改进；装备水平大大改善。

1.4.1　发酵工程在各领域的发展现状

1.4.1.1　医药行业

微生物发酵是生物转化法之一，在中药中早有应用。真菌是发酵中药的主要功能菌。发酵时大多采用单一菌种纯种发酵法。现代中药发酵技术分为液体发酵和固体发酵两种。中药发酵技术按应用方式可分为无渣式和去渣式两种，前者可直接用药，后者要提取和制剂用药。

1.4.1.2　食品工业

现代化生物技术的突飞猛进，改写了食品发酵工艺的历史。据报道，由发酵工程贡献的产品可占食品工业总销售额的15%以上。目前利用微生物发酵法可以生产近20种氨基酸。微生物发酵法较蛋白质水解和化学合成法生产成本低、工艺简单，且全部具有光学活性。

1.4.1.3　能源工业

乙醇作为一种生产工艺成熟、生产原料来源广泛的替代能源，越来越受到人们的关注。燃料酒精不仅可以缓解能源短缺的问题，从长远利益和能源的可再生性来看，燃料酒精又是一种潜力巨大的能源。酒精发酵的方式分为间歇式发酵、半连续式发酵和连续发酵。

1.4.1.4　农业

利用农作物废弃物生产食用菌。秸秆中富含各类蛋白质，是优质的食用菌基质。研究人员通过发酵工程，在适宜的环境和条件中，将秸秆转化为良好的食用菌基质，生产出多种食用菌，为人类餐桌提供绿色、健康、营养丰富的食用菌食品。

利用菌糠生产有机肥或部分替代动物饲料。食用菌生长后的菌料被称为菌糠。在纤维素酶的协同作用下，菌丝体将秸秆中的纤维素和半纤维素降解成可以直接被动物利用的葡萄糖、果糖等小分子物质，降解后富含有机质和各种矿物质元素。N、P、K含量高于秸秆和粪便等其他传统肥料，可作为优良的堆肥材料。研究人员对堆肥中接种高温纤维菌的工艺进行了深入研究。结果表明，在45天后，有机肥的pH值、有机质含量、总养分等各项指标均达到有机肥标准。菌糠的营养含量较为丰富，可通过生物降解降低大分子纤维素、半纤维素和木质素的含量，可极大地提高粗蛋白和粗脂肪在有机肥中的含量。特别是饲料中普遍缺乏的必需氨基酸和Ga、Fe、Zn、Mg等元素的含量也相对较高，营养价值很高。食用菌糠粉碎后可直接用作饲料来喂养牲畜。

1.4.1.5 环境保护

近年来，科学家利用现代发酵技术及分离技术对大量有机废渣进行深层次的研究开发，从而获得高活性、高附加值的天然功能产品。

1.4.2 我国发酵工程的发展趋势与展望

1.4.2.1 发展趋势

发酵工程未来的发展趋势主要有以下几个大方面：①基因工程的发展为发酵工程带来新的活力；②新型发酵设备的研制为发酵工程提供先进工具；③大型化、连续化、自动化控制技术的应用为发酵工程的发展拓展了新空间；④强调代谢机理与调控研究，使微生物的发酵机能得到进一步开发；⑤生态型发酵工业的兴起开拓了发酵的新领域；⑥再生资源的利用给人们带来了希望。

1.4.2.2 发酵工程在轻工、食品领域的展望

发酵工程在轻工、食品领域的展望如下所述。

(1) 高产菌种和特殊环境微生物的遗传育种。

(2) 新酶品种开发和应用。

(3) 食品添加剂新品种开发和应用。

(4) 生物技术产物工业规模的分离和提取。

1.4.3 我国发酵工业存在的问题及改进的意见

1.4.3.1 问题

发酵工业在快速发展过程中，也暴露了诸多问题，突出表现为。

(1) 产能扩张过快，低水平重复建设现象严重，出现与饲料养殖业争粮的矛盾。

(2) 原料转化率差距较大，资源综合利用深度不够，副产品附加值比较低。

(3) 生产过程中耗能高、用水量大，并且产生高浓度有机废水，是污染较重的行业之一。

(4) 与国际先进水平相比还有很大差距。

1.4.3.2 改进的意见

(1) 配合国家宏观调控，促进产业结构调整。

（2）积极推动节能减排，走循环经济的发展道路。

（3）加快技术创新，提升核心竞争力。

（4）加快标准建设，推动产品质量的提升。

（5）加强人才培训，提升行业整体素质。

（6）构建技术先进全方位交流平台，建立更加有效的信息交流机制。

第2章

工业发酵工程设备设计与选型

2.1 设备的分类与设计步骤

2.1.1 设备的分类

（1）设备定义

设备是指可供企业在生产中长期使用，并在反复使用中基本保持原有实物形态和功能的劳动资料和物质资料的总称。

设备（equipment）通常是中大型的机具器材集合体，皆无法拿在手上操作而必须有固定的台座，使用电源之类动力运作而非人力。

设备一般而言都放置在专属的房间例如机房、车间、厂房，因为运作时会产生噪声或废气，除了资讯设备的输入输出都是无形的信息之外，许多设备要输入输出有形的物料，所以更需要专门设计的场所才能顺畅运作。

生物工程设备是实现生物技术工程化的载体，是实现生物技术工业化的关键。随着工业生物技术的迅速发展，对掌握现代生物工程设备原理、设计和操作的人才的需求日益增加。

生物工程设备分类如下。

① 专业设备：只用在生物工程专业上，如：生物反应器（发酵罐、种子罐）、液化设备、糖化设备、连消设备等。

② 通用设备：除在本专业使用外，在其他工业也使用，如：泵、风机、粉碎机、管件、阀门、过滤、换热设备。

③ 非标准设备：根据实际工艺需要定做的，无统一标准，如：储罐、计量罐等。

设备设计的原则遵循“三化”：标准化、通用化、系列化。

（2）设备的分类

① 从设备组成形态看，设备通常由硬件、软件和流程性材料组成。

a. 设备的硬件

设备的硬件是设备系统中所有实体部件和设备的统称。从基本结构上来讲，计算机硬件可以分为运算器、控制器、存储器、输入设备、输出设备五大部分。一辆汽车的硬件一般由发动机、底盘、车身和电气设备四个基本部分组成。

b. 设备的软件

一般来讲，软件被分为编程语言、系统软件、应用软件等。

c. 设备的流程性材料

流程性材料通常是指通过将原材料转化成某一预定状态形成的有形产品。设备上使用的燃料油、润滑油、冷却液、软化水等都属于流程性材料。

② 从设备结构特点看，设备由设备元件和设备架构组成。

③ 从设备组成单元看，设备由主要部件、配套部件和连接部件构成。

④ 从设备完整功能看，设备一般由动力部分、传动部分、主要工作部分、辅助工作部分和控制部分组成。

⑤ 从设备层次看，设备可以由核心设备、形式设备、延伸设备三个层次组成。核心设备是指设备的直接功能和效用；形式设备是指设备的物质实体外形，包括设备的特征、造型、包装和商标等；延伸设备是指包括运输、安装、维修、培训在内的相关服务。

生物工程设备按功能分为机械设备和容器设备。机械设备是为有运动部件传递动力的设备。容器设备是为没有运动部件起储存功能的设备。

所有设备都是由零部件组成的，零件是最小的机械加工单元，不可以再拆分。

2.1.2 设备设计与选型原则

（1）保证工艺过程实施的安全可靠（包括设备材质对产品质量的安全可靠；设备材质强度的耐温、耐压、耐腐蚀的安全可靠；生产过程清洗、消毒的可靠性等）。

（2）经济上合理，技术上先进。

（3）投资小，耗材少，加工方便，采购容易。

（4）运行费用低，水电气消耗少。

（5）操作清洗方便，耐用易维修，备品配件供应可靠，减轻工人劳动强度，实施机械化和自动化方便。

（6）结构紧凑，尽量采用经过实践考验证明性能优良的设备。

（7）考虑生产波动与设备平衡，留有一定裕量。

（8）考虑设备故障及检修的费用。

2.1.3 设备设计步骤

设备设计是根据工艺和专业性需要提出设计要求，机械制造专业完成设计的。一般遵循下列步骤：

（1）根据任务要求，确定设计方案；

（2）进行工艺计算；

（3）选择合适的结构方案，进行结构设计；

（4）进行流体阻力核算；

（5）绘制流程图及设备图纸，写说明书。

2.2 设备工艺设计

在工艺计算的基础上，确定车间内所有工艺设备的台数、型式和主要尺寸。为车间布置设计、施工图设计以及其他非工艺设计项目提供足够的有关条件，为设备的制作、订购等提供必要的资料。

设备设计与选型的程序和内容如下所示：

(1) 设备的工艺操作任务和工作性质的确定，工作参数的确定；

(2) 设备选型及该型号设备的性能、特点评价；

(3) 设备生产能力的确定；

(4) 设备数量的计算（考虑设备使用维修及必需的裕量）；

(5) 设备主要尺寸的确定；

(6) 设备化工过程（换热、过滤、干燥面积、塔板数等）的计算；

(7) 设备的传动搅拌和动力消耗的计算；

(8) 设备结构的工艺设计；

(9) 支撑方式的计算选型；

(10) 壁厚的计算选择；

(11) 材质的选择和用量计算；

(12) 其他特殊问题的考虑。

2.2.1 定型设备工艺设计

定型设备就是有国家标准或行业标准的系列设备产品，批量生产，有详细产品目录，价格低，可以查阅有关产品手册或向生产厂家咨询技术参数及价格。定型设备的工艺设计一般遵循如下步骤。

(1) 设备型式的选择。根据不同设备的特点，分析比较每种设备的优缺点，简单叙述每种类型设备的工作原理和适用范围。通过计算，筛选不同类型的设备，最终从经济性、实用性以及可操作性等方面综合评价，确定所选设备。

(2) 对已选中的设备进行相关参数计算，包括容积、体积尺寸、功率、壁厚以及加热面积等。

(3) 对标准设备确定技术参数，并汇总列出设备一览表。

2.2.2 非定型设备工艺设计

非定型设备就是没有国家标准或行业标准的设备产品，是根据生产需要自行设计的非标准设备，没有相关产品手册及技术参数查阅。非定型设备的工艺设计一般遵循如下步骤。

(1) 收集信息：详细了解原有工序、生产工艺或生产设备的所有具体细节，了解现有产能、人工数量、现有多少工序、工序品质（或产品品质）、原辅材料等情况。最好能到生产线上去向主管工程师和操作员工进行多层面的询问、勘察和了解，了解工作场地中的环境要求及对该设备的特殊的要求。

(2) 了解需要达到的主要工艺目的和要求。这需要工艺计算物料和能量的转化计算。

(3) 方案确认：根据上述两个基本情况，结合可供选择的条件，提出初步可行性方案，供团队集体讨论确定。

(4) 主要部件选型：在可行性方案经确认后，开始进行自动化部件选型（一般在做可行性方案时，也需要进行初步的选型）。

（5）参数验证：根据对产能（一般是指整个循环过程所需的时间）的要求，进行全程的工业步骤设计，并对初选的自动化部件的功能进行校核和确认。

（6）常规设计：在以上工作完成后，就可以进行装配总图草图的设计工作，进入常规的机械设计工作流程了。同时，由电气工程师和程序编制人员，依据整体实施方案和工作流程图，进行电气原理图和程序控制软件的设计、编制工作。

（7）审核确认：完成机械设计、外采自动化元器件、机械加工零部件、电气图和程控图后，经过规范的审核再次确认后，即可进行制造、装配、调试工作。

（8）审核签字，签署图号后，汇总列出设备一览表。

2.3 设备装配图

2.3.1 设备装配图主要内容

一张完整的化工设备装配图，包括以下基本内容：①一组视图；②必要的尺寸；③管口表；④技术特性表；⑤技术要求；⑥零部件序号、明细栏和标题栏。

（1）一组视图

用以表达化工设备的工作原理、各部件间的装配关系和相对位置，以及主要零件的基本形状。图例采用两个基本视图，比较清晰地表达了储罐的工作原理、结构形状以及各零部件间的装配关系。

（2）必要的尺寸

化工设备图上的尺寸，是制造、装配、安装和检验设备的重要依据。标注尺寸应完整、清晰、合理，以满足化工设备制造、检验和安装的要求。

① 尺寸种类　化工设备图主要用来表达设备的工作原理、各零部件间的装配关系。因此，化工设备图主要包括以下几类尺寸。

a. 特性尺寸：反映化工设备的主要性能、规格的尺寸，如图 2-1 中的筒体内径 ϕ1400、筒体长度 2000 等。

b. 装配尺寸：表示零部件之间装配关系和相对位置的尺寸，如图 2-1 中 500 表明人孔与进料口的相对位置。

c. 安装尺寸：表明设备安装在基础上或其他支架上所需的尺寸，如图中的 1200、840 等。

d. 外形（总体）尺寸：表示设备总长、总高、总宽（或外径）的尺寸，以确定该设备所占的空间。如容器的总长 2805、总高 1820、总宽（筒体的外径）1412。

e. 其他尺寸：一般包括标准零部件的规格尺寸（如图中人孔的规格尺寸 $\phi480\times6$），经设计计算确定的重要尺寸（如筒体壁厚 6）、焊缝结构形式尺寸以及不另行绘图的零件的有关尺寸。

② 尺寸基准　要使标注的尺寸满足制造、检验、安装的需要，必须合理选择尺寸基准。化工设备图中常用的尺寸基准有下列几种。

a. 设备筒体和封头的中心线；

b. 设备筒体和封头焊接时的环焊缝；

c. 设备容器法兰的端面；

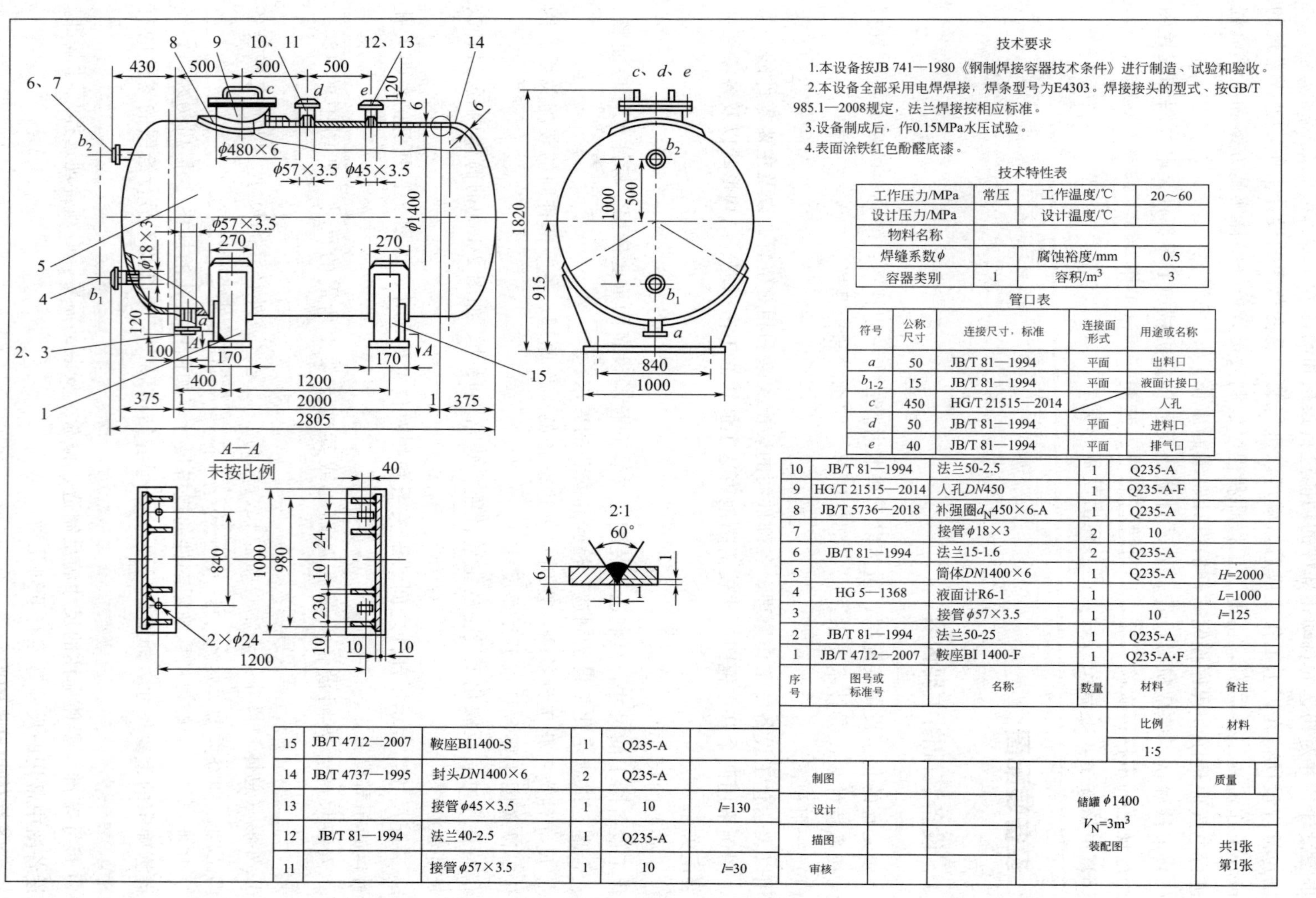

技术特性表

工作压力/MPa	常压	工作温度/℃	20～60
设计压力/MPa		设计温度/℃	
物料名称			
焊缝系数φ		腐蚀裕度/mm	0.5
容器类别	1	容积/m^3	3

管口表

符号	公称尺寸	连接尺寸，标准	连接面形式	用途或名称
a	50	JB/T 81—1994	平面	出料口
b_{1-2}	15	JB/T 81—1994	平面	液面计接口
c	450	HG/T 21515—2014		人孔
d	50	JB/T 81—1994	平面	进料口
e	40	JB/T 81—1994	平面	排气口

序号	图号或标准号	名称	数量	材料	备注
15	JB/T 4712—2007	鞍座BI1400-S	1	Q235-A	
14	JB/T 4737—1995	封头DN1400×6	2	Q235-A	
13		接管φ45×3.5	1	10	l=130
12	JB/T 81—1994	法兰40-2.5	1	Q235-A	
11		接管φ57×3.5	1	10	l=30
10	JB/T 81—1994	法兰50-2.5	1	Q235-A	
9	HG/T 21515—2014	人孔DN450	1	Q235-A-F	
8	JB/T 5736—2018	补强圈d_N450×6-A	1	Q235-A	
7		接管φ18×3	2	10	
6	JB/T 81—1994	法兰15-1.6	2	Q235-A	
5		筒体DN1400×6	1	Q235-A	H=2000
4	HG 5—1368	液面计R6-1	1		L=1000
3		接管φ57×3.5	1	10	l=125
2	JB/T 81—1994	法兰50-25	1	Q235-A	
1	JB/T 4712—2007	鞍座BI 1400-F	1	Q235-A·F	

制图			储罐φ1400 V_N=3m^3 装配图	比例 1:5	材料
设计				质量	
描图				共1张 第1张	
审核					

图 2-1 储罐 ϕ1400 $V_N = 3m^3$ 装配图

d. 设备支座的底面；

e. 管口的轴线与壳体表面的交线等。

③ 几种典型结构的尺寸注法

a. 筒体：一般标注内径、壁厚和高度（或长度）；若用无缝钢管作筒体，则标注外径、壁厚和高度（或长度）。图示标出筒体内径（ϕ1400）、壁厚（6）及长度（2000）。

b. 封头：标注壁厚和封头高（包括直边高度）。

c. 接管：标注管口内径和壁厚；接管为无缝钢管时，则标注“外径×壁厚”。

在化工设备装配图中，由于零件的制造精度不高，故允许在图上将同方向（轴向）的尺寸注成封闭形式，对于某些总长（或总高）或次要尺寸，通常将这些尺寸数字加注圆括号“（）”或在数字前加“≈”，以示参考之意。

（3）管口表

管口表是说明设备上所有管口的用途、规格、连接面形式等内容的一种表格，供备料、制造、检验或使用时参考。编号顺序：左下顺时针方向。

管口表一般画在明细栏的上方。管口表的格式如表 2-1 所示。

表 2-1 管口表

符号	公称尺寸	连接尺寸、标准	连接面形式	用途或名称

（4）技术特性表

技术特性表是表明设备的主要技术特性的一种表格，一般安排在管口表的上方。其格式有两种，分别适用于不同类型的设备，如表 2-2 所示。

表 2-2 技术特性表

工作压力/MPa		工作温度/℃	
设计压力/MPa		设计温度/℃	
物料名称			
焊缝系数ϕ		腐蚀裕度/mm	
容器类别		容积/m^3	

技术特性表的内容包括：工作压力、工作温度、设计压力、设计温度、物料名称等。对于不同类型的设备，需增加相关内容。如容器类，增加全容积（m^3）；反应器类，增加全容积和搅拌转速等；换热器类，增加换热面积等；塔器类，增加基本风压与地震烈度等内容。

(5) 技术要求

技术要求是用文字说明在图中不能（或没有）表示出来的内容，包括设备在制造、试验和验收时应遵循的标准、规范或规定，以及对于材料、表面处理及涂饰、润滑、包装、运输等方面的特殊要求，作为制造、装配、验收等过程中的技术依据。

技术要求通常包括以下几方面的内容：

① 通用技术条件　通用技术条件是同类化工设备在制造、装配、检验等诸方面的技术规范，已形成标准，在技术条件中，可直接引用。

② 焊接要求　焊接工艺在化工设备制造中应用广泛。在技术要求中，通常对焊接方法、焊条、焊剂等提出要求。

③ 设备的检验　一般对主体设备进行水压和气密性试验，对焊缝进行探伤等。

④ 其他要求　设备在机械加工、装配、油漆、保温、防腐、运输、安装等方面的要求。

(6) 零部件序号、明细栏和标题栏

零部件序号、明细栏和标题栏的内容、形式与机械装配图的内容形式基本一致。零件序号编号顺序：左下顺时针方向。格式见表 2-3。

表 2-3　零件序号编号顺序

<table>
<tr><td>10</td><td>JB/T 81—1994</td><td>法兰 50-2.5</td><td>1</td><td>Q235-A</td><td></td></tr>
<tr><td>9</td><td>HG/T 21515—2014</td><td>人孔 $DN450$</td><td>1</td><td>Q235-A-F</td><td></td></tr>
<tr><td>8</td><td>JB/T 5736—2018</td><td>补强圈 $d_N450\times6$-A</td><td>1</td><td>Q235-A</td><td></td></tr>
<tr><td>7</td><td></td><td>接管 $\phi18\times3$</td><td>2</td><td>10</td><td></td></tr>
<tr><td>6</td><td>JB/T 81—1994</td><td>法兰 15×1.6</td><td>2</td><td>Q235-A</td><td></td></tr>
<tr><td>5</td><td></td><td>筒体 $DN1400\times6$</td><td>1</td><td>Q235-A</td><td>$H=2000$</td></tr>
<tr><td>4</td><td>HG 5—1368</td><td>液面计 R6-1</td><td>1</td><td></td><td>$L=1000$</td></tr>
<tr><td>3</td><td></td><td>接管 $\phi57\times3.5$</td><td>1</td><td>10</td><td>$l=125$</td></tr>
<tr><td>2</td><td>JB/T 81—1994</td><td>法兰 50-25</td><td>1</td><td>Q235-A</td><td></td></tr>
<tr><td>1</td><td>JB/T 4712—2007</td><td>鞍座 BI 1400-F</td><td>1</td><td>Q235-A-F</td><td></td></tr>
<tr><td>序号</td><td>图号或标准号</td><td>名称</td><td>数量</td><td>材料</td><td>备注</td></tr>
<tr><td colspan="4" rowspan="2"></td><td>比例</td><td>材料</td></tr>
<tr><td>1∶5</td><td></td></tr>
<tr><td>制图</td><td></td><td></td><td colspan="2" rowspan="4">储罐 $\phi1400$
$V_N=3m^3$
装配图</td><td>质量</td></tr>
<tr><td>设计</td><td></td><td></td><td></td></tr>
<tr><td>描图</td><td></td><td></td><td rowspan="2">共 1 张
第 1 张</td></tr>
<tr><td>审核</td><td></td><td></td></tr>
</table>

2.3.2　设备装配图的表达特点

化工设备装配图的视图配置灵活，其俯（左）视图可以配置在图面上任何适当的位置，但必须注明“俯（左）视图”的字样。

当设备结构复杂，所需视图较多时，允许将部分视图画在数张图纸上，但主视图及该设备的明细栏、管口表、技术特性表、技术要求等内容，均应安排在第一张图样上。

当化工设备结构比较简单，且多为标准件时，允许将零件图与装配图画在同一张图样上。如果设备图已经表达清楚，也可以不画零件图。设备装配图常用的特殊表达方法有如下几种。

（1）多次旋转的表达方法

由于设备壳体四周分布有各种管口和零部件，为了在主视图上清楚地表达它们的形状和轴向位置，主视图可采用多次旋转的画法。即假想将设备上不同方位的管口和零部件，分别旋转到与主视图所在的投影面平行的位置，然后进行投射，以表示这些结构的形状、装配关系和轴向位置。

图 2-2 人孔是按逆时针方向（从俯视图看）假想旋转 45°之后，在主视图上画出其投影图的，液面计则是按顺时针方向旋转 45°后，在主视图上画出的。

采用多次旋转的表达方法时，一般不作标注。但这些结构的周向方位以管口方位图（或俯、左视图）为准。

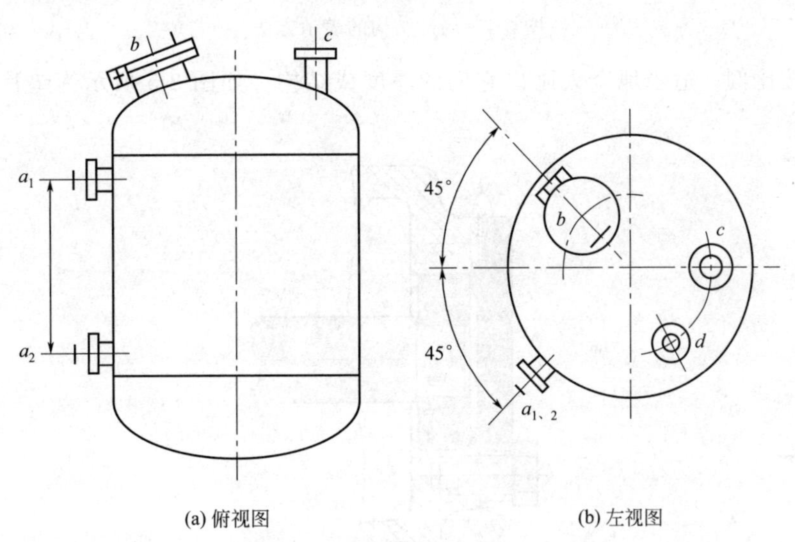

(a) 俯视图　　(b) 左视图

图 2-2　管口方位图

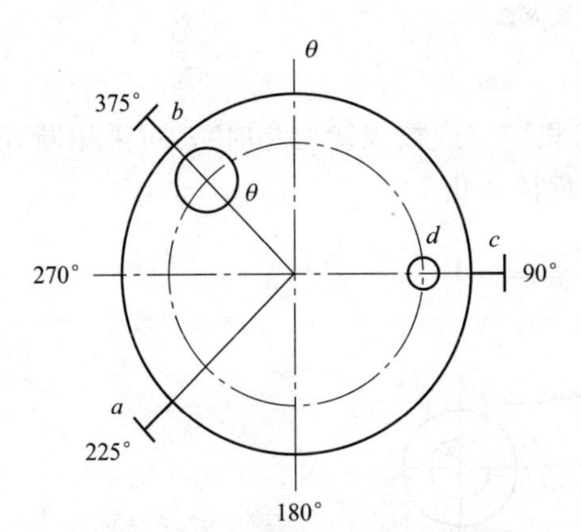

图 2-3　管口方位图（或俯、左视图）

（2）管口方位的表达方法

化工设备上的接管口和附件较多，其方位可用管口方位图表示，如图 2-3 所示。

同一管口，在主视图和方位图上必须标注相同的小写字母。当俯（左）视图必须画出，而管口方位在俯（左）视图上已表达清楚时，可不必画出管口方位图。

（3）局部结构的表示方法

设备上某些细小的结构，按总体尺寸所选定的比例无法表达清楚时，可采用局部放大的画法，如图 2-4 所示，其画法和标注与机械图相同。必要时，还可采用几个视图表达同一细部结构。

（4）夸大的表达方法

设备中尺寸过小的结构（如薄壁、垫片、折流板等），无法按比例画出时，可采用夸大

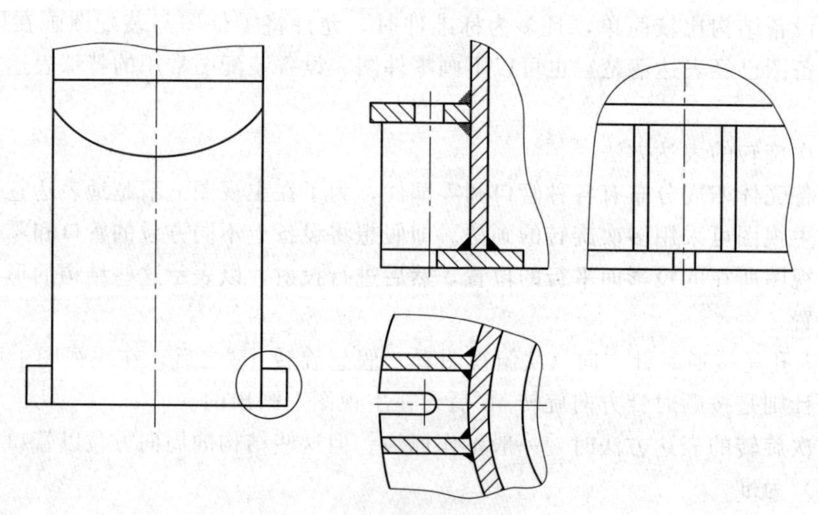

图 2-4　局部结构的表示方法

画法，即不按比例、适当地夸大画出它们的厚度或结构。如图 2-5 所示为垫片的夸大表达方法。

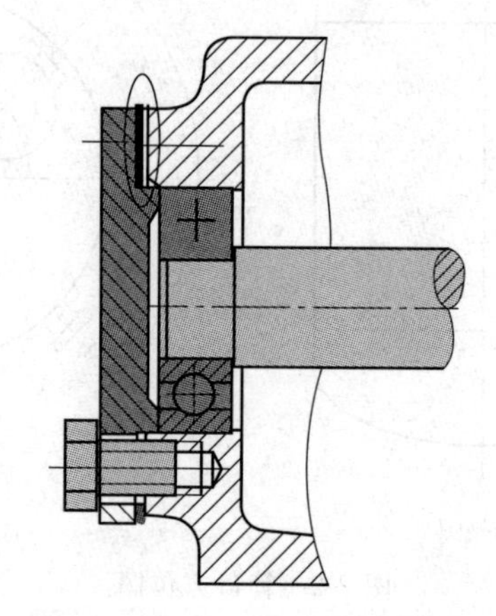

图 2-5　垫片的夸大表达方法

（5）断开和分段（层）的表达方法

当设备总体尺寸很大，又有相当部分的结构形状相同（或按规律变化时），可采用断开画法。图 2-6 采用了断开画法，图中断开省略按一定规律变化。

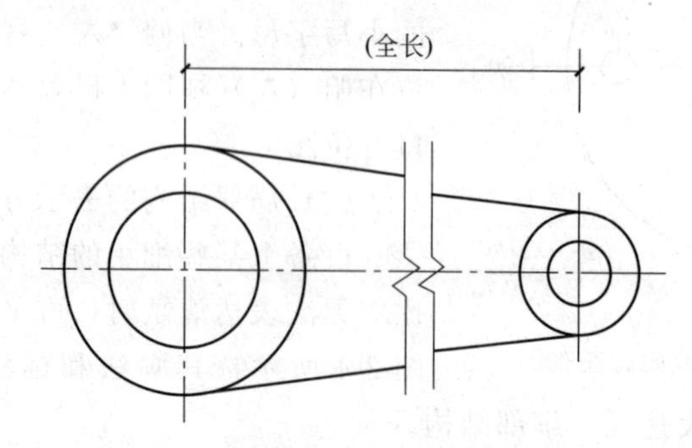

图 2-6　断开和分段（层）的表达方法

第3章

工业发酵工程工艺流程设计

3.1 概述

工艺流程设计和车间布置设计是工艺设计的两个主要内容，是决定工厂的工艺计算、车间组成、生产设备及其布置的关键步骤。通过工艺流程图的形式，形象地反映由原料进入系统到产品输出的全过程，包括：物料和能量的变化；物料的流向；产品生产所经历的工艺过程和使用的设备仪表。

生产工艺流程设计的主要任务包括两个方面：第一，确定由原料到产品的各个生产过程及顺序，即说明生产过程中物料和能量发生变化及流向，应用了哪些生物反应或化工过程及设备；第二，绘制工艺流程图。

工艺流程设计是在确定生产方法的基础上进行的，并贯穿于整个工艺设计始终。在工艺设计中，工艺流程设计最先开始，最后结束。设计人员在设计工艺流程时，要做到认真仔细，反复推敲，努力设计出技术上先进可靠、经济上合理可行的工艺流程。

工艺流程图是通过图解和必要的文字说明，将原料变成产品（包括三废处理）的全部过程用简洁直观的方法表示出来的图纸。工艺流程图不仅是工艺设计各部分的设计基础，也是操作运行及检修的指南。

工艺流程设计的基本过程如下所述。

（1）先做出生产工艺流程示意图（一般用方框图表示），然后进行物料衡算、能量衡算，之后根据工艺计算情况进行设备选型和计算；

（2）根据设备选型情况，再充实和修改工艺流程示意图，形成工艺流程草图；

（3）再根据设备设计选型和工艺流程草图，进行车间设备布置设计；

（4）根据设备布置情况，再完善工艺流程草图，形成生产工艺流程图。

3.2 生产方法的选择

3.2.1 生产方法的选择

生产方法即工艺路线的选择，是工厂设计的关键步骤。一般要对可选择的各种生产方法进行全面的比较分析，从中选出技术先进、经济合理的工艺路线以保证项目投产后能达到高产、低耗、优质和安全运转。

同一种产品的生产，可以采用不同的生产方法、不同原料、不同的生产线、不同的工艺流程。因此，选择生产方法是决定设计质量的关键步骤，必须认真对待。如果产品只有一种生产方法，无须选择；如果产品有几种生产方法，就需逐个进行分析研究、比较、筛选。

例如灭菌有以下几种方式。

（1）巴氏灭菌

温度较低，60～95℃，时间为30～60min，主要针对不耐热的原料或产品，如啤酒、乳品、香肠等都采用这种方法灭菌，当然不同的产品消毒温度和时间是不一样的。

（2）高温（高压）灭菌

对于可耐高温的原料，首选该方法，因为这种方法简单易行，灭菌效果好。

（3）超高温瞬时灭菌（UHT）

应用于乳品生产企业，135℃保持4～6s，效果好，而且对有效成分的破坏很少。

（4）过滤除菌

某些生物制品是不耐高温的，如果制品是液体而且分子量不太大就采用过滤除菌法，比如干扰素、免疫球蛋白等，过滤除菌的啤酒就是生啤。空气的除菌也是采用该方法。

（5）钴60照射

如果是固体，一般采用该方法，目前大多数中药中间体（植物提取物）均采用钴60照射除菌。

（6）环氧乙烷熏蒸法

环氧乙烷是广谱、高效的气体杀菌消毒剂。对消毒物品的穿透力强，可达到物品深部，杀灭病原微生物，包括细菌繁殖体、芽孢、病毒和真菌。气体和液体均有较强杀灭微生物作用，其中气体作用较强，故多用其气体。在医学消毒和工业灭菌上用途广泛。常用于食料、纺织物及用其他方法不能消毒的对热不稳定的药品和外科器材等，进行气体熏蒸消毒，如皮革、棉制品、化纤织物、精密仪器、生物制品、纸张、书籍、文件、某些药物、橡皮制品等。该方法在医院有较多使用。

（7）甲醛熏蒸法

对房间进行灭菌消毒，过去一直采用该方法，效果较好，但是残留很难消除，需要较长时间。

（8）臭氧消毒法

近几年逐渐采用臭氧消毒法，即将臭氧发生器置于空调机组送风段，通过空调送风，将臭氧送进各房间，此方法卫生、简便，但消毒效果不如甲醛熏蒸法好，所以在一些高致病性微生物（疫苗生产等）生产企业仍采用甲醛熏蒸法。

（9）紫外线照射消毒

对于要求不高的房间消毒可以采用该法，即在房间安装紫外灯，比如一些实验室、化妆品、饮料等生产企业（紫外线的有效消毒范围为3m左右，太远的话不起作用，另外由于紫外线不能穿过玻璃，所以切忌隔着玻璃或者对玻璃瓶内的东西消毒）。

生产方法的选择原则应突出以下三点。

① 技术上先进性：就是技术上的先进和经济上的合理可行。具体包括：基建投资、产品成本、消耗定额和劳动生产率等方面的内容，应选择物料损耗小、循环量少、能量消耗小和回收利用好的生产方法。

② 经济可靠性：是指所选择的生产方法是否成熟可靠（不成熟的工艺技术会造成极大

的浪费)。因此，对于尚在试验阶段的新技术、新工艺、新设备应慎重对待，要防止只考虑新的一面，而忽略不成熟、不稳妥的一面，坚持一切经过试验的原则，不允许把未来的生产当作试验工厂进行设计。

③ 结合国情：在工厂设计时不能单从技术观点考虑问题，应结合具体国情。例如：消费水平及产品的消费趋势；设备及电气仪表的制造能力；原料等供应情况；环境保护的有关规定和三废排放情况；劳动就业与生产自动化关系；资金筹措等情况。

以上三项原则必须在生产方法的选择中全面衡量、综合考虑。

选择生产方法的主要依据如下所述。

① 原料来源、种类和性质，尤其要注意所加工的原料的物理化学性质，比如分子量、黏度、耐热程度等。

② 产品的质量和规格。

③ 生产规模。

④ 技术水平。

⑤ 建厂地区的自然环境。

⑥ 经济合理性。

3.2.2 工艺流程图的设计原则

(1) 采用所选的生产工艺和流程所得到的产品质量必须符合相关的国家标准或者行业标准，如果出口国外，还要满足所销售地区的质量要求和相应的标准。

(2) 在可承受的范围内，尽量采用先进、成熟的技术和设备。

(3) 采用尽量少产生“三废”的生产工艺。

(4) 确保安全和稳定的生产。

(5) 尽量采用自动化的设备，降低劳动强度，提高劳动生产率。

3.3 工艺流程的设计步骤

3.3.1 生产工艺流程示意图

生产工艺流程示意图是在物料衡算之前进行的，它的主要作用是：定性表明原料变成产品的路线和顺序（单元操作），以及相应的过程及设备。一般用文字框图表示就可以了。

生产工艺流程设计在整个工艺设计中最先开始。在初步设计和施工图设计阶段，都要进行不同深度的工艺流程设计。

随着工艺及其他专业设计的展开，通常都需要对初步设计的工艺流程设计进行局部修改。所以，生产工艺流程设计有时最后完成。

工艺流程一般分为五个重要部分。

(1) 原料预处理

生产方法确定之后，根据生产特点，对原料提出工艺条件要求，如纯度、温度、压力、加料方式等。

(2) 反应过程

根据生化过程的特点、产品的要求、物料特性、基本工艺条件来决定采用生化反应器类型和决定采取连续操作还是间歇性操作。

(3) 下游技术工艺过程

根据生化反应特性和产品质量要求，某一具体产品的分离提取工艺与下列情况有关。

① 细胞内产物或细胞外产物；

② 原料中产物和主要杂质浓度；

③ 产物和主要杂质的物理化学特性及差异；

④ 产品用途和质量标准；

⑤ 废液的处理方式等。需采用不同措施进行处理，有时这些原因是制约生产的关键环节。

(4) 产品的后处理

经过分离提取后的产品，有些是下一工序的原料，有些可作为商品，还需要后处理，如筛分、包装、灌装、计量、储存、输送。这些过程都需要一定的工艺设计装置。

(5) 物料的循环利用及三废处理

要根据特点、设计相应的单元操作过程。

工艺流程图的三个设计阶段：

① basic flow diagram 生产工艺流程示意图；

② process flow diagram（PFD）工艺流程（草）图；

③ process（piping） and instrumentation diagram（P&ID）带控制点的工艺流程图。

生产工艺流程示意图绘制方法如下：

① 物料名称下画一条等宽的粗实线；

② 最终产品名称下加画一条等宽细实线；

③ 工序/设备名称外画细实线外框；

④ 工序/设备之间以水平/垂直粗实线连接；用箭头表示物料的走向。

啤酒生产的工艺流程示意图如图 3-1 所示。

在啤酒生产的二次煮出糖化法中，糊化锅中的物料为麦芽、大米和水，糖化锅中的物料为麦芽和水。麦芽和大米在糊化锅中与 50℃ 温水混合，并升温煮沸糊化。与此同时，麦芽

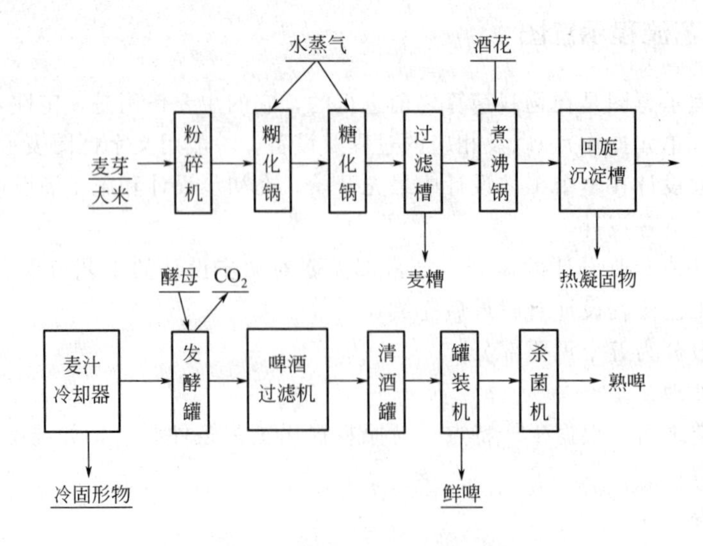

图 3-1 啤酒生产工艺流程图

与温水在糖化锅中混合并以45～55℃保温，时间在30～90min。接着将糊化锅中已煮沸的糊化醪泵入糖化锅，使混合醪温达到糖化温度（65～68℃），保温进行糖化。然后从糖化锅中取出部分醪液泵入糊化锅煮沸，再泵回糖化锅，使醪液升温至75～78℃，静止10min后进行过滤。

啤酒生产工艺流程示意如下：

原料粉碎（大麦、麦芽、小麦、玉米）⟶糊化⟶糖化⟶过滤⟶加酒花并煮沸⟶沉淀⟶发酵⟶过滤⟶罐装（鲜啤）⟶灭菌⟶熟啤

└⟶无菌过滤(生啤)

3.3.2　生产工艺流程草图的设计

(1) 工艺流程设计的基本方法

① 生产方法（工艺路线）的选择并确定生产规模。

② 确定工艺流程的组成和顺序，首先将一个工艺流程划分为若干重要部分，以反应过程为中心组织工艺流程。

③ 绘制工艺流程框图，用方框、文字和箭头等形式定性表示出由原料变成产品的路线和顺序，绘制出工艺流程框图。

④ 绘制工艺流程示意图，在框图的基础上，分析主要工艺设备，以图例、箭头和必要的文字说明定性表示出由原料变成产品的路线和顺序，绘制出工艺流程示意图。

⑤ 绘制工艺流程草图，工艺流程示意图确定之后，即可绘制工艺流程草图。

⑥ 绘制物料流程图，进行物料衡算和能量衡算后绘制物料流程图。定性转入定量。

⑦ 绘制初步设计阶段带控制点的工艺流程图。进行设备设计、车间布置设计、管道的工艺计算以及仪表自控设计。绘制初步设计阶段带控制点的工艺流程图，并列出设备一览表。

⑧ 绘制施工图阶段带控制点的工艺流程图，初步设计经审核批准后，按照初步设计的审核意见，对工艺流程图中设备、车间布置、管道、阀门、仪表等进行修改、完善和进一步的说明。可绘制出施工图阶段带控制点的工艺流程图。

生产工艺流程示意图→（工艺流程草图)→物料衡算→设备设计（计量和储存设备等容积型设备的尺寸和台数)→专业设备和通用设备设计选型（包括水电气计算)→所有设备→工艺流程草图（物料流程图)。

生产方法确定之后，可进行工艺流程草图的绘制，绘制依据是可行性研究报告中提出的工艺路线，绘制不需在绘图技术上花费时间，而要把主要精力用在工艺技术问题上，它只是定性地标出由原料转变为产品的变化、流向顺序以及采用的各种生化过程及设备。

(2) 工艺流程草图设计的基本内容

工艺流程草图一般由物料流程、图例、标题栏三部分组成，是初步设计阶段的重要工艺流程图。

① 物料流程：设备示意图，可按设备的大致几何形状画出（或用方块图表示），设备位置的相对高低不要求准确，但要标出设备名称及位号。

物流管线及流向箭头，包括全部物料管线和部分辅助管线，如：水、气、压缩空气、冷的淡盐水、真空等。

必要的文字注释，包括设备名称、物料名称、物料流向等。

工艺设备位号的编法：每个工艺设备均应编一个位号，在流程图、设备布置图和管道布置图上标注位号时，应在位号下方画一条粗实线，如图 3-2 所示。

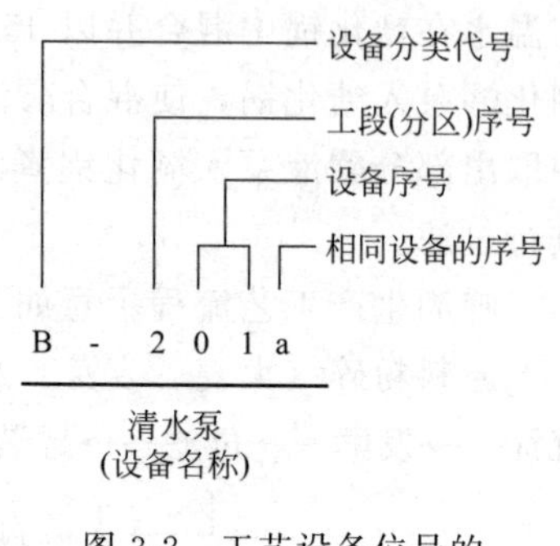

图 3-2 工艺设备位号的编法说明图

主项代号一般由两位数字组成，前一位数字表示装置（或车间）代号，后一位数字表示主项代号，在一般工程设计中，只用主项代号即可。装置或车间代号和主项代号由设计总负责人在开工报告中给定；设备顺序号常用两位数字 01、02、…、10、11…表示；相同设备的尾号用于区别同一位号的相同设备，用英文字母 A、B、C、…表示。常用设备分类代号如表 3-1 所示。

表 3-1 常用设备分类代号

设备顺序号	设备名称	代号	设备顺序号	设备名称	代号
1	塔	T	7	火炬、烟囱	S
2	泵	P	8	换热、蒸发设备	E
3	压缩机、风机	C	9	起重机、运输机	L
4	反应器	R	10	搅拌机、磨筛等动力设备	M
5	容器	V	11	称量设备	W
6	工业炉	F	12	其他设备	X

② 图例：需标出管线图例。阀门、仪表等可不标出。

③ 标题栏：包括图名、图号、设计阶段等内容，还包括设备一览表。

在工艺流程草图中，所用线条遵循“设备轮廓用细实线、物料管线用粗实线、辅助管线用中实线”的基本原则，绘制技术不要求十分精确。

（3）工艺流程草图的绘图步骤

按工艺流程由左至右展开画出，具体步骤如下所示。

① 把各层楼面的地面线用双细线绘出，注上标高。

② 根据设备所处的相对高度，自左至右用细实线画出各设备的外形轮廓，有一定间距。

③ 物料管线用粗实线画出，用箭头标明流向。

④ 水、气、真空、压缩空气等动力管线用中实线绘出，并标出流向。

⑤ 用细实线画出设备和管道上主要的附件、计量和控制仪器以及主要的阀门等。

⑥ 标注设备流程号和辅助线。

⑦ 最后写上必要的文字说明。

3.4 生产工艺流程图的设计

3.4.1 生产工艺流程设计

完成工艺流程示意图后，即开展物料平衡计算。通过物料平衡计算，求出原料、半成品、产品、副产品以及与物料计算有关的废水、废料等的规格、重量和体积等，并据此开始设备设计。

设备设计通常分以下两阶段进行。

第一阶段是计算计量设备和储存设备的容积以及确定这些容积型设备的尺寸和台数等；

第二阶段为水、电、气等能量计算，主要解决生物反应过程和化工单元操作的技术问题，如过滤面积、传热面积等，对专业设备和通用设备进行设计或选型。

至此，所有设备的规格、型号、尺寸、台数等均已求出，列出设备一览表，据此进行工艺流程图的设计。

3.4.2　物料流程图

物料流程图是在生产工艺流程草图的基础上，完成物料衡算和能量衡算后绘制的流程图。它是一种以图形与表格相结合的形式反映设计计算某些结果的图样；它既可用作提供审核的资料，又可作为进一步设计的依据。

物料流程图一般包括下列内容。

图形：包括设备示意图形、各种仪表示意图及各种管线示意图形。

标注：主要标注设备的位号、名称及特性数据，如流程中物料的组分、流量等。

标题栏：包括图名、图号、设计阶段等内容。

物料流程图见图 3-3 和图 3-4。

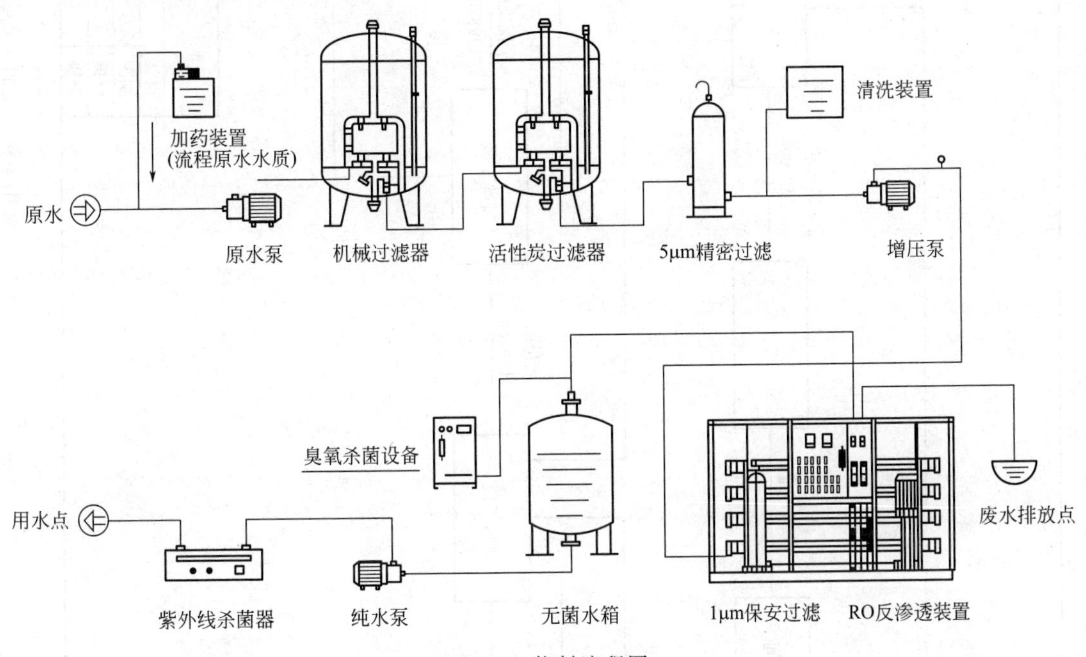

图 3-3　物料流程图

物料经过设备产生变化时，则需标注物料变化前后各组分的名称、流量（如 kg/h)、质量分数（%）和每项的总和等数据，具体项目可按实际需要酌量增减。常用的标注方式是在流程的起始部分和物料产生变化的设备后，从流程线上用指引线引出后列表，该表的内容有物料名称、流量、百分含量等，见图 3-5。

指示线、表格线及设备轮廓线皆细实线绘制。

物料流程图的绘图方法：物料流程图采用展开式，按工艺流程的次序从左至右绘出一系列图形，并配以物料流程线和必要的标注，物料流程图一般以车间为单位进行绘制。通常用

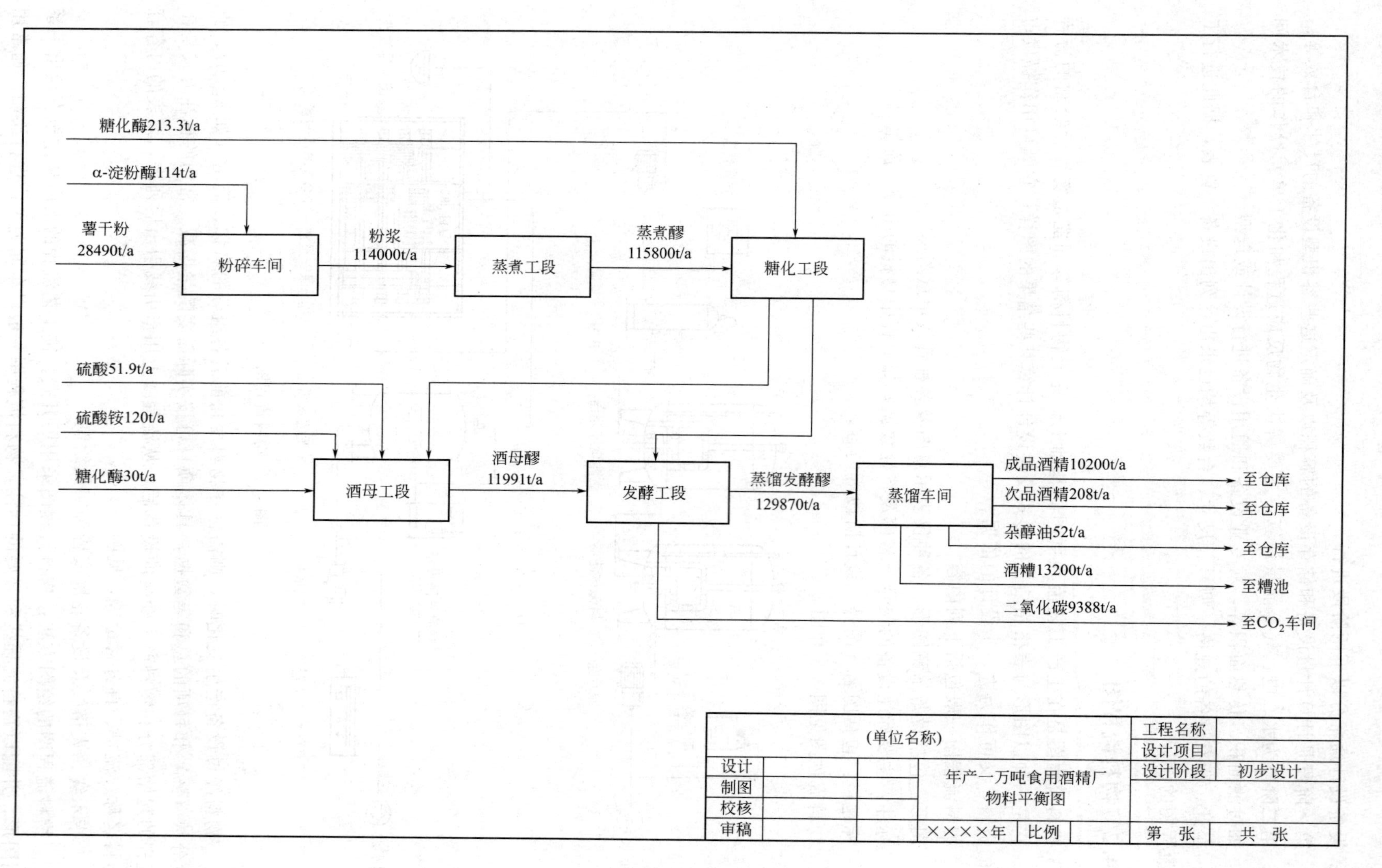

图 3-4 食用酒精厂物料平衡图

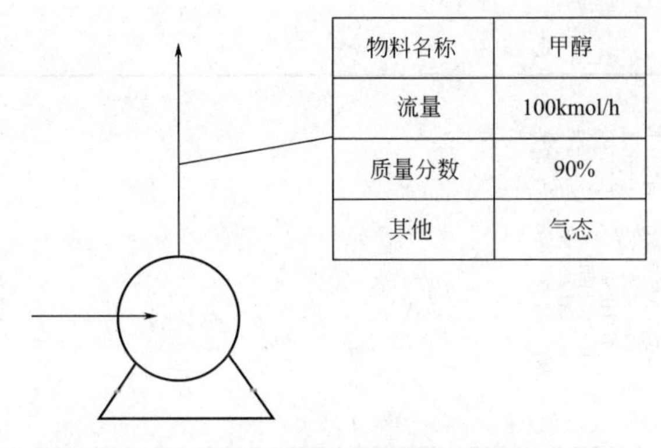

图 3-5　物料列表说明示意图

加长 A2 或 A3 幅面的长边而得，图面过长也可分张绘制。图中一般只画出工艺物料的流程，物料线用粗实线，流动方向在流程线上以箭头表示。

3.4.3　带控制点工艺流程图

带控制点的工艺流程图是表示全部工艺设备、物料管道、阀门、设备附件以及工艺和自控仪表的图例、符号等的一种工艺流程图，也称工艺控制流程图，是各设计阶段设计文件的必须附件。

带控制点的工艺流程图一般分为：初步设计阶段的带控制点的工艺流程图、施工图阶段带控制点的工艺流程图。施工图阶段带控制点的工艺流程图也称为管道及仪表流程图（P&ID 图）。在不同的设计阶段，图样所表达的深度有所不同。

（1）带控制点的工艺流程图基本要求

① 表示出生产过程中的全部工艺设备，包括设备图例、位号和名称。

② 表示出生产过程中的全部工艺物料和载能介质的名称、技术规格及流向。

③ 表示出全部物料管道和各种辅助管道（如水、冷冻盐水、蒸汽、压缩空气及真空等管道）的代号、材质、管径及保温情况。

④ 表示出生产过程中的全部工艺阀门以及视镜、管道过滤器、疏水器等附件，但无需绘出法兰、弯头、三通等一般管件。

⑤ 表示出生产过程中的全部仪表和控制方案，包括仪表的控制参数、功能、位号以及检测点和控制回路等。

带控制点的工艺流程图一般包括下列内容：图形、标注、图例、标题栏，如图 3-6 所示。

（2）带控制点的工艺流程图表示方法

① 比例与图幅

原则：一个主项（车间、工序）绘一张流程图，复杂的可拆分为数张（一张图）。

比例：可以 1∶100、1∶200 或 1∶50，也可不按比例，标题栏不用注明。

图幅：标准图纸加长。

② 设备的画法

a. 图形：设备按细实线画出主要轮廓。

b. 相对位置：按高低绘出。

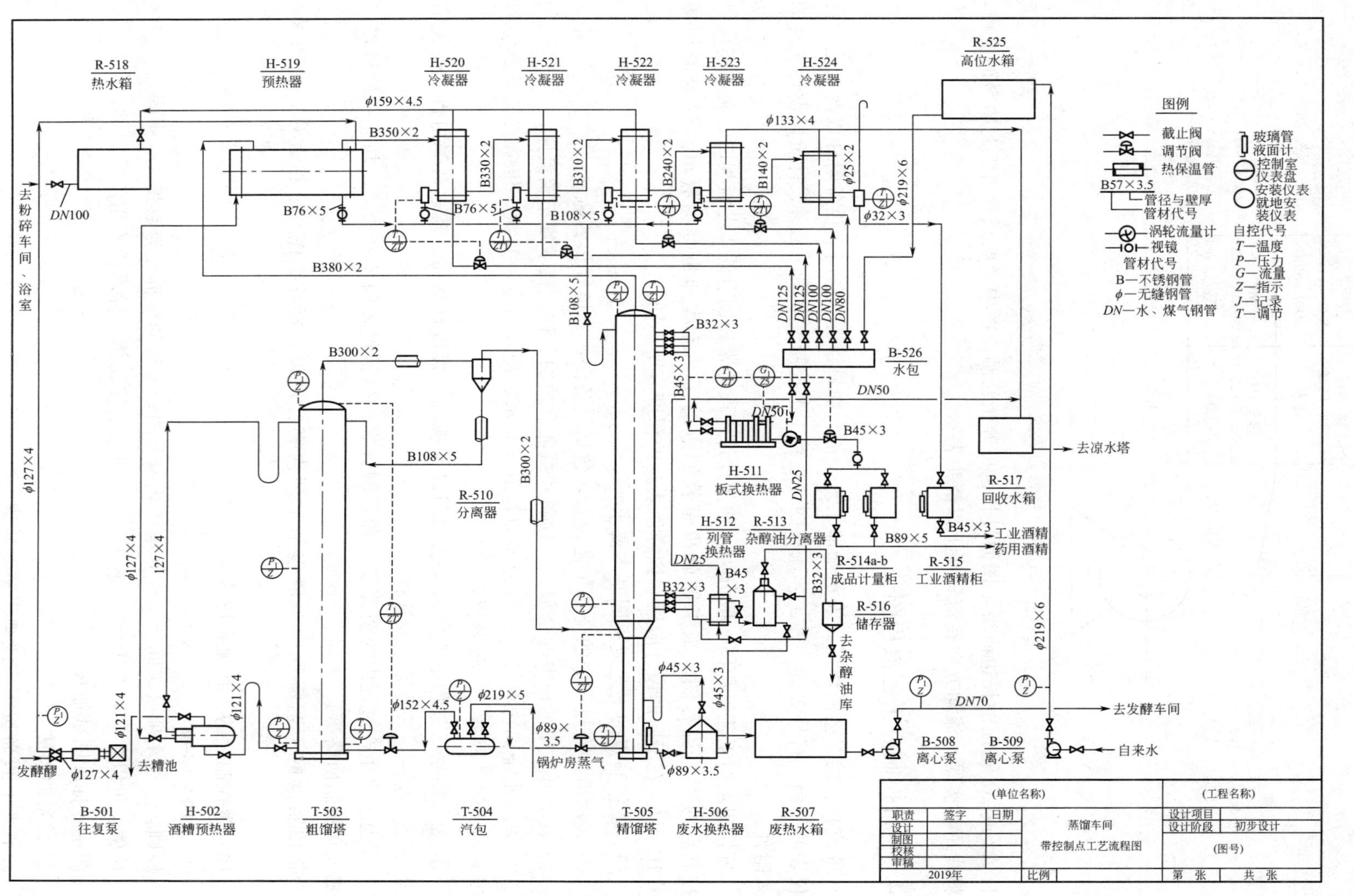

图 3-6 蒸馏车间带控制点工艺流程图

c. 相同系统表示　如图 3-7 所示。

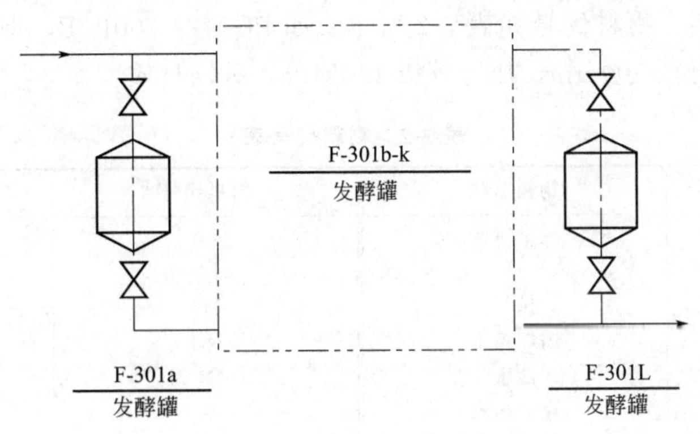

图 3-7　相同设备的表示方法

③ 设备标注

a. 标注内容：位号和名称。位号在整个车间不能重复。

b. 标注方式：放在图形的上、下方，排成一行，同一高度，两个以上设备图形按相对位置放在另一设备下方或用引出线引出，注在空白处。

④ 管道的表示方法　应画出所有的工艺物料和辅助物料的管道，初步设计简单，施工图设计复杂。

线形规定：工艺管道用粗实线（b＝0.9mm）；辅助管道用中实线（b＝0.6mm）；仪表管用细（虚）实线（b＝0.3mm）。采用 Auto CAD 进行工程绘图在线形方面目前还没有明确的规范要求，最常采用的做法就是不同的工艺管道采用不同的颜色来进行区分；而线宽方面，通常的做法是该图强调哪一部分，哪一部分就采用粗实线，其他部分均采用细实线或细虚线。各种常用管道的规定线型见图 3-8。

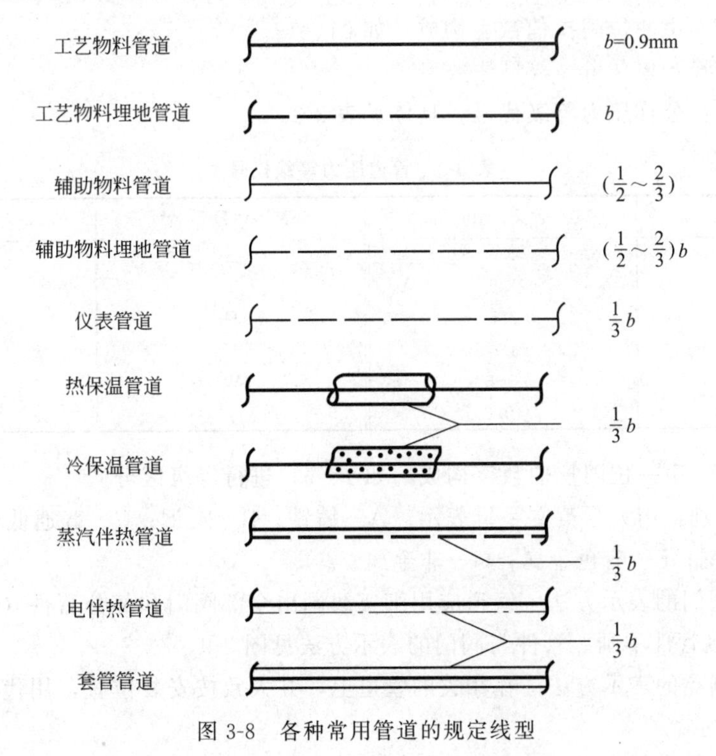

图 3-8　各种常用管道的规定线型

管道标注：物料代号＋主项编号＋管道顺序号—管道公称直径＋管道公称压力＋等级系列号＋管道材质类别。物料代号如表 3-2 所示。如 PG0124-200L2B，即：工艺气体，01 车间，序号 24，公称直径 200mm，压力等级 1.0MPa，碳钢材质。

表 3-2　物料代号表

物料代号	物料名称	物料代号	物料名称
A	空气	Lδ	润滑油
AM	氨	LS	低压蒸汽
BD	排污	MS	中压蒸汽
BW	锅炉给水	NG	天然气
BR	盐水	N	氮
CS	化学污水	δ	氧
CW	循环冷却水上水	PA	工艺空气
DM	脱盐水	PG	工艺气体
DR	排液、排水	PL	工艺液体
DW	饮用水	PW	工艺水
F	火炬排放气	R	冷冻剂
FG	燃料气	Rδ	原料油
Fδ	燃料油	RW	雨水
FS	熔盐	SC	集汽冷凝水
Gδ	填料油	SL	密封液
H	氢	Sδ	密封油
HM	热载体	SW	软水
HS	高压蒸汽	TS	伴热蒸汽
HW	循环冷凝水回水	VE	真空排放气
IA	仪表空气	VT	放空气

主项编号：由两位阿拉伯数字构成，如 01、12。

管道顺序号：由两位阿拉伯数字构成，如 01、12。

管道公称直径：单位 mm，只注数字。

等级系列号：公称压力等级代号，具体见表 3-3。

表 3-3　管道压力等级代号

代号	含义/MPa	代号	含义/MPa
L	1.0	S	16.0
M	1.6	T	20.0
N	2.5	U	22.0
P	4.0	V	25.0
Q	6.4	W	32.0
R	10.0		

等级系列号：由一位阿拉伯数字构成，如 1、5，进行等级区分。

管道材质类别：用大写英文字母表示。A—铸铁；B—碳钢；C—普通低合金钢；D—合金钢；E—不锈钢；F—有色金属；G—非金属。

⑤ 管件与阀门的表示方法　管道应用细实线画出全部阀门和部分管件（盲板，大小头、阻火器等），连接管件不画。管件与阀门的表示方法见图 3-9。

⑥ 仪表控制点的表示方法　在相关的管道上，并大致按安装位置，用代号、符号表示。符号规定如下所示。

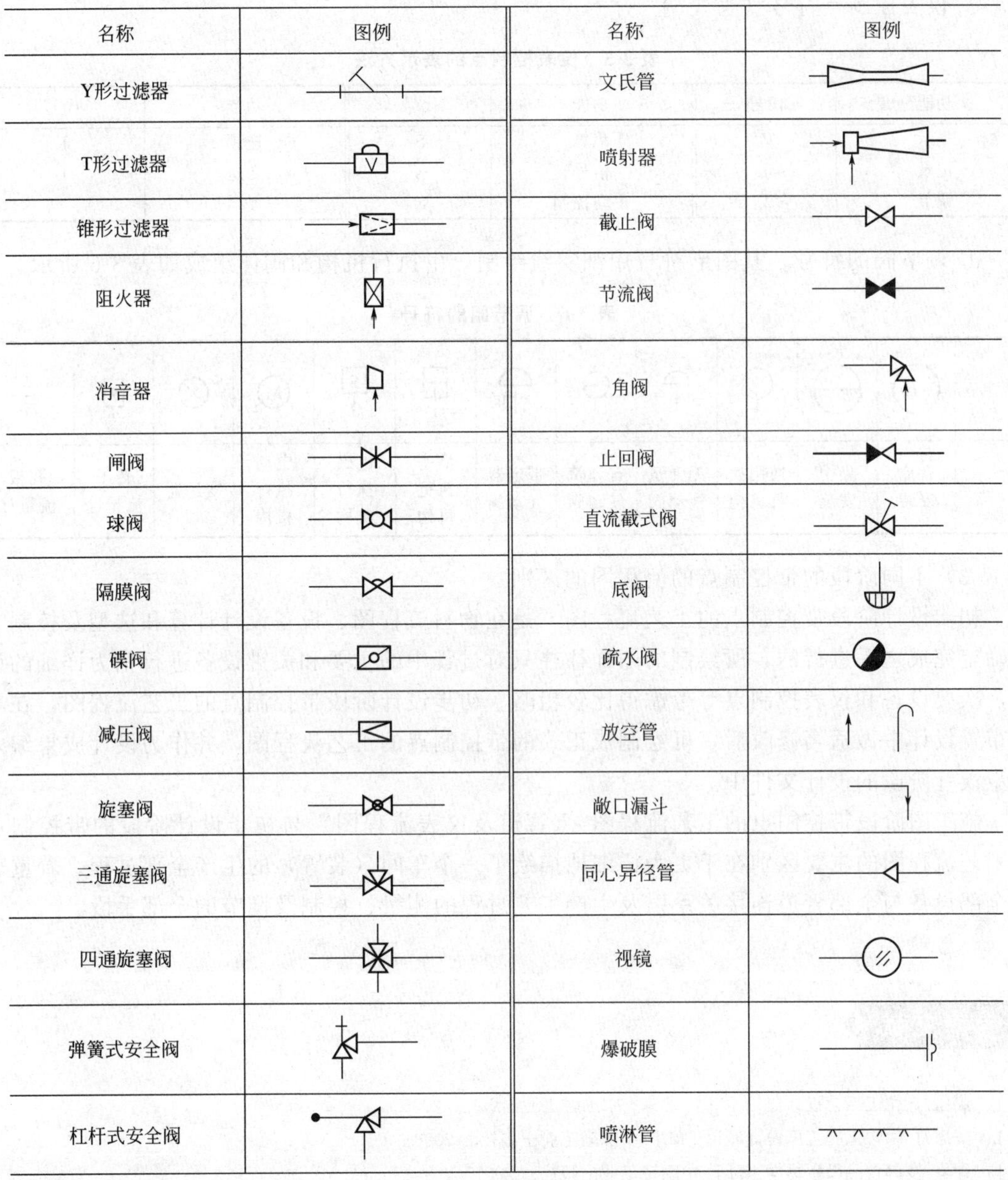

名称	图例	名称	图例
Y形过滤器		文氏管	
T形过滤器		喷射器	
锥形过滤器		截止阀	
阻火器		节流阀	
消音器		角阀	
闸阀		止回阀	
球阀		直流截式阀	
隔膜阀		底阀	
碟阀		疏水阀	
减压阀		放空管	
旋塞阀		敞口漏斗	
三通旋塞阀		同心异径管	
四通旋塞阀		视镜	
弹簧式安全阀		爆破膜	
杠杆式安全阀		喷淋管	

图 3-9 管件与阀门的表示方法

a. 参量代号（见表 3-4）

b. 功能代号

表 3-4 参量代号表

参量	代号	参量	代号	参量	代号
温度	T	质量(重量)	m	厚度	δ
温差	ΔT	转速	N	频率	f
压力(或真空)	P	浓度	c	位移	S
压差	ΔP	密度(相对密度)	γ	长度	L
质量(或体积)流量	G	分析	A	热量	Q
液位(或料位)	H	湿度	ϕ	氢离子浓度	pH

c. 仪表控制点符号（表 3-5）

表 3-5　仪表控制点的表示方法

功能	代号	功能	代号	功能	代号
指示	Z	积算	S	连锁	L
记录	J	信号	X	变送	B
调节	T	手动控制	K		

d. 调节阀的符号　其图形符号用细实线绘制，由执行机构和阀体组成如表 3-6 所示。

表 3-6　调节阀的符号

符号 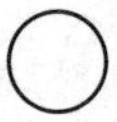 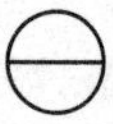     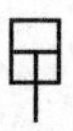   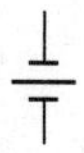							S	M			
意义	就地安装	集中安装	通用执行机构	无弹簧气动阀	有弹簧气动阀	带定器气动阀	活塞执行机构	电磁执行机构	电动执行机构	变送器	转子流量计	孔板流量计

（3）不同阶段的带控制点的流程图的区别

初步设计阶段带控制点的工艺流程图　是在物料流程图、设备设计计算和选型及控制方案确定完成之后进行的，所绘制的图样往往只对过程中的主要和关键设备进行稍为详细的设计，次要设备和仪表控制点等考虑得比较粗略。初步设计阶段带控制点的工艺流程图，在车间布置设计中做适当修改后，可绘制成正式的带控制点的工艺流程图，并作为设计成果编入初步设计阶段的设计文件中。

施工图阶段带控制点的工艺流程图　（管道及仪表流程图）与初步设计阶段的带控制点的工艺流程图的主要区别在于更为详细地描绘了一个车间（装置）的生产全部过程。着重表达全部设备与全部管道连接关系以及生产工艺过程的测量、控制及调节的全部手段。

参考文献

[1]　赵国方. 化工工艺设计概论 [M]. 北京：中国轻工业出版社，2008.
[2]　吴思方. 生物工程工厂设计概论 [M]. 中国轻工业出版社，2008.
[3]　徐岩. 发酵食品微生物学 [M]. 中国轻工业出版社，2001.
[4]　王淑波，蒋红梅. 化工原理. 武汉：华中科技大学出版社，2013.
[5]　余龙江. 发酵工程原理与技术应用. 北京：化学工业出版社，2014.
[6]　梁世中. 生物工程设备. 北京：中国轻工业出版社，2013.

第二篇

工业发酵工程典型产品的设计与生产

第4章

酒精工业的发酵生产

4.1 全厂工艺论证

生产原料为木薯（淀粉质原料）。

4.1.1 木薯的主要成分

木薯起源于热带美洲，广泛栽培于热带和部分亚热带地区，主要分布在巴西、墨西哥、尼日利亚、玻利维亚、泰国、哥伦比亚、印尼等国。中国于19世纪20年代引种栽培，现已广泛分布于华南地区，广东和广西的栽培面积最大，福建和台湾次之，云南、贵州、四川、湖南、江西等省亦有少量栽培。木薯的营养成分如表4-1所示。

表4-1 木薯的营养成分列表（每100g中含量）

成分名称	含量	成分名称	含量	成分名称	含量
可食部分	99	水分/g	69	能量/kcal	116
能量/kJ	485	蛋白质/g	2.1	脂肪/g	0.3
碳水化合物/g	27.8	膳食纤维/g	1.6	胆固醇/mg	0
灰分/g	0.8	维生素A/mg	0	胡萝卜素/mg	0
视黄醇/mg	0	硫胺素/μg	0.21	核黄素/mg	0.09
尼克酸/mg	1.2	维生素C/mg	35	维生素E(T)/mg	0
钙/mg	88	磷/mg	50	钾/mg	764
钠/mg	8	镁/mg	66	铁/mg	2.5
锌/mg	0	硒/mg	0	铜/mg	0
锰/mg	0	碘/mg	0		

4.1.2 木薯原料的特点

① 单位亩产量高，高的可达1500～2500kg。

② 木薯的淀粉含量高，纤维少，并有适量的蛋白质，加工比较容易，淀粉利用率高。

③ 木薯的缺点在于胶质、果胶质等黏性物质较多。醪液黏度大，甲醇的生成量较多。

综上所述，木薯（木薯干）是一种良好的酒精生产原料，为我国大多数酒精厂所采用。

4.2 酒精发酵工艺

酒精发酵工艺流程图见图 4-1。

4.2.1 原料的预处理

4.2.1.1 原料的除杂

淀粉质原料在收获和干燥的过程中，往往会掺夹泥土、沙石、纤维质杂物，甚至有金属块杂物。这些杂物如果不在生产前除去，将严重影响生产的正常运转。

为了清除这些杂质，最常用的除杂方法有筛选、风选和磁力除铁。而磁力除铁又可分为永久性磁力除铁器和电磁铁除铁器。电磁铁除铁器具有固定不变的磁场，所以选用电磁铁除铁器。

4.2.1.2 原料粉碎

原料粉碎的方法分为两种：干式粉碎和湿式粉碎。

① 干式粉碎　优点：粉碎后的原料可以储藏，耗能较低，最终得到的原料颗粒一般通过 1.2～1.5mm 筛孔。缺点：原料粉碎时粉末易飞扬，造成原料损失，且劳动条件较差。

② 湿式粉碎　优点：原料粉碎时粉末不宜飞扬，可减少原料损失和改善劳动条件，还可节省设备。缺点：所得浆料只能立即用于生产，不宜储藏，耗电量比干式粉碎高出 8%～10%，因此常用于湿度较大的原料。

4.2.2 原料输送

输送方法有机械输送、气流输送和混合输送三种。

混合输送是机械输送和气流输送的联用方式。而气流输送和机械输送相比主要有三个优点。

① 机械输送一般是在开放条件下进行，粉尘飞扬严重，既造成原料的损失，又恶化了劳动条件。而气流输送均在密闭条件下进行，上面的两个问题迎刃而解。

② 机械输送时，虽装有电磁除铁器，但无法除去石块等坚硬杂物，铁片因物料干扰有时也会进入粉碎机中，因此，后者的筛板破损率较高，粉碎度不宜保证。实现气流输送后，铁片等杂物，能可靠地在一级升料管的接料器底部被自动风选出，从而保证了筛板和设备较长期的使用。

③ 在不用气流输送时，已经粉碎好的原料不能流畅地从粉碎机中排出，影响粉碎机的生产能力。采用气流输送后，粉碎后的原料被气流从粉碎机中吸出，从而提高了粉碎机的生产能力。

4.2.3 原料蒸煮工艺

原料蒸煮方法分为间歇蒸煮与连续蒸煮。

① 间歇蒸煮　优点：间歇蒸煮的设备简单，操作方便，投资也较少，适用于生产规模

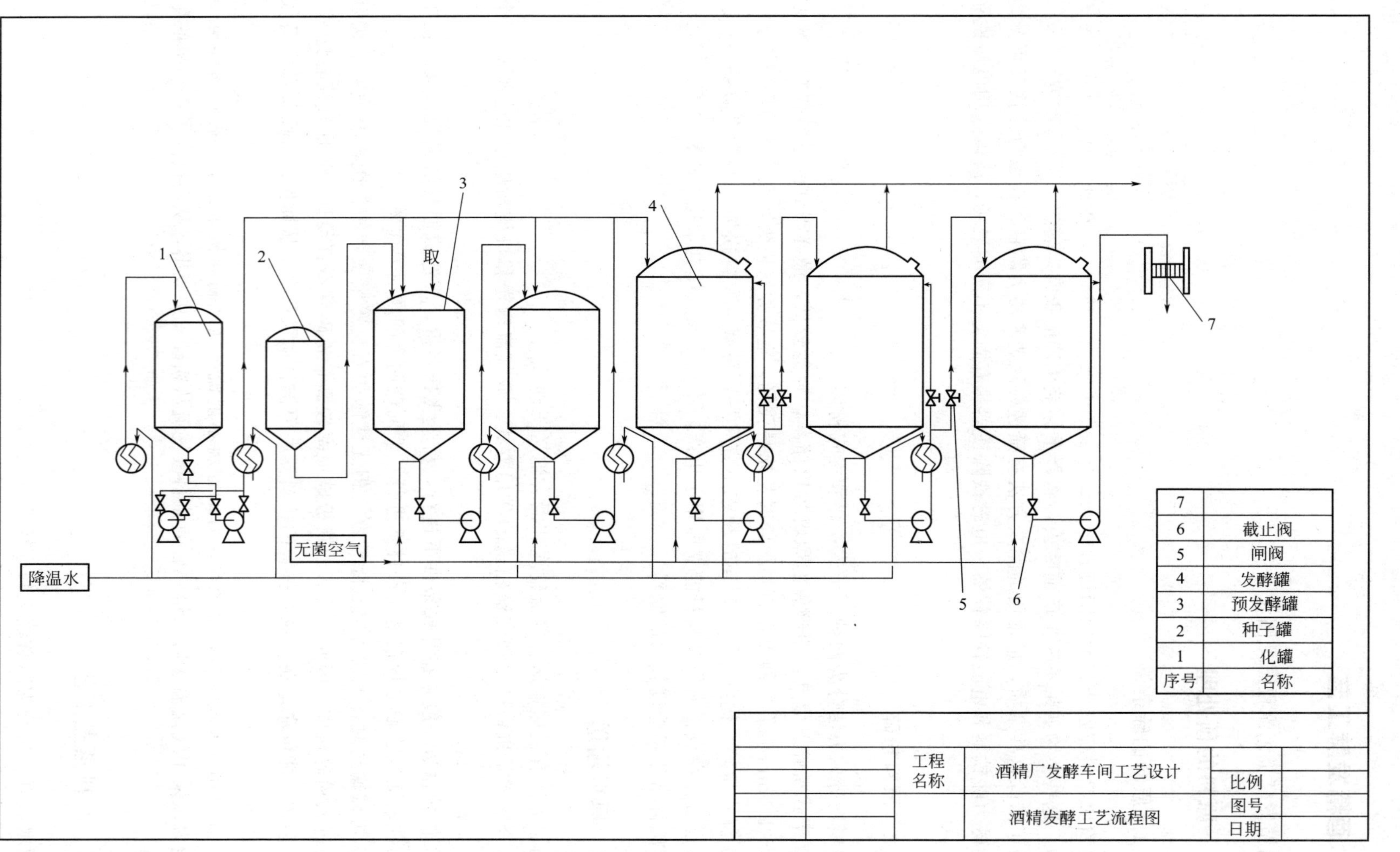

图 4-1 酒精发酵工艺流程图

较小的工厂。缺点：a. 蒸汽消耗量大，而且量不均匀，造成锅炉操作的困难和煤耗的增加。b. 辅助操作时间长，设备利用率低。c. 蒸煮质量较差，出酒率低。d. 难以实现操作过程的自动化。

② 连续蒸煮　优点：a. 对大型蒸煮设备来说，连续蒸煮的基建投资及运行费用较低；b. 单位锅容产浆量高，相对占地面积小；c. 能耗较低，且气、电消耗均衡，避免了高峰负荷；d. 耗人力较少，但对于高度自动化的间歇蒸煮设备，两者相差不大；e. 蒸煮均匀性较好，甚至在煮较大木片时，筛渣也较少。缺点：a. 生产的灵活性和可靠性不如间歇蒸煮；b. 在使用细碎的木片时，对生产的影响，连续蒸煮大于间歇蒸煮；c. 松节油回收率较低；d. 附属设备较多，构造复杂制造要求高。

粉碎后原料蒸煮时加水制成粉浆，其料水比为 1∶2.5，水温为 70℃，并加入 α-淀粉酶然后进行低温蒸煮，其时间为 5～7min，温度控制在 88℃。第一、第二维持罐的温度分别控制在 88℃、84℃，并在里面停留 40min 左右。最后醪液进入薄板换热器，降温到糖化温度：62℃。

4.2.4 糖化醪的发酵

4.2.4.1 糖化醪发酵目的

淀粉质原料经过预处理、蒸煮和糖化等物理和生物化学过程，淀粉已充分糊化和液化，其中相当一部分已转化成可发酵性糖。这种糖化醪送入发酵罐，接入酒母后，在后者的作用下，醪中的糖被发酵生成乙醇和二氧化碳；而保存下来的糖化酶也不断地将残存的糊化了的淀粉转化成可发酵性糖，就这样酵母的酒精发酵和后糖化作用相互配合，最终将醪中的绝大部分淀粉及糖转化成乙醇和二氧化碳，这就是糖化醪发酵的目的。

4.2.4.2 影响酒精发酵的因素

① 稀释速度　在间歇发酵中，糖化醪要求自接种后 8～10h 内加完，这样可以有较长的后发酵时间，将糊精彻底水解发酵。

在连续发酵过程中，各罐基本上处于相对稳定的发酵状态。为了保持这一状态，要求进入各罐的发酵醪糖分基本上等于被酵母消耗的糖分加上流出的糖分。

② 发酵醪 pH 值的控制　发酵醪中，乳酸菌大量繁殖造成的污染是阻碍连续发酵广泛应用的主要原因。

连续发酵中发酵醪的 pH 值控制，既要考虑要适宜于酵母菌的繁殖和代谢，又要考虑要适宜于各种糖化酶的作用。由于连续发酵无菌条件要求较严，其 pH 值控制在 4.0～4.5 为宜。间歇发酵 pH 值可控制在 4.7～5.0。pH 值的控制，可用 H_2SO_4 来调节。

③ 发酵温度控制　温度对微生物生命活动影响很大，发酵的好坏与温度控制关系极为密切。酒精酵母繁殖温度为 27～30℃，发酵温度 30～33℃，如果温度高于 40℃，则酒精发酵很难进行。产酸细菌繁殖适温为 37～50℃，因此高温发酵易被细菌污染。

生产中发酵醪温度可根据发酵形式不同进行控制。间歇发酵：接种温度 27～30℃；发酵温度 30～33℃；后发酵温度 30℃±1℃。连续发酵各罐温度控制在 30～33℃。

④ 发酵醪的滞流和滑漏问题　在间歇发酵中不存在醪液的滞流和滑漏问题，但在连续发酵工艺中，这个问题就十分重要了。多级连续发酵的醪液始终处于流动状态，并能使每一

发酵罐的醪液处于相对稳定的均衡状态，这就要求醪液保持先进先出，防止滞流或滑漏的现象发生。

⑤ 关于发酵醪浓度问题　酒精发酵要求在一定浓度的糖化醪中进行，醪液浓度高低，直接影响到生产。糖化醪浓度低，虽然有利于酵母的代谢活动，提高出酒率，但是浓醪发酵却可以提高设备利用率，节省水、电、气，降低生产成本，增加产量。因此，生产上希望尽量采用浓醪发酵。

正常发酵醪浓度一般为16～18Bx，其发酵成熟醪酒精含量为8%～10%（容量）。

⑥ 关于缩短发酵时间　用糖蜜原料制造酒精，发酵时间需要24～32h，如用淀粉质原料，则需60h以上。为了缩短发酵时间，就需要设法加速水解支链淀粉中以1，6相结合的键。解决这个问题的方法是选育糖化酶含量高的菌种，以加强糖化作用。另外，采用连续发酵和选用发酵力强的酵母菌种，也是加速发酵、缩短发酵时间的有力措施。

综上所述，设计运用连续发酵工艺，发酵温度控制在30～34℃，pH值控制在4.2～4.5，发酵时间为70～80h，发酵成熟醪浓度为16～18Bx，发酵过程中添加青霉素防止染菌，使生产控制趋于自动化。

4.2.4.3　酒精发酵的方式

酒精发酵的方式有三种：间歇式发酵、半连续发酵和连续式发酵。三种发酵方式的优缺点比较如表4-2所示。

表4-2　各种发酵方法的优缺点比较

发酵方式	优点	缺点
间歇式发酵	设备简单,易于操作,不易染菌,适用于中小型酒厂	设备利用率低,酵母消耗量大
半连续发酵	酒母消耗量少,可适当缩短发酵时间	易染杂菌
连续式发酵	可提高设备的利用率和单位时间产量;便于自动控制;可在不同的罐中控制不同的条件	易染杂菌,操作要求和设备要求高

举例，如果某厂酒精年产量有10万吨，虽然半连续和连续发酵都易染菌，但是发酵中可以通过控制好酸度或者添加抗生素的方法抑制杂菌的生长，且间歇发酵设备投资多，占地面积大。所以最终选用露天大罐连续发酵技术。

4.2.4.4　发酵生产工艺

考虑到在发酵的过程中糖化醪中的可发酵性糖在不断消耗，为了使其中的糖在一定时间内保持在一定的量，从而有利于酵母的生长和发酵，所以选择用连续发酵法，并配一个预发酵罐，降低发酵罐组的稀释率。预发酵罐在发酵车间开机和换罐时，可以作为酒母罐提供适量的酒母投入到连续发酵罐组中。

发酵过程中的工艺流程控制图如图4-2所示。

连续式发酵的操作方法：生产开始时，先将规定数量的酒母醪打入酒母罐让酒母复水活化，同时连续添加糖化醪。待发酵醪中含量达到每毫升2.0亿个以上时，再以适当的流量添加到1#发酵罐中，同时以相同的流量向预发酵罐中添加新鲜糖液；也向1#发酵罐中流加适当的新鲜糖液。当1#发酵罐装满后，向2#发酵罐流加，2#发酵罐满后以相同的速度打入3#发酵罐、4#发酵罐、5#发酵罐，待发酵醪成熟后，将其以同样的速度送入蒸

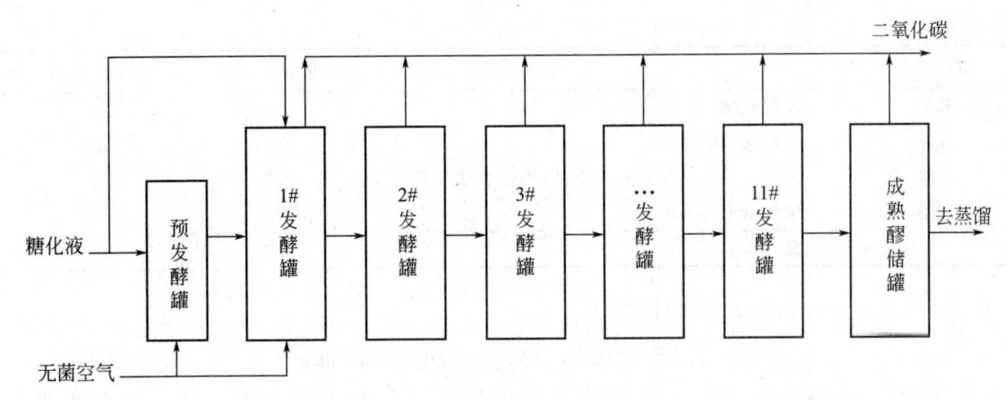

图 4-2 发酵工艺流程控制图

馏系统。发酵进程中 1 # 发酵罐温度控制：32～33℃；2 # 罐温度控制：34～36℃；3 # 罐～5 # 罐罐温度控制：低于 37℃。流加糖液应注意速度，将 1 # 发酵罐的稀释率控制在 0.06～0.07 之间，若流加过快，则会造成发酵醪中的酵母密度低，不易形成酵母的群体优势，杂菌感染有可能发生；若流加过慢，则将延长满罐时间，可能造成可发酵物质的损失。糖液在发酵罐中停留时间：55h。发酵醪成熟时的酒精度：10%（*V*）。

在发酵醪送入发酵罐前或者清理发酵罐后，使用 CIP 进行冲刷罐体和杀菌。先用清水喷洗罐体后再用 4%的碱液喷洗 30min，再用清水喷洗罐体，洗干净后即可使用。

4.3 全厂物料衡算

4.3.1 原料消耗量计算

（1）淀粉原料生产酒精的总化学反应式：

糖化：$(C_6H_{10}O_5)_n + nH_2O \longrightarrow nC_6H_{12}O_6$

162　　　18　　　180

发酵：$C_6H_{12}O_6 \longrightarrow 2C_2H_5OH + 2CO_2$

180　　　46×2　　44×2

（2）生产 1000kg 无水酒精的理论淀粉消耗量　由上两式得：

$$1000 \times 162/92 = 1760.9\ (\text{kg})$$

（3）生产 1000kg 98%（体积分数）的食用酒精的理论淀粉消耗量　乙醇含量 98%（体积分数）相当于 97.51%（质量分数），故生产 1000kg 食用酒精成品理论上需淀粉量为：

$$1760.9 \times 97.51\% = 1717.05\ (\text{kg})$$

（4）生产 1000kg 食用酒精实际淀粉耗量　事实上，整个生产过程经历原料处理、发酵及蒸煮工序，要经过复杂的物理化学和生物化学反应，产品得率必然低于理论产率。据实际经验，各阶段淀粉损失率如表 4-3 所示。

表 4-3 各阶段淀粉损失率列表

生产过程	损失原因	淀粉损失/%
原料处理	粉尘损失	0.40
蒸煮	淀粉残留及糖分破坏	1.00

续表

生产过程	损失原因	淀粉损失/%
发酵	发酵残糖	1.50
发酵	巴斯德效应	4.00
发酵	酒气自然蒸发与被CO_2带走(有酒精捕集器)	0.30
蒸馏	废糟带走等	1.85
	总计损失	9.0

故生产1000kg食用酒精需淀粉量为：

1717.05/(100%－9%)＝1886.87 (kg)

(5) 生产1000kg食用酒精时木薯干原料消耗量　根据基础数据给出，木薯干含淀粉68%故1t酒精耗木薯干量为：

1886.87/68%＝2774.81 (kg)

(6) α-淀粉酶消耗量　应用酶活力为2000U/g的α-淀粉酶使淀粉液化，促进糊化，可减少蒸汽消耗。α-淀粉酶按8U/g计算。

用酶量为：2774.81×103×8/2000＝1143.22 (kg)

(7) 糖化剂消耗量　若所用的糖化酶的活力为20000U/g，使用量为150U/g原料，则糖化酶消耗量为：

2774.81×103×150/20000＝2143.54 (kg)

4.3.2　糖化醪与发酵醪的计算

发酵醪结束后成熟醪量含酒精11%（体积分数），相当于9%（质量分数）。并设蒸馏效率为98%，而且发酵罐酒精捕集器回收酒精洗水和洗罐用水分别为成熟醪量的5%和2%，则生产1000kg 98%（体积分数），相当于97.51%（质量分数）酒精成品有关的计算如下：

(1) 需蒸煮的发酵成熟醪量（F_1）为：

1000×97.51%/(98%×9%)×(1＋5%)＝11608.33 (kg)

(2) 不计酒精捕集器和洗罐用水，则成熟发酵醪量为：

11608.33/107%＝10848.91 (kg)

(3) 入塔蒸馏的成熟醪乙醇浓度为：

1000×97.51%/(98%×11608.33)＝8.57%（质量分数）

(4) 相应发酵过程放出CO_2总量为：

(1000×97.51%/98%)×(44/46)＝951.74 (kg)

(5) 接种量按10%计，则酒母醪量为：

(11608.33＋951.74)/[(100＋10)/100]×10%＝1141.82 (kg)

(6) 糖化醪量：酒母醪的70%是糖化醪，其余为糖化剂和稀释水，则糖化醪量为：

(11608.33＋951.74)/[(100＋10)/100]＋1141.82×70%＝12217.52 (kg)

4.3.3　成品与发酵醪量的计算

(1) 醛酒产量　在醛塔取酒一般占成品酒精的1.2%～3%。在保证主产品质量合格的前提下，醛酒量取得越少越好。设醛酒酒量占成品酒精的3%，则生产1000kg成品酒精可得次品酒精量为：

$$1000\times3\%=30\ (\mathrm{kg})$$

（2）食用酒精量　每生产1000kg酒精，其食用酒精产量为：

$$1000-30=970\ (\mathrm{kg})$$

（3）杂醇油产量　杂醇油量通常为酒精产量的0.3%～0.7%，取平均值0.6%，则淀粉原料生产1000kg酒精副产品杂醇油量为：

$$1000\times0.6\%=6\ (\mathrm{kg})$$

（4）废醪液量的计算　废醪液量是进入蒸馏塔的成熟发酵醪减去部分水和酒精成分以及其他组分的残留液。此外醪塔使用直接蒸汽加热，所以还需加上入塔的加热蒸汽冷凝水。醪塔的物料和热量衡算如图4-3所示。

设进塔的醪液（F_1）的温度 $t_1=70℃$，排出醪的温度 $t_4=105℃$；成熟醪固形物浓度为 $B_1=7.5\%$，塔顶上升蒸汽的乙醇浓度50%（体积分数）及47.18%（质量分数）。则：

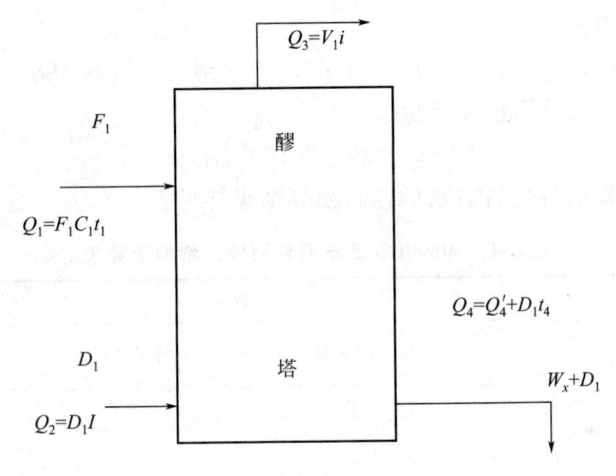

图4-3　醪塔示意图

醪塔上升蒸汽为：$V_1=11608.33\times8.57\%/47.18\%=2108.59\ (\mathrm{kg})$

残留液量：　$W_x=11608.33-2108.59=9499.74\ (\mathrm{kg})$

成熟醪比热容为：

$$C_1=4.18\times(1.019-0.95B_1)$$
$$=4.18\times(1.019-0.95\times7.5\%)$$
$$=3.96\ [\mathrm{kJ/(kg\cdot K)}]$$

成熟醪带入塔的热量为：

$$Q_1=F_1C_1t_1=11608.33\times3.96\times70=3.22\times10^6\ (\mathrm{kJ})$$

蒸馏残留固形物浓度为：

$$B_2=F_1B_1/W_x=11608.33\times7.5\%/9499.74=9.16\%$$

蒸馏残留液的比热容为：

$$C_2=4.18\times(1-0.378B_2)=4.04\ [\mathrm{kJ/(kg\cdot K)}]$$

塔底残留液带出的热量为：

$$Q_4=W_xC_2t_4=9499.74\times4.04\times105=4.03\times10^6\ (\mathrm{kJ})$$

查《发酵工厂工艺概论》附表得50%酒精蒸汽焓为 $i=1965\mathrm{kJ/kg}$。固有：

上升蒸汽带出热量为：

$$Q_3=V_1i=2108.59\times1965=4.14\times10^6\ (\mathrm{kJ})$$

塔底采用0.05MPa（表压）蒸汽加热，焓为2689.8kJ/kg；又蒸馏过程热损失 Q_n 可取为总能量的1%。根据热量衡算得，可消耗蒸汽量为：

$$D_1 = (Q_3 + Q_4 + Q_n - Q_1)/(I - c_w t_4)$$
$$= (4.14 + 4.03 - 3.22) \times 10^6 / (2689.8 - 4.18 \times 105) \times 99\%$$
$$= 2177.13\ (kg)$$

采用直接蒸汽加热，则塔底排出废醪量为：

$$W_x + D_1 = 9499.74 + 2177.13 = 11676.87\ (kg)$$

4.3.4 60000t/a淀粉原料酒精厂总物料衡算

前面对淀粉原料生产1000kg酒精（98%）进行了物料平衡计算，以下对1000t/a木薯干原料酒精厂进行计算，设计年生产320天。

（1）每日所需要的原料和生产成品及各种制品数量如下：

日产食用酒精量为：

60000÷320=187.5（t/d），考虑到富余量取188t。

（2）以320天计，成品酒精年产量：

188×320=60160（t/a）

（3）60000t/a淀粉原料燃料酒精厂物料衡算结果详见表4-4。

表4-4 60000t/a淀粉原料酒精厂物料衡算表

项目	数量			
	生产1000kg酒精物料量/kg	每小时数量/t	每天数量/t	每年数量/t
成品酒精	970	7.83	188	60160
次品酒精	30	0.14	3.39	1804.8
木薯干原料	2774.81	21.74	521.66	166932.57
α-淀粉酶	11.1	0.09	2.09	667.78
糖化酶	20.81	0.16	3.91	1251.93
硫酸铵	1.14	0.009	0.21	68.58
硫酸	7.0	0.055	1.32	421.12
糖化醪	12217.52	95.7	2296.89	735006
蒸煮发酵醪	11608.33	90.93	2182.37	698357.13
杂醇油	6	0.047	1.13	360.96
二氧化碳	951.74	7.46	178.93	57256.68
废醪	11721.07	91.82	2203.56	705139.57

4.3.5 发酵工段的物料衡算和热量衡算

糖化醪的数量可以根据要求发酵醪内含酒量反推回来计算。现投入木薯干每小时为21740kg，用曲量为原料的6%，按其中含淀粉20%计，扣除蒸馏损失的淀粉利用率为93.3%，则发酵能得到的无水酒精量为：

$$f = 21740 \times (70\% + 6\% \times 20\%) \times 92/162 \times 93.3\%$$
$$= 8293.67\ (kg/h)$$

产生二氧化碳量为：8293.67×44/46=7933.08（kg/h）

现要求发酵成熟醪含酒11%（v）即9%（w），酒母内糖化醪占70%，发酵接种量10%，可计算糖化醪量是：

$$G_1=(8293.67/9\%+7933.08)\times(1+10\%\times70\%)/1.1$$
$$=99868.62\ (kg/h)$$

用曲量扣除酒母醪补充糖化时用量约为原料的5%。

其中固体曲5%：$g=5\%\times21740=1087\ (kg/h)$

酒母醪中补充糖化剂（以固体曲量计）量为：

$$m_2'=g/(5/6)\times1/6=1087\times1/5=217.4\ (kg/h)$$

补充60℃温水量与糖化剂与用作酒母的糖化醪和应满足发酵接种量得10%的需要，因此补充水量应为：

$$m_w=0.93G_1\times10\%-7\%G_1-m_2'$$
$$=0.93\times99868.62\times0.1-0.07\times99868.62-217.4$$
$$=2079.58\ (kg/h)$$

这样酒母糖化醪量为：

$$g'=7\%G_1+m_2'+m_w=0.07\times99868.62+217.4+2079.58=9287.79\ (kg/h)$$

设糖化过程维持在$tg_1=50℃$，c_g取3.64J/(kg·℃)糖化结束回收蒸汽消耗量为：

$$D_g=g'c_g(tg_3-tg_1)/[I-tg_3c_w]$$
$$=10551.05\times3.64\times(80-50)/[2687-80\times4.18]$$
$$=489.75\ (kg/h)$$

灭菌15～30min后冷却至$tg_4=27℃$接种，则冷却水量为：

$$W_3=(g'+D_g)c_g(tg_3-tg_4)/[c_w(tw_1'-tw_1)]$$
$$=(10551.05+489.75)\times3.64\times(80-27)/[4.18\times(35-17)]$$
$$=28309.89\ (kg/h)$$

酒母扩大过程按1∶10扩大。平均每小时的酒母醪量为：

$$G_0=g'+D_g=10551.05+489.75=11040.8\ (kg/h)$$

硫酸消耗量为：$g(H_2SO_4)=11040.8\times10\%\times1.2\%=13.25\ (kg/h)$

硫酸铵消耗量为：$g[(NH_4)_2SO_4]=11040.8\times10\%\times1\%/1.1=100.37\ (kg/h)$

根据前面计算可以得到进入发酵罐的发酵液量为：

$$G_2=0.93G_1+G_0=0.93\times113452.19+11040.8=116551.34\ (kg/h)$$

这样蒸馏发酵醪数量应为：

$$F=(G_2-f\times44/46)\times(1+5\%+2\%)$$
$$=(116551.34-9421.73\times44/46)\times(1+7\%)$$
$$=115067\ (kg/h)$$

待蒸馏成熟发酵液浓度为：

$$9421.73/115067\times100\%=8.19\%$$

在发酵过程中糖变成酒精，每小时生成7970kg酒精，每生成1kg酒精放出的热量为1170kJ，则发酵和酒母培养每小时放出的热量为：

$$q=1170\times7970=9.32\times10^6\ (kJ/h)$$

取工段发酵酒母冷却水初温$tw_2=17℃$深井水，终温$tw_2'=25℃$，平均耗水量为：

$$W_3'=q/[c_w(tw_2'-tw_2)]$$
$$=9.32\times10^6/[4.18\times(25-17)]$$
$$=2.79\times105=292.95\ (kg/h)$$

由于酒母培养和发酵过程中涉及复杂的生物的化学变化，因此，不能简单地列出酒母发酵工段简单的热量衡算表，仅将物料衡算结果汇总于表4-5。由于酒母培养和菌种扩大过程的物料衡算数据太少，无法与车间生产的原料、成品和在制品的数量相比，故在平衡表内没有列入。

表4-5 酒母发酵工段物料衡算汇总表

项目	物料/(kg/h)	
	符号	数量
冷却糖化醪	$93\%G_1$	105510.54
酒母糖化醪	$7\%G_1$	7941.65
酒母补充糖化剂	m_2'	217.4
酒母醪稀释水	m_W'	2392
酒母醪灭菌蒸汽	D_g	489.75
酒母灭菌冷却水	W_3	28309.89
发酵酒母冷却用水	W_3'	2.79×10^5
酒精补集器用水	$5\%F/1.06$	5427.69
发酵洗罐用水	$1\%F/1.06$	1085.54
累计		430374.46
项目	物料/(kg/h)	
	符号	数量
待蒸馏发酵醪	F	115067
二氧化碳	$f\times44/46$	9421.73
酒母冷却废水	W_3	28309.89
发酵冷却废水	W_3'	2.79×10^5
累计		431798.62

4.4 酒精发酵设备的计算与设计

4.4.1 发酵设备的计算与选型

(1) 发酵罐容积的确定

随着科技的发展，生产发酵罐的厂家越来越多，现有的发酵罐容积量系列如5m³，10m³，20m³，50m³，75m³，100m³，120m³，150m³，250m³，500m³等。究竟选多大容积的好呢？一般来说单罐容积越大，经济性能越好，贡献也就越大，要求技术管理水平也越高。另一方面，属于技术改造适当扩建的项目，考虑原有的规模发酵罐的利用和新增发酵罐的统一管理，可取与原有发酵罐相同的容积；而新建的单位和车间，应尽量减少设备数量，在技术管理水平允许的范围内，尽量取较大容积的发酵罐。

(2) 能力的计算

现每天生产98%纯度的酒精188t。酒精发酵周期为48h（包括发酵罐清洗、灭菌、进出物料等辅助操作时间）。则每天需糖液体积为$V_{糖}$。

每天产纯度为98%的普通三级酒精188t，每吨酒精需糖液为：

$$12217.52/1080=11.31\ (m^3)$$

$$V_{糖}=11.31\times188\times98\%$$

$$=2083.75\ (m^3)$$

发酵罐的填充系数为0.85～0.9，现取$\psi=0.9$；则每天需要发酵罐的总容积为V_0（发酵周期为48h）。

$$\begin{aligned} V_0 &= V_{糖}/\psi \\ &= 2083.75/0.9 \\ &= 2315.28\ (\text{m}^3) \end{aligned}$$

（3）发酵罐个数的确定

计算发酵罐容积时有几个名称需明确。装液高度系数，指圆筒部分高度系数，封底则与冷却罐、辅助设备体积相抵消。

公称容积，是指罐的圆柱部分和罐底封头容积之和，并取整：上封头因无法装液，一般不计入容积。

罐的全容积，是指罐的圆柱部分和两封头容积之和。

现取单罐公称容积为200m^3厌氧发酵罐，则需发酵罐的个数为n_1。

$$\begin{aligned} n_1 &= \frac{V_0 t}{V_{总}\ \psi \times 24} \\ &= \frac{2315.28\times 48}{200\times 0.9\times 24} \\ &= 25.73\ (个) \end{aligned}$$

取公称容积200m^3发酵罐26个；实际产量验算：

$$\frac{200\times 0.9\times 26}{11.31}\times\frac{320}{48/24}=66206.9\ (\text{t/a})$$

富余量为$\frac{66206.9-60000}{60000}=10.34\%$，能满足产量要求。

4.4.2　主要尺寸的计算

（1）现按公称容积200m^3的发酵罐计算。

$H=1.5D$　　$h_{上}=0.12D$　　$h_{下}=0.09D$

$$V_{全}=\frac{3.14D^2}{4}(H+h_{上}/3+h_{下}/3)$$

$$200=\frac{3.14D^2}{4}\times(1.5D+0.12D/3+0.09D/3)$$

$D=5.45\text{m}$　取整数$D=5.5$

$H=8.25\text{m}$　　$h_{上}=0.66\text{m}$　　$h_{下}=0.495\text{m}$

$$\begin{aligned} V_{全} &= 0.785\times 5.5^2(8.25+0.22+0.165) \\ &= 205.05\ (\text{m}^3) \end{aligned}$$

（2）总表面积计算：

罐体圆柱部分表面积：$A_1=\pi DH$

$$\begin{aligned} &= 3.14\times 5.5\times 8.25 \\ &= 142.48\ (\text{m}^3) \end{aligned}$$

罐顶表面积：$A_{上}=\pi R(R^2+h_{上}^2)^{1/2}$

$=3.14\times2.75\times(2.75^2+0.66^2)^{1/2}$

$=24.42\ (m^2)$

罐底表面积：$A_{下}=\pi R\ (R^2+h_{下}^2)^{1/2}$

$=3.14\times2.75\times(2.75^2+0.495^2)^{1/2}$

$=24.12\ (m^2)$

罐体总表面积：$A_{总}=A_1+A_{上}+A_{下}$

$=142.48+24.42+24.12=191.02\ (m^2)$

4.4.3 冷却面积和冷却装置主要结构尺寸

（1）冷却面积的计算：

$$A=\frac{Q}{K\times T_m}$$

式中 Q——发酵反应热，kg/h；

K——总传热系数，kg/(m·h·℃)；

T_m——冷却水的温差；

其中

$$Q=Q_a-(Q_b+Q_c)$$

式中 Q_a——生物反应热，kJ；

Q_b——蒸发损失热，kJ；

Q_c——罐壁向环境散热，kJ。

其中

$$Q_a=msq$$
$$=1155000\times418.6\times1\%$$
$$=4835000\ (kJ/h)$$

式中 m——每罐糖液质量，kg；

s——糖度降低百分值，%；

q——每千克麦芽糖放出热量，418.6kJ。

$$Q_b=5\%Q_a$$
$$=0.05\times4835000$$
$$=241750\ (kJ/h)$$
$$Q_c=10\%Q_a$$
$$=0.1\times4835000$$
$$=483500\ (kJ/h)$$

所以

$$Q=Q_a-(Q_b+Q_c)$$
$$=4835000-(241750+483500)$$
$$=4109750\ (kJ/h)$$

（2）冷却水耗量：

$$W=\frac{Q}{C_w(T_2-T_1)}=\frac{4109750}{4.18(27-20)}=140456\ (kg/h)$$

式中 Q——发酵生物反应热，kJ/h；

C_w——水的比热容，kJ/(kg·℃)；

T_2——冷却水出口温度，℃；

T_1——冷却水进口温度，℃。

(3) 对数平均温差计算：

$$T_m = \frac{(30-20)-(30-27)}{2.3(30-20)/(30-27)}$$
$$=5.83\ (℃)$$

(4) 传热总系数 K 值确定

选取蛇管为水煤气输送管，规格为53/60mm。则管的横截面积为：

$$0.785\times(0.05)^2=0.0022\ (m^2)$$

设管内同心装两列蛇管，并同时进冷却水，则水管内流速为：

$$v=\frac{W}{3600\times10\times0.0022\times1000}=1.77\ (m/s)$$

设蛇管圈直径为4m，由水温表查得水温20℃时，常数 $A=6.45$：

$$K_1=4.186A\frac{(\rho_v)^{0.8}}{D^{0.7}}(1+1.77D/R)$$
$$=4.186\times6.45\times\frac{(1.77\times1000)^{0.8}}{0.053^{0.7}}\times(1+1.77\times0.053/2)$$
$$=87585\ [kJ/(m^2\cdot h\cdot ℃)]$$

式中　ρ_v——质量流速，kg/(m²·s)；

K_2——按经验取2700kJ/(m²·h·℃)。

所以，总传热系数为：

$$K=\frac{1}{\frac{1}{K_1}+\frac{1}{K_2}+\frac{0.0035}{188}+\frac{1}{16750}}=\frac{1}{\frac{1}{87585}+\frac{1}{2700}+\frac{0.0035}{188}+\frac{1}{16750}}$$
$$=2178.6kJ/(m^2\cdot h\cdot ℃)$$

式中　188——钢管的导热系数，kJ/(m²·h·℃)；

1/16750——管壁水污垢层的热阻，m²·h·℃/kJ；

0.0035——管子壁厚，m。

4.4.4　冷却面积和主要尺寸

$$A=\frac{Q}{K\times T_m}$$
$$=\frac{4109750}{2178.6\times5.83}$$
$$=323.6\ (m^2)$$

两列蛇管长度：

$$L=\frac{A}{\pi D_{cp}}$$
$$=\frac{323.6}{3.14\times0.0565}$$
$$=1823.7\ (m)$$

式中　D_{cp}——蛇管平均直径，0.0565m。

每圈蛇管长度：

$$
\begin{aligned}
l &= [(\pi D_p)^2 + h_p^2]^{1/2} \\
&= [(3.14 \times 6)^2 + 0.15^2]^{1/2} \\
&= 18.84\ (\mathrm{m})
\end{aligned}
$$

式中 D_p——蛇管圈直径，6m；

h_p——蛇管圈之间距离，0.15m。

两列蛇管总圈数：

$$
\begin{aligned}
N_p &= L/l \\
&= 1823.7/18.84 \\
&= 96.8\ (\text{圈}) \qquad \text{取 } 97\ (\text{圈})
\end{aligned}
$$

两列蛇管总高度：

$$
\begin{aligned}
H &= (N_p - 1) h_p \\
&= (97-1) \times 0.15 \\
&= 14.4\ (\mathrm{m})
\end{aligned}
$$

4.4.5 设备材料的选择

发酵设备的材质选择，优先考虑的是满足工艺要求，其次是经济性。本设备采用 A3 钢制作，以降低设备费用。

4.4.6 发酵罐壁厚的计算

（1）计算法确定发酵罐的壁厚 S：

$$
\begin{aligned}
S &= \frac{pD}{2[\sigma]\psi - p} + 0.18 \\
&= \frac{0.4 \times 960}{2 \times 127 \times 0.8 - 0.4} + 0.18 \\
&= 2.07\ (\mathrm{cm}) \qquad \text{取 } S = 2.1\mathrm{cm}
\end{aligned}
$$

式中 p——设计压力，取 $p=0.4\mathrm{MPa}$；

D——发酵罐内径，$D=9.6\mathrm{m}$；

$[\sigma]$——A3 钢许允应力，$[\sigma]=127\mathrm{MPa}$；

ψ——焊缝系数，0.5～1 之间，取 $\psi=0.8$。

$$C = C_1 + C_2 + C_3$$

式中 C_1——钢板负偏差，0.13～1.3 取 $C_1=0.8\mathrm{mm}$；

C_2——腐蚀余量，单面腐蚀取 $C_2=1\mathrm{mm}$；

C_3——加工减薄量，冷加工取 0；

C——壁厚附加值，cm。

所以 $C = 0.8 + 1 = 1.8 = 0.18\ (\mathrm{cm})$

（2）封头厚度：

$$S = \frac{pD}{2[\sigma]\psi - p} + 0.28$$

$$=\frac{0.4\times960}{2\times127\times0.8-0.4}+0.28$$

$$=2.17\ (cm)\qquad 取\ S=2.2cm$$

式中 p——设计压力，取 $p=0.4$MPa；

D——发酵罐内径，$D=9.6$m；

$[\sigma]$——A3 钢许允应力，$[\sigma]=127$MPa；

ψ——焊缝系数，0.5～1 之间，取 $\psi=0.8$。

C 为壁厚附加值（cm）

$$C=0.8+1+1=2.8\ (mm)=0.28\ (cm)$$

4.4.7 接管设计

（1）接管长度 h 设计

不保温接管长 $h=150$mm。

（2）接管直径的确定

接管实装醪 200×0.9=180（m^3）。设 3h 排空。

则物料体积流量为：

$$Q=\frac{180}{3\times3600}=0.013\ (m^3/s)$$

发酵醪流速取 $v=1$m/s。

则排料管截面积为：

$$F_{物}=Q/v$$
$$=0.013/1=0.013\ (m^2)$$

管径

$$d=(F_{物}/0.785)^{1/2}$$
$$=(0.013/0.785)^{1/2}$$
$$=0.129\ (m)$$

取无缝钢管 133×4。

进料管同排料管，取无缝钢管 133×4。

4.4.8 支座选择

对 75m^3 以上的发酵罐，由于设备总质量较大，应选用裙式支座，本设计选用裙式支座，见表 4-6。

表 4-6 发酵罐的相关参数列表

个数	全容积/m^3	装料系数	直径/m	上封头高/m	下封头高/m	材料	接管长度/cm	支座	冷却方式
26	230	0.9	5.5	0.66	0.495	A_3	15	裙式支座	蛇管冷却

4.4.9 泵的选用

① 将预发酵罐中的醪液打入 1＃发酵罐中所用泵。

醪液的浓度为 1.08t/m^3，其黏度范围在（1.3～0.5）×10^3Pa·s，温度：30℃，流量：

$V=3.6m^3/s$，扬程：$H=18m$，根据上述数据查相关图表，选取离心泵：IS50-32-125，该产品规格如表 4-7 所示。

表 4-7 IS 单级单吸离心泵性能表

型号	流量			扬程 H/m	效率 η/%	功率		必须气蚀余量 $(NPSH)_r$/m
	转速 n /(r/min)	浓度 /(m^3/h)	L/s			轴功率	电机功率	
IS50-32-125	2900	7.5	2.08	22	47	0.96	22	2.0

为了保证发酵过程的连续生产，考虑用泵一台，对于每个泵都再准备一备用泵，因此，泵的台数都是 2，流量用阀门调节。

② 各种泵的型号及相应的数量汇总列表如表 4-8。

表 4-8 离心泵的型号及数量汇总表

型号	数量
IS50-32-125	4×2×1

参考文献

[1] 周桃英，袁仲．发酵工艺［M］．北京：中国农业大学出版社，2010.
[2] 姚玉英．化工原理：修订版［M］．天津：天津科学技术出版社，2012.
[3] 喻健良．化工设备机械基础［M］．大连：大连理工大学出版社，2009.
[4] 中国石化集团上海工程有限公司．化工工艺设计手册：4版［M］．北京：化学工业出版社，2009.
[5] 梁世中．生物工程设备．2版［M］．北京：中国轻工业出版社，2013.
[6] 吴思方．生物工程工厂设计概论．2版［M］．北京：中国轻工业出版社，2013.
[7] 肖冬光．白酒生产技术．2版［M］．北京：化学工业出版社，2011.
[8] 冯为民，付晓灵．工程经济学．2版［M］．北京：北京大学出版社，2012.
[9] 高平，刘书志．发酵工厂设备［M］．北京:化学工业出版社，2011.
[10] 杜连起，钱国友．白酒厂建厂指南．2版［M］．北京：中国轻工业出版社，2013.
[11] 王元太．清香型白酒酿造技术［M］．北京：中国轻工业出版社．2009.
[12] QBJS 6—2005. 轻工业建设项目初步设计编制内容深度规定．
[13] QBJS 5—2005. 轻工业建设项目可行性研究报告编制内容深度规定．
[14] QBJS 34—2005. 轻工业建设项目施工图设计编制内容深度规定．
[15] QBJS 10—2005. 轻工业建设项目设计概算编制办法．

第5章

有机酸工业的发酵生产

5.1 简介与应用

柠檬酸（citric acid），学名2-羟基丙烷三羧酸，分子式$C_6H_8O_7$。为无色透明斜方晶系晶体颗粒，或白色结晶性粉末。无臭，有很强的酸味，味阈值为0.0025%。在温暖的空气中渐渐风化，在潮湿空气中微有潮解性。柠檬酸易溶于水，能溶于乙醇，而不溶于乙醚、氯仿、苯、CS_2、CCl_4及脂肪酸。

柠檬酸根据结晶条件不同，它的结晶形态有无水柠檬酸和含结晶水柠檬酸两种。商品柠檬酸主要是无水柠檬酸（$C_6H_8O_7$）和异柠檬酸（$C_6H_8O_7 \cdot H_2O$）。异柠檬酸由低温（低于36.6℃）的水溶液中结晶析出，经分离干燥后的产品，分子量210.14，熔点70～75℃，密度1.542。放置在干燥的空气中，异柠檬酸中的结晶水会逸出风化。无水柠檬酸是在高于36.6℃的水溶液中结晶析出的，分子量192.12，相对密度1.665。异柠檬酸转变为无水柠檬酸的临界温度为36.6℃±0.15℃。

柠檬酸是利用微生物生产的一种极为重要的有机酸，广泛应用于食品、饮料、医药、化工、冶金等领域。柠檬酸主要用于食品工业、医药工业和化学工业。

在食品工业上的应用：柠檬酸具有令人愉快的酸味，入口爽快，无后酸味，安全无毒，因此被称为第一食用酸味剂，被广泛用于饮料、果酱、果冻、酿造酒、冰激凌和人造奶油、腌制品、罐头制品、豆制品及烟草中。

在医药工业上的应用：医药上广泛用到柠檬酸及其盐类。柠檬酸盐用于补充相应元素时，具有溶解度高、生理宽容性大、酸根直接被吸收代谢等优点。柠檬酸糖浆、枸橼酸铁铵、柠檬酸钾、柠檬酸钠、柠檬酸铜、柠檬酸镁被广泛应用于临床。

在化学工业上的应用：柠檬酸及其盐类在工业上的应用发展得最快。柠檬酸被广泛用于缓冲剂、催化剂、激活剂、增塑剂、螯合剂、清洗剂、吸附剂、稳定剂、消泡剂等。其中在洗涤剂方面的应用增长最多。柠檬酸钠盐的螯合作用有特异性，可以替代三聚磷酸钠，作为绿色环保的无磷洗衣粉的原料。

5.2 柠檬酸的生产工艺

5.2.1 生产工艺概述

本项目采用玉米为原料，玉米粉碎调浆后利用喷射液化工艺进行玉米浆的液化，液化醪过滤除渣得液化清液，液化清液再进入发酵工段。在提取工段，可以采用国内先进的“吸交法”提取柠檬酸工艺。

柠檬酸的生产全过程可划分为四个工艺阶段：①发酵原料的预处理；②玉米粉调浆和液化；③发酵生产柠檬酸；④柠檬酸的提取和精制。与这四个工艺流程相适应，需要配置原料制备车间、发酵车间、分离纯化车间。

5.2.2 工艺流程

以玉米为原料，经粉碎、调浆、液化、过滤、发酵、阴离子交换、解脱液煮沸、脱色、阳离子交换、二次脱色、蒸发浓缩、结晶、离心分离、干燥后得成品。柠檬酸生产的工艺流程如图 5-1 所示。

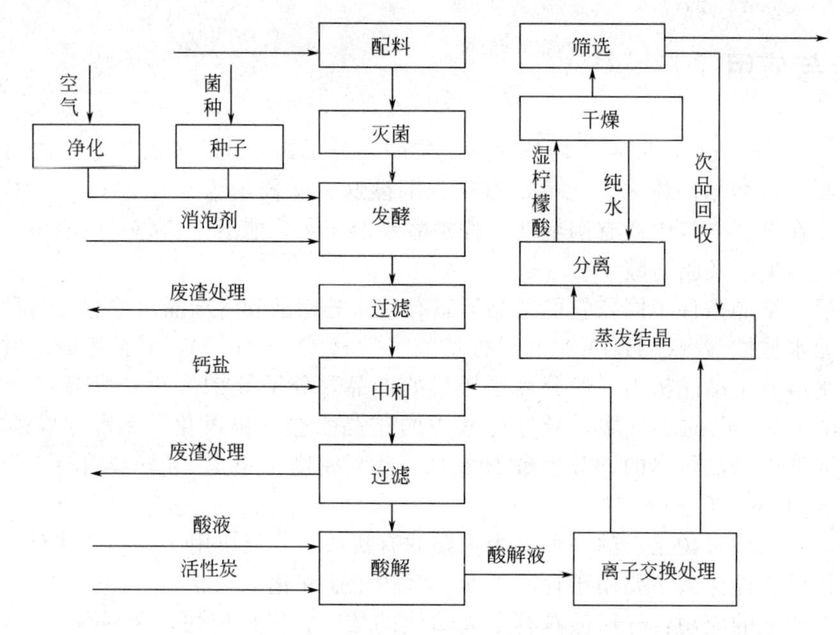

图 5-1 柠檬酸生产的工艺流程

5.2.3 基本步骤

5.2.3.1 原料预处理

将原料玉米除杂后进行粉碎，过 60 目筛得合格的玉米粉。

5.2.3.2 玉米粉调浆和液化

向调浆罐通过物料输送机输送玉米粉；按质量比（玉米粉：水）为 1：4.5 的比例加入 65℃的水，利用碱性盐 Na_2CO_3 溶液调节浆料 pH 在 5.0～7.0 范围内，并加入 0.1%氯化钙，作为淀粉酶的保护剂和激活剂。最后加入粉耐高温 α-淀粉酶（酶活力 20000U/g，加入量为 8U/g 玉米粉），混合均匀，将物料打入高压喷射器，在喷射器中粉浆和蒸汽可直接瞬间接触，出料温度 105℃。从喷射器中喷出的液料，经过冷却降温系统使液料温度降至 97℃，并将其倒入层流罐保温 30min，保温罐温度维持在 95℃。然后进行二次喷射，在第二只喷射器内液料和蒸汽直接接触使温度迅速上升至130℃，维持8min左右，彻底杀死耐高温α-淀粉酶，进一步凝固聚沉蛋白质，对处理后的物料进行过滤处理，滤液经过真空闪急冷却系统进行冷却，然后将液料打入二次液化罐，使液料温度降低到95℃，在二次液化罐内加入耐高温α-淀粉酶（酶活力为20000U/g，加入量为8U/g玉米粉），液化30min，碘试合格后，结束液化。

5.2.3.3 发酵

液化醪过滤除去玉米渣得液化清液，温度降至37℃后打入发酵罐，同时按以下质量体积比向发酵罐内加入已灭菌的0.9%尿素、0.1% KH_3PO_4、0.25% $MgSO_4$ 和10%种子液。发酵控制在温度34℃、pH6.7左右，发酵周期约72h。发酵结束后，发酵液经真空转鼓过滤机除去菌丝体得发酵清液，菌丝体是优质饲料的原料，发酵清液进入提取精制工段。

5.2.3.4 提取和精制

发酵清液经过8310#阴离子交换吸附树脂将柠檬酸和其他杂质分离（交换过程中，改变吸附交换柱内压力，调压力为 4.9×10^6Pa 至放空，反复2到3次），然后用10%的 NH_4OH 解脱得解脱液。向解脱液中加碱液调节pH至9.0，在常压下加热煮沸10min，取出后加入粉末状活性炭（每升解脱液需要5g活性炭），过滤除去有机杂质和部分色素等残渣获得清液。清液经阳离子交换树脂去除氨根离子，然后进行二次脱色得到18%的柠檬酸液。将此纯净柠檬酸液经蒸发浓缩后进行结晶，然后用离心机分离母液和晶体，母液返回再次吸附交换，晶体进行干燥得合格的柠檬酸。过程中可以使吸附交换树脂充分搅动，所以不需要像离交法那样在洗胶工序后树脂仍需再生，降低了水、酸、碱的消耗。调节解脱液pH，提高分离杂质的效果。从阴离子交换树脂流出的解脱液加碱调节pH至8～10，可以破坏柠檬酸解脱液的胶体稳定性，从而使混入的少量可溶性蛋白质、糖、胶体、杂酸等杂质絮凝从解脱液中分离。

“吸交法”：采用碱解脱法，避免酸解脱法存在的还原糖偏高、易碳化合物不达标的缺点。与传统的钙盐法相比，提取收率由原来的75%左右提高到80%，提高了产品质量，降低了生产成本。

5.2.3.5 成品包装

干燥合格的柠檬酸晶体经包装后运送成品库。

5.3 国内外柠檬酸生产情况及展望

自21世纪以来，柠檬酸产业的竞争加剧，许多小企业纷纷退出该领域，这使全球柠檬酸的生产和进出口更加集中。目前，柠檬酸的主要产地有中国、美国和西欧。柠檬酸的主要出口国有中国、奥地利、捷克、美国、英国、爱尔兰、德国、巴西、荷兰、哥伦比亚。2005年上半年，全球柠檬酸总出口量为36.5万吨，上述十国的出口量之和占全球总出口量的92.6%。

我国从20世纪60年代开始生产柠檬酸，近10年来，由于出口的刺激，生产能力和产量增长很快。1985年我国柠檬酸的产量只有 3.7×10^4 t/a，到2001年产量达约 38.0×10^4 t/a，

2002年达到约40.0×10^4t/a。2004年柠檬酸总产量达54万吨。2007年柠檬酸产量76万吨，共出口70.83万吨，柠檬酸生产企业近百家，总产量居世界第一，出口遍布美国、比利时、荷兰等国，是世界上最大的柠檬酸出口国。我国柠檬酸工业的技术改造和新技术开发近年来已有长足的发展，但和世界发达国家相比，还有一定差异。

5.4 物料衡算

5.4.1 工艺技术指标及基础数据

（1）生产规模：33000t/a、99.5%一水柠檬酸折合成30171.43t/a、99.5%无水柠檬酸；

（2）生产方法：外加耐高温α-淀粉酶液化，深层液体发酵，钙盐干法提取；

（3）生产天数：每年330d；

（4）食用99.5%无水柠檬酸日产量：$\frac{30171.43}{330}=91.43$t，取整数为92t；

（5）食用99.5%无水柠檬酸年产量：$92\times330=30360$t/a；

（6）产品质量：国际食用柠檬酸99.5%（质量分数），副产品约占2%；

（7）玉米粉成分：含淀粉量70%，水分14%；

（8）α-淀粉酶用量：8U/g原料；

（9）操作参数：淀粉糖转化率98%，糖酸转化率95%，提取阶段分离收率95%，精制阶段收率98%，倒灌率1.5%，则其得率为1－1.5%＝98.5%；产酸率（即糖发酵液转化率）12.5%；发酵周期75h，发酵温度（35±1）℃，发酵通风量$10V/(V_{发酵液}\cdot h)$。

5.4.2 原料消耗计算

基准：1t成品柠檬酸

年产3.3万吨一水柠檬酸，折合成无水柠檬酸，按1995年5月，中国发酵工业协会柠檬酸分会制定的“柠檬酸行业统计办法”。

无水柠檬酸需要量为：$33000\times192/210=30171.43$t/a。

（1）生产无水柠檬酸的总化学反应式：

$$(C_6H_{10}O_5)_n+nH_2O+3n/2O_2=nC_6H_8O_7+2nH_2O$$

162　　　　　　　　　192

X　　　　　　　　　10000

（2）生产1000kg，99.5%无水柠檬酸所需理论淀粉消耗量：

$$X=1000\times(162/192)\times99.5\%=839.53\text{kg}$$

（3）生产1000kg，99.5%无水柠檬酸所需实际淀粉消耗量：

$$\frac{X}{98\%\times95\%\times95\%\times98\%\times(1-1.5\%)}=\frac{839.53}{98\%\times95\%\times95\%\times98\%\times(1-1.5\%)}=983.33\text{kg}$$

（4）生产1000kg，99.5%无水柠檬酸所需实际玉米粉原料消耗量：

$$\frac{983.33}{70\%}=1404.76\text{kg}$$

（5）α-淀粉酶的消耗量：应用酶活力为 20000U/g 的 α-淀粉酶使淀粉液化。α-淀粉酶用量按 8U/g 原料计算，有：$1404.76\times8/20000=0.562\text{kg}$。

5.4.3　发酵醪量的计算

根据发酵液转化率为 12.5%：

$$\frac{1000\times99.5\%}{95\%\times98\%\times12.5\%}=8549.95\text{kg}$$

5.4.4　接种量

接种量为发酵醪的 10%，则：

$$\frac{8549.95\times10\%}{100\%+10\%}=777.27\text{kg}$$

5.4.5　液化醪量计算

因为成熟蒸煮醪为：$8549.95-777.27-0.562=7772.12\text{kg}$

则调浆浓度为：$\frac{1404.76\times100\%}{7772.12}=18.1\%$

粉浆的干物质浓度为：$\frac{983.33\times100\%}{7772.12}=12.65\%$

蒸煮直接蒸汽加热，采用连续液化工艺，如下所述。

（1）操作流程

混合后粉浆温度为 50℃，应用喷射液化器迅速使粉浆升温至 100℃，升温后进入维持罐，使料液保温 20～30min 以完成液化，进蒸汽压力保持在 0.3～0.4MPa，液化完成的醪液由板式换热器降温至（35±1）℃备用。

调浆及液化灭菌时产生的泡沫可用少量泡敌消泡。

（2）工艺计算

干物质含量 $B_0=70\%$ 的玉米原料比热容为：

$$C_0=4.18\times(1-0.7\times B_0)=2.13\text{kJ/(kg}\cdot\text{K)}$$

粉浆的干物质浓度为 $B_1=12.65\%$，液化醪的比热容为：

$$\begin{aligned}C_1&=B_1C_0+(1.0-B_1)C_w\\&=12.65\%\times2.25+(1.0-12.65\%)\times4.18\\&=3.92\text{kJ/(kg}\cdot\text{K)}\end{aligned}$$

C_w 为水的比热容，取 4.18kJ/(kg·K)。为简化计算，假定液化醪的比热容在整个过程中维持不变。经喷射液化器前的液化醪量为 X：

$$X+\frac{X\times3.94(105-60)}{2731.2-105\times4.18}=7772.12\text{kg}，解得\ X=7216.65\text{kg}$$

其中 2731.2 为喷射液化器加热蒸汽 0.3MPa 的焓。

5.4.6 成品柠檬酸

日产柠檬酸量为：$\frac{30171.43}{330}=91.43t/d$

即结晶液中柠檬酸的含量为：91.43t/d

需精制液中柠檬酸含量为：$\frac{91.43}{98\%}=93.29t/d$

需分离液中柠檬酸的含量为：$\frac{93.29}{95\%\times98\%}=96.24t/d$

5.4.7 总物料衡算

进行淀粉质原料年产3.3万吨一水柠檬酸厂总物料衡算即对生产30171.43t/a、99.5%无水柠檬酸的薯干原料柠檬酸厂进行计算。

(1) 柠檬酸成品

日产食用99.5%无水柠檬酸量为91.43t/d，取整数为92t

日产副产品为$\frac{92\times2\%}{98\%}=1.88t$

则日产总量为92+1.88=93.88t

实际年产食用柠檬酸量为92×330=30360t/a

年产副产物为1.88×330=619.59t/a

年产总量为30360+619.59=30979.59t/a

(2) 主要原料玉米用量

日耗量为$1404.76\times10^{-3}\times93.88=131.88t$

年耗量为131.88×330=43519.00t

(3) 根据以上计算，将物料衡算结果列于表5-1。

表5-1 33000t/a柠檬酸厂物料衡算表

物料名称	每吨产品耗(产)用量/kg	年产3.3万吨耗(产)用量	
		每天/(t/d)	每年/(t/a)
食用柠檬酸	980.00	92.00	30360.00
副产品	20.00	1.88	619.59
玉米原料	1404.76	131.88	43519.00
淀粉	983.33	92.31	30463.30
α-淀粉酶	0.56	0.05	17.41
发酵醪	8549.95	802.65	264873.85
接种量	777.27	72.97	24079.44
成熟蒸煮醪	7772.12	729.63	240777.00
玉米浆量	20487.99	1923.36	634709.59

5.5 热量衡算

5.5.1 液化热平衡计算

喷射加热初温$t_1=60℃$，加热后$t_2=105℃$

醪液的比热容为 $C_1=3.92kJ/(kg\cdot K)$

由工艺可知：

经过喷射加热器温度由 $t_1=60℃$ 升温至 $t_2=105℃$

$$\begin{aligned}\text{喷射加热器耗热 } Q &= C_1\times G_{醪液}(105-60)\\ &=3.92\times7216.65\times(105-60)\\ &=1273296.34kJ\end{aligned}$$

5.5.2 发酵过程中的蒸汽耗量的计算

（1）蒸汽用量的计算公式

整个生产过程采用蒸汽间接加热，蒸汽耗用量计算公式为：

$$D=\frac{Q_{总}}{(I-i)\eta}=\frac{DC(t_2-t_1)}{(I-i)\eta}$$

式中 η——蒸汽的热效率，取 $\eta=95\%$；

I——汽化潜热。

（2）基础数据

在28℃下，查得：淀粉的比热容为1.55kJ/(kg·K)，水的比热容为4.174kJ/(kg·K)，加热蒸汽的热焓为2549.50kJ/(kg·K)，加热蒸汽的冷凝水的热焓为1250.60kJ/(kg·K)。

由前面的计算可知：日耗玉米粉量为131.88t/d，日耗淀粉量为92.31t/d，日耗玉米浆量为729.63t/d。

则日耗调浆用水量为：729.63－131.88＝597.75t/d

日耗淀粉浆量为：597.75＋92.31＝690.06t/d

淀粉浆中含水量为：$\frac{597.75}{690.06}\times100\%=86.62\%$

淀粉浓度为：$\frac{92.31}{690.06}\times100\%=13.38\%$

由此可算得淀粉浆的比热容为：

$$\begin{aligned}C&=C_{淀粉}X+C_{水}Y\\ &=1.55\times13.38\%+4.18\times86.62\%\\ &=3.83kJ/(kg\cdot K)\end{aligned}$$

式中 X——淀粉浓度，13.38%；

Y——水浓度，86.62%。

（3）生产过程中蒸汽耗量的计算

① 培养基灭菌及管道灭菌　培养基采用连消塔连续灭菌，进塔温度90℃，灭菌130℃。

则灭菌用蒸汽量：$D=\frac{DC(t_2-t_1)}{(I-\lambda)\eta}$

每罐的初始体积为180m³，初糖体积是13g/100mL，灭菌前培养基含糖量19%。

其数量为：$\frac{180\times13\%}{19\%}=123.16t$

灭菌加热过程中用0.3MPa，蒸汽（表压）$I=2725.3kJ/kg$，由维持罐（90℃），进入连消塔加热至130℃，糖液比热容3.69kJ/(kg·K)。

每罐灭菌时间3h，输料流量：$\frac{123.16}{3}=41.05t/h$

消毒灭菌蒸汽量：

$$D=\frac{DC(t_2-t_1)}{(I-\lambda)\eta}$$

$$=\frac{41.50\times3.69\times(130-90)}{(2725.3-130\times4.18)\times95\%}$$

$$=2922kg/h=2.92t/h$$

每天培养基用蒸汽量：2.92×3×4=35.08t/d

所有用罐空罐灭菌及相关管道灭菌用蒸汽量，根据经验取培养基灭菌用蒸汽量的10%，则：$D_1=35.08\times10\%=3.51t/d$。

② 加热发酵醪所需的蒸汽量 D_6　柠檬酸水溶液的比热容可按下式近似计算：

$$C=(0.99-0.66w+0.0010t)\times4.19$$

式中　0.99——比热容，kJ/(kg·K)；

w——柠檬酸质量分数，$w=\frac{92+1.88}{802.65}\times100\%=11.7\%$；

t——温度，℃。

代入上式，得：

$$C=(0.99-0.66w+0.0010t)\times4.19$$

$$=(0.99-0.66\times11.7\%+0.001\times35)\times4.19$$

$$=3.97kJ/(kg\cdot K)$$

那么由此可得 D_6 为：

$$D_6=\frac{GC(t_2-t_1)}{(I-\lambda)\eta}=\frac{802.65\times3.97\times(85-35)}{(2549.5-1250.6)\times95\%}$$

$$=122.66t/d$$

(4) 发酵段蒸汽衡算

将发酵车间蒸汽衡算列于表5-2。

表5-2　发酵车间蒸汽衡算

生产工序	日用蒸汽量/(t/d)	平均蒸汽用量/(t/h)	年用蒸汽量/(t/a)
培养基灭菌	35.08	2.92	11576.15
加热发酵醪	128.85	10.74	42521.22
空罐灭菌	3.15	0.29	1157.61
合计	167.44	13.95	55254.99

5.6 水量衡算及其他

5.6.1 发酵过程中的冷却水耗量计算

已知发酵罐过程中的发酵热为 $4.18\times6000kJ/(m^3\cdot h)$，$200m^3$ 的发酵罐一般装料量为 $180m^3$（填充系数为0.9），则

$$W_{发酵}=\frac{Q_{总}}{C_{水}(t_2-t_1)}$$

$$=\frac{4.18\times6000\times180}{4.18\times(28-15)}$$

$$=83076.92\text{kg/h}$$

$$=1993.85\text{t/d}$$

$$=657969.23\text{t/a}$$

已知 25m³ 的种子罐（填充系数 0.7），装料量为 17.5m³，则

$$W_{种子}=\frac{Q_{总}}{C_{水}(t_2-t_1)}$$

$$=\frac{4.18\times6000\times17.5\times30}{4.18\times(28-15)}$$

$$=9692.31\text{kg/h}$$

$$=232.62\text{t/d}$$

$$=76763.08\text{t/a}$$

发酵车间冷却水衡算如表 5-3 所示。

表 5-3　发酵车间冷却水衡算

生产工序	平均耗水量/(t/h)	日耗水量/(t/d)	年耗水量/(t/a)
发酵罐用水	83.08	1993.85	657969.23
种子罐用水	9.69	232.62	76763.08
合计	92.77	2226.46	734732.31

5.6.2　发酵过程中的无菌空气耗用量的计算

（1）单罐发酵罐用无菌空气量

根据无菌空气用量的计算公式：V＝发酵罐体积×通气速率×填充系数

已知：发酵罐体积为 200m³，通气速率为 0.18vvm，填充系数为 60%

则：$V_{发酵}=200\times0.18\times60\%=21.60\text{m}^3/\text{h}$

（2）单个种子罐用无菌空气量

取种子罐的空气消耗量为发酵罐过程空气消耗量的 25%，则

$$V=25\%V_{发酵}=25\%\times21.60=5.40\text{m}^3/\text{h}$$

（3）发酵车间蒸汽衡算

将发酵车间无菌空气用量衡算列入表 5-4。

表 5-4　发酵车间无菌空气用量衡算

设备名称	单罐每小时用气量/(m³/h)	单罐每日用气量/(m³/d)	每罐每年用气量/(m³/a)	年总用气量/(m³/a)
发酵罐	21.60	518.40	171072.00	2052864.00
种子罐	5.40	129.60	42768.00	171072.00
总用量	27.00	648.00	213840.00	2223936.00

5.7 发酵罐选型与计算

5.7.1 生产能力、数量和容积的确定

5.7.1.1 生产能力的计算

每天生产99.5%的无水柠檬酸92.00t，发酵周期为75h（包括发酵罐的清洗、灭菌、进出物料等辅助操作时间），则每天需发酵液体积为$V_{发酵液}$。每吨柠檬酸需糖液7.58m^3。

$$V_{发酵液}=7.58\times 92.00t=697.36\ (m^3)$$

设发酵罐的填充系数$\varphi=90\%$；则每天需要发酵罐的总体积为V_0（发酵周期为75h）。

$$V_0=\frac{V_{发酵液}}{\varphi}=\frac{697.36}{90\%}=774.84\ (m^3)$$

5.7.1.2 发酵罐容积的确定

经验上一般取发酵罐全容积为发酵罐有效容积的1.2～1.3倍，即：

$$V_G=(1.2\sim1.3)V_F$$

式中 V_G——发酵罐的全容积，m^3；

V_F——发酵罐的有效容积（即发酵液量），m^3。

$$V_G=1.2\times V_F=1.2\times 200\times 90\%=216，取230m^3$$

5.7.1.3 发酵罐个数的确定

选用全容积为230m^3的发酵罐。

$$N=\frac{V_{发酵液}\times T}{V_{全容积}\times\varphi\times 24}=\frac{697.36\times 75}{230\times 80\%\times 24}=12.36，即N=13$$

取全容积为230m^3发酵罐13个。

实际产量为：

$$\frac{230\times 0.9\times 4}{7.58}\times 330=36047\ (t)$$

富余量：(36047－33000)/33000＝19.48%，满足产量要求。

5.7.2 主要尺寸的计算

5.7.2.1 罐体尺寸比例和结构

$V_{全容积}=V_{圆柱}+2V_{封头}=230m^3$；上下封头折边忽略不计，以方便计算。

则有$V_{全容积}=0.785D^2\times 2D+\frac{\pi}{24}D^3\times 2=230m^3$

在一般的设计中，通常取$H/D=1.2\sim1.6$，这里$H=2D$；

解方程得：$1.57D^3+0.26D^3=230$

$$D=\sqrt[3]{\frac{230}{1.83}}=5.0\ (m)$$

取 $D=5\mathrm{m}$，$H=2D=10\mathrm{m}$；

封头高：$H_{封}=h_a+h_b=1300$（mm）

封头容积：$V_{封}=16.4\mathrm{m}^3$

圆柱部分容积：$V_{筒}=197\mathrm{m}^3$

验算全容积 $V_{全}$：

$$V'_{全}=V_{筒}+2V_{封}=197+2\times16.4=229.8\ (\mathrm{m}^3)$$

$$V_{全}=V'_{全}$$

5.7.2.2　设备结构的工艺计算

① 空气分布器　本罐采用单管进风，风管直径 $\phi133\mathrm{mm}\times4\mathrm{mm}$。

② 挡板　本罐因有扶梯和竖式冷却蛇管，故不设挡板。

③ 密封方式　本罐采用双面机械密封方式，处理轴与罐的动静问题。

④ 冷却管布置　采用竖式蛇管最高负荷下的耗水量 W：

$$W=\frac{Q_{总}}{c_p(t_2-t_1)}$$

式中　$Q_{总}$——每 $1\mathrm{m}^3$ 醪液在发酵最旺盛时，1h 的发热量与醪液总体积的乘积，

$Q_{总}=4.18\times6000\times54.64=1.37\times10^5$（kJ/h）；

c_p——冷却水的比热容，4.18kJ/(kg·K)；

t_2——冷却水终温，$t_2=45℃$；

t_1——冷却水初温，$t_1=20℃$。

将各值代入上式：

$$W=\frac{3.89\times10^6}{4.18\times(45-20)}=37225\ (\mathrm{kg/h})=37.2\ (\mathrm{kg/s})$$

冷却水体积流量为 $3.72\times10^{-2}\mathrm{m}^3/\mathrm{s}$，取冷却水在竖直蛇管中的流速为 1m/s，根据流体力学方程式，冷却管总截面积 $S_{总}$ 为：

$$S_{总}=\frac{W}{v}$$

式中　W——冷却水体积流量，$W=3.72\times10^{-2}\mathrm{m}^3/\mathrm{s}$；

v——冷却水流速，$v=1\mathrm{m/s}$。

代入上式：

$$S_{总}=\frac{3.72\times10^{-2}}{1}=3.72\times10^{-2}\ (\mathrm{m}^2)$$

进水总管直径：

$$d_{总}=\sqrt{\frac{S_{总}}{0.785}}=\sqrt{\frac{3.72\times10^{-2}}{0.785}}=0.218\ (\mathrm{m})$$

冷却管组数和管径：设冷却管总表面积为 $S_{总}$，管径 d_0，组数为 n，则：

取 $n=8$，求管径。由上式得：

$$d_0=\sqrt{\frac{S_{总}}{0.785n}}=\sqrt{\frac{3.72\times10^{-2}}{8\times0.785}}=0.077\ (\mathrm{m})$$

查金属材料表选取 $\phi89\mathrm{mm}\times4\mathrm{mm}$ 无缝管，$d_{内}=81\mathrm{mm}$，$g=5.12\mathrm{kg/m}$，$d_{内}>d_0$，认

为可满足要求，$d_{平均}=80$mm。

现取竖蛇管圈端部U形弯管曲径为300mm，则两直管距离为600mm，两端弯管总长度为 l_0：

$$l_0=\pi D=3.14\times600=1884\ (\text{mm})$$

冷却管总长度 L 计算：由前知冷却管总面积 $F=231.5\text{m}^2$

现取无缝钢管 $\phi89\text{mm}\times4\text{mm}$，每米长冷却面积 $F_0=3.14\times0.08\times1=0.25\ (\text{m}^2)$

则：
$$L=\frac{F}{F_0}=\frac{231.5}{0.25}=926\ (\text{m})$$

冷却管占有体积：

$$V=0.785\times0.089^2\times926=5.76\ (\text{m}^3)$$

组管长 L_0 和管组高度：

$$L_0=\frac{L}{n}=\frac{926}{8}=115.75\ (\text{m})$$

另需连接管8m：

$$L_{实}=L+8=926+8=934\ (\text{m})$$

可排竖式直蛇管的高度，设为静液面高度，下部可伸入封头250mm。设发酵罐内附件占有体积为0.5m³，则：总占有体积为

$$V_{总}=V_{液}+V_{管}+V_{附件}=154.3+6.16+0.5=161\ (\text{m}^3)$$

则筒体部分液深为：

$$\frac{V_{总}-V_{封}}{S}=\frac{161-16.4}{0.785\times5^2}=7.3\ (\text{m})$$

竖式蛇管总高

$$H_{管}=7.3+0.25=7.55\ (\text{m})$$

又两端弯管总长 $l_0=1884$mm，两端弯管总高为600mm，

则直管部分高度：

$$h=H_{管}-600=7550-600=6950\ (\text{mm})$$

则一圈管长：

$$l=2h+l_0=2\times6950+1884=15784\ (\text{mm})$$

每组管子圈数 n_0：

$$n_0=\frac{L_0}{l}=\frac{115.75}{15.8}=7.3\ (\text{圈})\quad 取8圈$$

现取管间距为 $2.5D_{外}=2.5\times0.089=0.22$ (m)，竖蛇管与罐壁的最小距离为0.15m，则可计算出搅拌器的距离在允许范围内（不小于200mm）。

校核布置后冷却管的实际传热面积：

$$F_{实}=\pi d_{平均}L_{实}=3.14\times0.08\times934=234.6\ (\text{m}^2)$$

而前有 $F=231.5\text{m}^2$，$F_{实}>F$，可满足要求。

5.7.2.3 接管结构的工艺计算

(1) 接管的长度 h 设计

各接管的长度 h 根据直径大小和有无保温层，一般取100～200mm。

（2）接管直径的确定

按排料管计算：该罐实装醪量 154.3m³，设 4h 之内排空，则物料体积流量：

$$Q=\frac{154.3}{3600\times 4}=0.0107\ (\mathrm{m^3/s})$$

发酵醪流速取 $v=1\mathrm{m/s}$；则排料管截面积为 $F_{物}$。

$$F_{物}=\frac{Q}{v}=\frac{0.0107}{1}0.0107\ (\mathrm{m^2})$$

因为

$$F_{物}=0.785d^2$$

管径：

$$d=\sqrt{\frac{F_{物}}{0.785}}=\sqrt{\frac{0.0107}{0.785}}=0.117\ (\mathrm{m})$$

取无缝管 ϕ133mm×4mm，133mm>117mm，认为合适。

按通风管计算，压缩空气在 0.2MPa 下，支管气速为 20～25m/s。现通风比 0.1～0.18vvm，为常温下 20℃，0.15MPa 下的情况，要折算为 0.2MPa、30℃下的状态。风量 Q_1 取大值：

$$Q_1=154.3\times 0.18=27.8\ (\mathrm{m^3/min})=0.463\ (\mathrm{m^3/s})$$

利用气态方程式计算工作状态下的风量 Q_f

$$Q_f=0.463\times\frac{0.1}{0.35}\times\frac{273+30}{273+20}=0.137\ (\mathrm{m^3/s})$$

取风速 $v=25\mathrm{m/s}$，则风管截面积 F_f 为

$$F_f=\frac{Q_f}{v}=\frac{0.137}{25}=0.0055\ (\mathrm{m^2})$$

因为

$$F_f=0.785d_{气}^2$$

气管直径 $d_{气}$ 为：

$$d_{气}=\sqrt{\frac{0.0055}{0.785}}=0.084\ (\mathrm{m})$$

因通风管也是排料管，故取两者的大值。取 ϕ133mm×4mm 无缝管，可满足工艺要求。

排料时间复核：物料流量 $Q=0.0115\mathrm{m^3/s}$，流速 $v=1\mathrm{m/s}$

管道截面积：

$$F=0.785\times 0.125^2=0.0123\ (\mathrm{m^2})$$

在相同的流速下，流过物料因管径较原来计算结果大，则相应流速比为

$$P=\frac{Q}{Fv}=\frac{0.0107}{0.0123\times 1}=0.87\ (倍)$$

排料时间：

$$t=2\times 0.87=1.74\ (\mathrm{h})$$

5.7.2.4　罐体壁厚的计算

（1）计算法确定发酵罐的壁厚 S

$$S=\frac{pD}{2[\sigma]\varphi-p}+C(\mathrm{cm})$$

式中　p——设计压力，取最高工作压力的 1.05 倍，现取 $p=0.4\mathrm{MPa}$；

D——发酵罐内径，$D=500\mathrm{cm}$；

$[\sigma]$——A_3 钢的应用应力，$[\sigma]=127\mathrm{MPa}$；

φ——焊接缝隙，$\varphi=0.7$；

C——壁厚附加量，cm。

$$C=C_1+C_2+C_3$$

式中 C_1——钢板负偏差，现取 $C_1=0.8$mm；

C_2——腐蚀余量，现取 $C_2=2$mm；

C_3——加工减薄量，现取 $C_3=0$。

$$C=0.8+2+0=2.8\ (\text{mm})=0.28\ (\text{cm})$$

$$S=\frac{0.4\times500}{2\times127\times0.7-0.4}+0.28=1.4\ (\text{cm})$$

选用 14mm 厚 A_3 钢板制作。

(2) 封头壁厚计算

标准椭圆封头的厚度计算公式如下：

$$S=\frac{pD}{2\ [\sigma]\ \varphi-p}+C\ (\text{cm})$$

式中，$p=0.4$MPa；$D=500$cm；$[\sigma]=127$MPa；$C=0.08+0.2+0.1=0.38$ (cm)；$\varphi=0.7$。

将数据代入公式得：

$$S=\frac{0.4\times500}{2\times127\times0.7-0.4}+0.38=1.5\ (\text{cm})$$

5.7.2.5 设备材料的选择

选用 A_3 钢制作，以降低设备费用。

5.7.3 换热冷却装置

5.7.3.1 罐的换热装置的形式

罐的换热装置有三种形式，如下所述。

① 夹套式换热装置 其优点为结构简单，加工容易，罐内无冷却设备，死角小，有利于发酵等。缺点为传热壁厚，冷却水流速低，发酵时降温效果差，发酵时不好控制温度。

② 竖式蛇管换热装置 其优点为冷却水在管内流速大，传热系数高，用水量小等。缺点为在高温地区，冷却用水温度较高，则发酵时降温困难，影响发酵生产率，因此用冷冻水或冷冻盐水，增加了设备的成本。

③ 竖式列管（排管）换热装置 其优点为加工方便，适用于高温、水源地区等。缺点为传热系数较蛇管低，用水量较大。

5.7.3.2 换热面积的计算

对柠檬酸发酵，每 $1m^3$ 发酵液、每 1h 传给冷却器的最大热量约为 4.18×6000kJ/(m^3·h)。采用竖式蛇管换热器，取经验值 $K=4.18\times500$kJ/(m^3·h·℃)。

平均温差 Δt_m：

$$\Delta t_m=\frac{\Delta t_1-\Delta t_2}{\ln\dfrac{\Delta t_1}{\Delta t_2}}$$

$$\Delta t_m=\frac{12-5}{\ln\frac{12}{5}}=8\ (℃)$$

对公称容量 $200m^3$ 的发酵罐，每天装 13 罐，每罐实际装液量为

$$\frac{697.36}{13}=54.64\ (m^3)$$

换热面积

$$F=\frac{Q}{K\Delta t_m}=\frac{4.18\times 6000\times 54.64}{4.18\times 500\times 8}=81.96\ (m^3)$$

5.7.4　传动搅拌装置

5.7.4.1　搅拌器计算

选用六弯叶涡轮搅拌器。该搅拌器的各部分尺寸与罐径 D 有一定比例关系。

搅拌器叶径：　$D_i=\frac{D}{3}=\frac{5}{3}=1.67\ (m)$

取 $D_i=1.7\ (m)$

叶宽：　$B=0.2D_i=0.2\times 1.7=0.34\ (m)$

弧长：　$l=0.375D_i=0.375\times 1.7=0.64\ (m)$

底距：　$C=\frac{D}{3}=\frac{5}{3}=1.7\ (m)$

盘距：　$d_i=0.75D_i=0.75\times 1.7=1.28\ (m)$

叶弦长：　$L=0.25D_i=0.25\times 1.7=0.43\ (m)$

叶距：　$Y=D=5\ (m)$

弯叶板厚：　$\delta=12\ (mm)$

取两挡搅拌，搅拌转速 N_2 可根据 $50m^3$ 罐，搅拌直径 1.05m，转速 $N_1=110r/min$。以等 p_0/V 为基准放大求得：

$$N_2=N_1\left(\frac{D_1}{D_2}\right)^{\frac{2}{3}}=110\times\left(\frac{1.05}{1.7}\right)^{\frac{2}{3}}=80\ (r/min)$$

5.7.4.2　搅拌轴功率的计算

淀粉水解糖液低浓度细菌醪，可视为牛顿流体。

(1) 计算 Re_m

$$Re_m=\frac{D^2N\rho}{\mu}$$

式中　D——搅拌器直径，$D=1.7m$；

N——搅拌器转速，$N=\frac{80}{60}=1.33\ (r/s)$；

ρ——醪液密度，$\rho=1050kg/m^3$；

μ——醪液黏度，$\mu=1.3\times 10^{-3}N\cdot s/m^2$。

将数代入上式：

$$Re_m=\frac{1.7^2\times1.33\times1050}{1.3\times10^{-3}}=3.1\times10^6>10^4$$

视为湍流，则搅拌功率准数 $NP=4.7$。

(2) 计算不通气时的搅拌轴功率 P_0

$$P_0=N_PN^3D^5\rho$$

式中 N_P——在湍流搅拌状态时，其值为常数 4.7；

N——搅拌转速，$N=80\text{r/min}=1.33\text{r/s}$；

D——搅拌器直径，$D=1.7\text{m}$；

ρ——醪液密度，$\rho=1050\text{kg/m}^3$。

代入上式：

$$P'_0=4.7\times1.33^3\times1.7^5\times1050=88.2\times10^3\text{W}=88.2\text{kW}$$

两挡搅拌：

$$P_0=2P'_0=176.4\text{kW}$$

(3) 计算通风时的轴功率 P_g

$$P_g=2.25\times10^{-3}\times\left(\frac{P_0^2ND^3}{Q^{0.08}}\right)^{0.39}\ (\text{kW})$$

式中 P_0——不通风时搅拌轴功率，kW，$P_0^2=176.4^2=3.1\times10^4$；

N——轴转速，$N=80\text{r/min}$；

D——搅拌器直径，cm，$D^3=1.7^3\times10^6=4.9\times10^6$；

Q——通风量，mL/min。

设通风比为 0.11～0.18mL/min，取低限（如通风量变大，P_g 会小，安全），现取 0.11。则

$$Q=155\times0.11\times106=1.7\times10^7\ (\text{mL/min})$$

$$Q^{0.08}=(1.7\times10^7)^{0.08}=3.79$$

代入上式：

$$P_g=2.25\times10^{-3}\times\left(\frac{3.1\times10^4\times80\times4.9\times10^6}{3.79}\right)^{0.39}=69.1\ (\text{kW})$$

(4) 求电机功率 $P_电$

$$P_电=\frac{P_g}{\eta_1\eta_2\eta_3}\times1.01$$

采用三角带传动 $\eta_1=0.92$；滚动轴承 $\eta_2=0.99$，滑动轴承 $\eta_3=0.98$；端面密封增加功率为 1%。代入公式数值得：

$$P_电=\frac{69.1}{0.92\times0.99\times0.98}\times1.01=78.2\ (\text{kW})$$

5.7.5 溶氧速率和溶氧系数

5.7.5.1 溶氧系数的计算

溶氧系数通常都是由实验来测定的。测定的方法很多，最早的是亚硫酸盐氧化法，用亚硫酸盐氧化法测定的溶氧系数叫做亚硫酸盐氧化值，以 K_i 表示，我国某科研单位经多次实验，将操作条件与 K_i 值整理成函数关系式，得出机械搅拌通风发酵罐的 K_i 可用下面经验

公式计算。

六平叶涡轮搅拌器：

$$K_i = 3.83\times10^{-7}\times\left(\frac{N}{V}\right)^{0.533}(W)^{0.48}$$

式中 K_i——溶氧系数（亚硫酸盐氧化值），mol/(mL・min・大气压)；

N——通风时的搅拌功率，kg・m/s；

V——发酵罐的液体体积，m^3；

W——空气在压力状态下，在液体平均高度的通气线速度，m/s。

如果通风量是在吸入状态下时，W 必须采用下式计算：

$$W=\left[Q/\left(60\times\frac{\pi}{4}D^2\right)\right]\times[(273+t)/(273+20)]\times\{1/[p+H_L r/(10.3\times2)]\}$$

式中 Q——通风量，m^3/min（吸入状态）；

D——发酵罐直径，m；

t——发酵液温度，℃；

p——罐压（大气压）（绝压）；

H_L——液柱高度，m；

r——发酵液相对密度，m。

对于六叶涡轮搅拌器适用于 $H_L/D=2$ 的发酵罐。对于本人设计的发酵罐而言 $D=4.77$m，$H_L=9.54$m，$t=35$℃，$Q=9.09m^3/h$，罐压 $p=0.15$MPa。

通风时的搅拌功率 $N=2156462$W，相对密度 $r=1.06kg/m^3$。

则：$$W=\frac{9.09}{3600\times0.785\times22.753}\times\frac{273+35}{273+20}\times\frac{1}{0.15+\dfrac{9.54\times1.06}{2\times10.3}}$$

$$=0.00023\ (m/s)$$

单位体积功率：$\frac{N}{V}=2156462/140=15403.3$ [kg・m/(s・m^3)]

本设计采用的是六平叶涡轮搅拌器

则：$$K_i=3.83\times10^{-7}\times\left(\frac{N}{V}\right)^{0.533}(W)^{0.488}$$

$$=3.83\times10^{-7}\times170.6\times0.0168$$

$$=1.096\times10^{-6}\ [\text{mol/(mL・min・大气压)}]$$

5.7.5.2 溶氧系数的换算

$K_L\alpha$、$K_\sigma\alpha$ 和 K_i 总称为溶氧系数，他们的换算关系大致如下：K_i 和 K_σ 的意义相同，仅表示单位不同。因饱和溶氧浓度与操作压力之间存在正比关系，又液相中的溶氧浓度为 0，相对的分压也是 0，所以用大气压作为推动力是合理的。

K_i 和 K_σ 的计算：$K_i=K_\sigma\times10^3/(10^6\times60)=1.667\times10^{-5}K_\sigma$

所以 $K_\sigma=0.0657$ [mol 氧/(mL・min・大气压)]

$K_L\alpha$，$K_\sigma\alpha$ 的换算：用亚硫酸盐氧化法实验时，1 个大气压下，$t=25$℃的饱和溶解浓度 $c^*=0.2$mmol 氧/L，氧的分压 $p=0.21$ 大气压，所以

$K_L\alpha/K_\sigma\alpha=(p-p^*)/(c^*-c)=0.21/0.2=1.05$（大气压・L/mmol 氧）$=1.05\times10^6$

（大气压·mL/mol 氧）

$K_L\alpha$、$K_\sigma\alpha$ 和 K_i 的换算：

K_i 是以大气压为推动力，而不是以氧分压为推动力。

$$K_i=0.21\times K_\sigma\alpha/60$$

$K_\sigma\alpha=3.13\times10^{-4}$ ［mol 氧/(mL·h·大气压)］

因而 $K_i=(0.21/90)\times[K_L\alpha/(1.05\times10^6)]$（$K_L\alpha$ 的单位为 h^{-1}）

但如果 K_i 是以氧分压作为推动力时，则：

$$K_i=K_L\alpha/(90\times1.05\times10^6)$$

所以：$K_L\alpha=1.036\times10^4$ ［mol 氧/(mL·min·大气压)］

5.7.6 轴封装置、联轴器和轴承

5.7.6.1 轴封装置

轴封的作用是将罐顶或罐底与搅拌轴之间的缝隙加以密封，防止泄漏和杂菌污染。现在普遍使用端面轴封结构。实践证明：端面轴封具有清洁、密封性能好、无死角、摩擦损失小以及轴无磨损现象等优点，是一种适用于密封要求高的发酵罐搅拌轴的密封方法。

常用的端面轴封是一种单端面外置式不平衡型端面轴封装置，转动部件的密封是由一对摩擦副接触处的紧密性来保证，摩擦副一般采用硬质合金（也有用青铜和不锈钢，但较易磨损）与不锈性石墨组成硬质合金堆焊于随轴旋转的转动环上，接触面需磨光至Δ8 以上，不透性石墨一般作为静环。两接触面的密封需要一定的压力。完全由弹簧来保证这种压力的叫作不平衡型，利用罐内压力来抵消本身的压力而仅由弹簧产生密封压力的叫作平衡型。平衡型端面轴封的使用压力要比不平衡型大，因为发酵罐的操作压力一般≤0.25MPa，所以一般采用不平衡型就可以了。弹簧的作用很重要，安装时弹簧的压力必须调整均匀，受力不均匀会引起泄漏。压力过大则石墨密封环磨损太快，并会发生过热等不正常现象。端面密封目前还没有完整的计算方法，一般选用经验值或者近似值计算，下面分别讨论其基本构件。

（1）动环和静环　由动环和静环所组成的摩擦副是机械密封最重要的元件。动环和静环是在介质中做相对旋转摩擦滑动，由于摩擦生热、磨损和泄漏等现象，摩擦副设计应使密封在约定的条件下，工作负荷最轻，密封效果最好，使用寿命最长。动环的材料可用铸铁、硬质合金、高合金钢管等，静环最常用浸渍石墨或填充聚四氟乙烯。动、静环要保持一定的浮动性，使之摩擦损耗后仍能保持摩擦面的紧密配合。为此动环与轴间应留有一定的空隙，便于动环的轴向移动。一般动环内径较轴径大 0.5～1mm，静环内径较轴径大 1～2mm，动环的端面宽度应比静环大 1～3mm。端面表面光洁度，对硬质材料取 10～11，对软质材料取 8～9 比较适合。

（2）簧加荷装置　弹簧加荷装置的作用是产生压紧力，使动静环面压紧接触，保证密封。一般轴径＞ϕ28mm 的情况下采用多弹簧结构，其优点是压力匀称；轴径＜ϕ22mm 的采用单弹簧，其结构简单。弹簧座靠旋紧定螺钉固定在轴上，用来支撑弹簧、传送扭具；弹簧压板用来承受压紧力，压紧静密封元件，传动扭具带动动环。

（3）辅助密封元件　辅助密封元件有动环及静环密封圈，用来密封动环和轴及静环与静环座之间的缝隙。动环密封圈随轴一起旋转，故与轴和动环是相对静止的。静环密封圈是完全静止的。辅助密封元件有“O”形、“V”形、矩形等多种形式。常用的动环密封圈为

“O”形环，常用的静环密封圈为平橡胶垫片。

5.7.6.2 联轴器和轴承

发酵罐搅拌轴较长，而且轴径是随着扭矩大小变化的，为了加工、安装、检修方便，搅拌轴一般做成二节或三节，节与节之间用联轴器连接起来。常用的联轴器有鼓形及夹壳型两种，小型发酵罐可采取法兰将搅拌轴连接起来。

为了使搅拌轴转动灵活和减少振动，需要在轴上装上轴承，一般上轴承采用滚动轴承（有的厂采用圆锥滚子轴承），中型发酵罐一般在罐内装有底轴承，而大型发酵罐还装有中间轴承，底轴承和中间轴承的水平位置都要求能适当调节。中间轴承是安装在罐内的，可用结构简单、不需加润滑又能防腐的滑动轴承，一般可用硬木轴瓦或塑料轴瓦（如石棉酚醛塑料、聚四氯乙烯等）。轴瓦与轴之间的间隙要取得稍大一些，以适应温度差的变化，通常可取轴径的0.4%～0.7%。底轴承可采用止推轴承，装在轴的最下端，用支撑件加以固定。

与罐内轴承接触处的轴颈极易磨损，尤其是低轴承处磨损更加严重，可以在与轴承接触处的轴上添加一个轴套，用紧定螺钉与轴固定，这样仅磨损轴套而轴不会磨损，检修时只要更换轴套就可以了。

5.7.7 附属部件

5.7.7.1 挡板

挡板的作用是改变液体的方向，由径向流改为轴向流，促使液体激烈翻动，增加溶解氧。竖立的蛇管、列管、排管，也可以起挡板作用，选用列管时不用设挡板。

5.7.7.2 空气分布装置

现在普遍采用的空气分布装置是单管式空气分布装置，向下的管口与罐底的距离约30～60mm，为了防止分布管吹入的空气直接喷击底部，加速罐底腐蚀，在分布装置的下部装置不锈钢的分散器，可延长罐底的寿命。单管管径由下式计算确定。

$$d=\sqrt{\frac{Q\times\frac{1}{p}\times\frac{273+t}{273}}{\frac{\pi}{4}\times w\times 60}}\ (\mathrm{m})$$

式中 Q——通风量（0.1MPa，20℃）；

p——出口压力＝罐压＋$\frac{Z}{10}$；

Z——液柱高度，m；

t——发酵液温度，℃；

w——空气流速，取20m/s。

解得：$d=0.0993$（m）

5.7.7.3 消泡装置

柠檬酸发酵时会生成许多的泡沫浮在液面上，为了消除泡沫，除加消泡剂进行消泡外，还要在发酵罐的搅拌轴上端装有打泡器（位于液面略高的地方），其作用也是消泡（打碎泡沫）。常用的打泡器有梳齿式和耙式，其桨直径一般取罐直径的0.75～0.85倍。

5.7.7.4 支座选型

选用支撑式支座时，发酵罐技术参数表见表5-5。

表5-5 发酵罐技术参数表

项目	公称容积	筒体直径	筒体高度 H	换热面积	搅拌轴转速	搅拌轴功率
技术参数	200m³	5000mm	10000mm	81.96m²	80r/min	69.1kW

5.8 其他设备选型与计算

5.8.1 种子罐

柠檬酸发酵接种量约为10%，则种子罐的体积：200×10%＝20m³

种子罐容积的确定：按接种量为10%计算，则种子罐容积$V_{种}$为

$$V_{种}=V_{全容积}\times 10\%=200\times 10\%=20\ (m^3)$$

式中 $V_{总}$——发酵罐全容积，m³。

发酵罐每天平均上罐数是3.4个，需种子罐4个，种子罐培养菌种28h，辅助操作时间为10～12h，生产周期为38～40h，因此8个20m³的种子罐即可满足生产。选择无锡市华元化工设备制造有限公司生产的20m³的发酵罐，其技术参数如表5-6所示。

表5-6 种子罐技术参数表

项目	公称容积	筒体直径	筒体高度 H	换热面积	搅拌轴转速	搅拌轴功率
技术参数	20m³	2200mm	5000mm	22m²	280r/min	15kW

5.8.2 粉碎机

由物料衡算知，每天所需玉米量为92.0t，设原料粉碎过程中损失率为6%，则每天玉米处理量为：92.0÷94%＝97.87t。每天粉碎机工作时间为8h，则每小时玉米处理量为：97.87÷8＝12.23t/h。选择2台常州市恒悦机械有限公司生产JFS-120-43粉碎机，电机功率：75kW·h，玉米产量：6.5～8t/h。

5.8.3 调浆罐

由物料衡算知，每天处理玉米浆的量为92.0×5.5＝506t，体积约为431.09m³。需调浆罐的填充系数为70%，则所需体积为：431.09÷70%＝615.84m³，取4个250m³的调浆罐即可满足生产，其中1个备用。委托南京进口机械制造有限公司制造。

5.8.4 喷射液化器

由物料衡算知，每小时处理玉米浆的量为22t。选择2台南京赛义德流体设备有限公司

生产的型号是 HYB20 的不锈钢低压蒸汽喷射液化器，其生产能力为 $20m^3/h$，可以满足生产。

5.8.5 层流罐

由物料衡算知，每小时喷射液化器流出的玉米浆的量为：153865.25÷330÷24＝21.37t/h，其体积流量为 $19.36m^3/h$。玉米浆在层流罐逗留时间是 30min，层流罐的填充系数是 80%，则层流罐的体积为：$19.36\times0.5\div80\%=12.1m^3$，取 $15m^3$ 的层流罐 1 个即可。

第二次喷射液化所需的液化维持罐同层流罐。

5.8.6 高温维持罐

由物料衡算知，每小时喷射液化器流出的玉米浆的量为：153865.25÷300÷24＝21.37t/h，其体积流量为 $19.36m^3/h$。玉米浆在高温维持罐逗留时间是 8min，高温维持罐的填充系数是 80%，则高温维持罐的体积为：$19.36\times(8/60)\div80\%=3.23m^3$，取 $5m^3$ 的高温维持罐 1 个即可。

5.8.7 喷射液化系统

设计一套喷射液化系统，委托南京赛义德流体设备有限公司制造。

5.8.8 板框压滤机

每天所需液化醪的量为 546.5t，工艺要求 24h 内将其过滤完，则板框压滤机的处理能力应该达到：546.5÷24＝22.77t/h。选择 1 台合肥天工科技开发有限公司生产的型号为 BAB/1000-N 的不锈钢板框压滤机，其技术参数如下。过滤能力：30t/h；最大工作压力：0.4MPa；滤板片数：80；端板片数：2；总过滤面积：$150m^2$；外形尺寸：6500mm×1320mm×2100mm。提取工段解脱液加活性炭脱色后要过滤，选择相同型号的板框压滤机，所以共选 2 台。

5.8.9 真空转鼓过滤机

发酵完毕后，发酵液用真空转鼓过滤机进行过滤，每个发酵周期所需发酵液的量为 540t，工艺要求 24h 内将其过滤完，则真空转鼓过滤机的处理能力应该达到：540÷24＝22.5t/h。选择 1 台石家庄工大化工设备有限公司生产的型号为 GF5.0/2.7-N 真空转鼓过滤机，其技术参数如下。过滤面积：$50m^2$；转鼓直径：2.7m；转鼓转速：90～140r/min；电动机功率：3.5kW；外形尺寸：7400mm×4250mm×3850mm。

5.8.10 阴离子交换柱

柠檬酸发酵液过滤后不经过脱色直接上柱吸附，8310＃弱碱性阴离子交换树脂的吸交容量大，抗污染能力强。

8310＃弱碱性阴离子交换树脂的技术参数如下。型式：羟型；粒度：20～60 且＜90；水分：60%～70%；强度：＞90%；湿视密度：0.65～0.75g/mL；交换容量：0.8～1.0g/g；

干树脂再生交换容量：>9mmol/mL；每吨柠檬酸所需发酵液的量是 8100.65kg，所需湿树脂的量：1÷(0.9×0.14)=7.94t，湿树脂的体积：7.94÷1.25=6.35m³（ρ=1.25g/mL）。

一般控制树脂的吸附量仅为树脂总交换量的 70%，则所需树脂的体积：6.35÷70%=9.07m³；每天生产柠檬酸 266.66÷4=66.665t，则所需树脂的体积：9.07×66.665=604.65m³；按装柱系数为 70%计，则所需离子交换柱的体积：604.65÷70%=863.79m³。取 46 个直径 1800mm，高 7200mm 的离子交换柱即可，委托翼州市中意玻璃钢有限公司生产。

5.8.11 加热脱色罐

解脱液常压下加热煮沸 10min，取出后加入粉末状活性炭（每升解脱液需 5g 活性炭），过滤除去有机杂质和部分色素等残渣获得清液。解脱液的流量为 7088.06×20000÷(300×24×1050)=9.37m³/h，其中，7088.06 为脱色液的量。

煮沸时间为 10min，则加热罐的体积为：9.37×1/6=1.64m³，体积圆整到 2m³，取 2 个，1 个备用。

5.8.12 阳离子交换柱

解脱液常压煮沸后加活性炭脱色，过滤后要经过阳离子交换树脂转型，选用 001×7 强酸性苯乙烯系阳离子交换树脂。其技术参数如下。型式：H 型；水分：51%～56%；湿视密度：0.73～0.83g/mL；湿真密度：1.17～1.22g/mL；磨后圆球率：90%；质量交换容量：1.75mmol/g；干树脂全交换容量：>5.0mmol/mL；树脂再生剂用量：H_2SO_4（按 100%计）75～150kg/m³；每吨柠檬酸所需的湿树脂量：1000÷(192×1.75)×1000=3060.73kg；树脂的密度取 1.25g/mL，则树脂的体积：3036.73÷1.25=2.451×10³L。

一般控制树脂的吸附量仅为树脂总交换量的 70%，则所需树脂的体积：2.451÷70%=3.5m³，每天所需树脂的体积：3.5×66.665=233.33m³。

离子交换柱填充系数按 70%计算，则离子交换柱的体积：233.33÷70%=333.325m³。取 19 个直径 1800mm，高 7200mm 的离子交换柱即可，委托翼州市中意玻璃钢有限公司生产。

5.8.13 蒸发浓缩器

柠檬酸进入蒸发浓缩器之前的浓度约为 19%，则每周期生产柠檬酸清液的量：[66.665÷(19%×96%)]×96/24=1461.95t，流出柠檬酸的浓度为 85%，其质量：[66.665÷(96%×85%)]×96/24=326.8t。

蒸发水分量：1461.95－326.8=1135.15t，工艺要求 12h 内完成浓缩工作，则浓缩器的处理能力：1135.15÷12=94.60t/h。选择 4 台型号是 JMZ-30 的多效蒸发器。蒸发量：30000kg/h；生蒸汽耗量：7500～9000kg/h；有效真空度：(0+448+640)mmHg；各效蒸发温度：99℃、76℃、53℃；蒸发用蒸汽压力：0.7MPa；预热用蒸汽压力：0.25MPa。

5.8.14 结晶设备

结晶罐采用进口 304L 或 316L 不锈钢制造，内壁采用镜面抛光，外壁采用 304L 全焊接结构保温，外表面采用镜面或亚光处理。选择 2 台 WL520×100-L 结晶罐。其技术参数如下。转速：200r/min；主电机功率：7.5kW；外形尺寸：880mm×1266mm×950mm。

5.8.15　离心机

结晶后，部分母液和晶体需要分离，母液返回重新提取结晶，晶体则进入干燥工段。每天母液含量约为：540×10%＝54t，工艺要求 6h 完成分离工作，则离心机的生产能力：54÷6＝9t/h。选择 2 台 SC1000 三足式离心机。其技术参数如下。最大处理量：5500kg/h；转速：1200r/min；功率：7.5kW。

5.8.16　振动流化床干燥机

振动干燥器生产能力大，可连续操作，物料彼此摩擦和撞击作用轻微，晶形好。成品柠檬酸含水量要求低于 0.02%，晶体进入干燥器前柠檬酸含量为 96%，每天生产柠檬酸的量是 66.665，除水量：(66.665÷99.8%)－(66.665÷96%)＝6.155 (t)。工艺要求 4h 完成干燥工作，则干燥机生产能力：6.155÷4＝1.54t/h，选择 1 台 GGNL-4.0 振动流化床干燥机。技术参数如下。干燥能力：1000～1800kg 水/h；装机容量：135m^3；蒸汽压力：0.4～1.0MPa；蒸汽耗量：1500～3500kg/h；进风温度：100～160℃。

5.8.17　空气压缩机

发酵车间共有 15 台发酵罐，8 台种子罐，其装料系数均为 75%。设 24 台发酵罐和种子罐同时通风，平均通风比按 0.1vvm 计算，则工作最大通风量：[(15×200×75%)＋(8×20×75%)]×0.1＝241.075m^3/min，换算成 20℃、0.1MPa 体积，最大通风量：0.3×241.075×(273＋20)÷(305×0.1)＝694.77m^3/min。

选择 TRX 系列离心式空压机 3 台。其技术参数如下。输出功率：900～1800kW；流量：175～360m^3/min；排气压力：2～16Pa。

5.8.18　锅炉

燃气锅炉：每 100kg 柠檬酸产生的废水处理后可产生 10.86m^3 沼气，沼气作为燃料可生成 0.139t 的蒸汽，锅炉的生产能力是 2t/h，配用电机功率是 9.8kW，则耗电量：

$$0.139÷2×9.8=0.681kW·h$$

燃煤锅炉：每 100kg 柠檬酸需要燃烧煤产生的蒸汽量是 0.347t，锅炉的生产能力是 6t/h，配用电机功率是 20kW，则耗电量：

$$0.347÷6×20=1kW·h$$

基本参数：生产周期为 4d，全年生产天数为 300d，柠檬酸含量为 99.8%，年产量为 20000t。

5.9　总投资估算

投资估算是指大概估计工程的建设投资，本项目的总投资额为 2080 万元，流动资金为

400万元。

（1）固定资产投资

固定资产投资2080万元，其中：土地购置费约为300万元、设备购置费约为800万元、安装工程费200万元、建筑工程费600万元、其他费用180万元。

（2）流动资金

根据工厂实际情况需要流动资金约为400万元。

5.10 经济效益评价

5.10.1 产品成本估算

产品成本分析表见表5-7。

表5-7 产品成本分析表

序号	名称	每100kg产(耗)量/t	单价/(元/t)	成本/元
1	玉米	0.14	1570	219.8
2	α-淀粉酶	0.0000562	40000	2.247622
3	$CaCl_2$	0.0008	1050	0.84
4	KH_3PO_4	0.0008	6500	5.2
5	$MgSO_4$	0.002	400	0.8
6	H_2SO_4	0.0788	700	55.16
7	液氮	0.007	2400	16.8
8	水	0.821	1.8	1.4778
9	电	0.776	0.45	0.3492
10	维修			3
11	运输			5
12	其他			8
	总计			318.67

5.10.2 副产品收入估算

表5-8 副产品收入估算

编号	名称	产量/t	单价/(元/t)	产值/元
1	玉米渣	0.2	1100	220
2	菌丝体	0.24	460	110.4
3	硫酸铵	0.29	250	72.5
	总计			448.9

由表5-8可得，每吨柠檬酸副产品收入为448.9元，投入约100元，则每吨的效益为348.9元。

5.10.3 收益估算

目前市场上柠檬酸的价格约为8000元/吨，则每100kg的利润为800－318.67＝481.33元，则3.3万吨的利润为15883.89万元，再加上副产品收入，则收益为158838900＋348.9＝15883.92万元。预计一年半后收回成本。

参考文献

[1]　周日尤．我国柠檬酸的生产应用与开发［J］．江苏化工，2001. 29（5）：11-13.

[2]　于春梅，满俊．柠檬酸生产概况及前景展望［J］．现代化工，2001. 20（11）：56-58.

[3]　郑建光，李忠杰，项曙光．柠檬酸生产工艺技术及进展［J］．河北化工，2006. 28(8)：21-24.

[4]　王旭，禹邦超，贺占魁．柠檬酸发酵生产概述［J］．高等函授学报（自然科学版），1997. 2：44-48.

[5]　张亚杰．柠檬酸生产的精确在线控制［J］．食品与发酵工业，2012. 38（5）：150-152.

[6]　韩德新，高年发，周雅文．柠檬酸提取工艺研究进展［J］．杭州化工，2009，39（3）：3-6，19.

[7]　吴思方．生物工程工厂设计概论［M］．北京：中国轻工业出版社，1995.

[8]　吴玉熙．玉米生产柠檬酸生产工艺改进［J］．科技创新导报，2011，30：133.

[9]　朱锡．柠檬酸生产能耗分析与节能［M］．北京：中国轻工业出版社，1987.

[10]　王浩川，杨明明．生产车间分布式安全防护监控系统研究与设计［J］．机床与液压，2008，36（11）：120-123.

第6章

味精工业的发酵生产

6.1 味精的主要性质

味精是谷氨酸的一种钠盐 $C_5H_8NO_4Na$，为有鲜味的物质，学名叫谷氨酸钠，亦称味素。此外还含有少量食盐、水分、脂肪、糖、铁、磷等物质。味精是鲜味调味品类烹饪原料，是以小麦、大豆、玉米等含蛋白质较多的原料经水解法制得或以淀粉为原料经发酵法加工而成的一种粉末状或结晶状的调味品，也可用甜菜、蜂蜜等通过化学合成制作。

据研究，味精可以增进人们的食欲，提高人体对其他食物的吸收能力，对人体有一定的滋补作用。因为味精里含有大量的谷氨酸，是人体所需要的一种氨基酸，96%能被人体吸收，形成人体组织中的蛋白质。它又能与血氨结合，形成对机体无害的谷氨酰胺，解除组织代谢过程中所产生的氨的毒性作用，还能参与脑蛋白质代谢和糖代谢，促进氧化过程，对中枢神经系统的正常活动起良好的作用。

味精具有吸湿性，味道极为鲜美，溶于3000倍的水中仍具有鲜味，其最佳溶解温度为70～90℃。味精在一般烹调加工条件下较稳定，但长时间处于高温下，易变为焦谷氨酸钠，不显鲜味且有轻微毒性；在碱性或强酸性溶液中，沉淀或难于溶解，其鲜味也不明显甚至消失。它是既能增加人们的食欲，又能提供一定营养的家常调味品。

6.1.1 味精的物理性质

① 性状：味精是无色至白色的柱状结晶或白色的结晶性粉末；

② 分子式：$C_5H_8NO_4Na$ (H_2O)，相对分子质量：187.13；

③ 结晶系：斜方晶系柱状八面体；

④ 密度：相对密度1.635；

⑤ 比旋光度：$[\alpha]_D^{20}=24.8°\sim25.3°$；

⑥ 溶解度：味精易溶于水，不溶于乙醚、丙酮等有机溶剂，难溶于结晶；

⑦ pH值：7.0；

⑧ 全氮：7.48%；

⑨ 熔点：195℃（在125℃以上失去结晶水）；

⑩ 热稳定性：常温～100℃脱湿；100～120℃稳定；120～130℃失去结晶水；130～170℃稳定；170～250℃分子内脱水；250～280℃热分解；280℃及以上炭化。

6.1.2 味精的化学性质

味精的化学名称：谷氨酸钠，又名麸酸钠。

（1）与酸、碱反应

与盐酸反应： $C_5H_8NO_4Na + HCl \longrightarrow C_5H_9O_4N + NaCl$

与碱反应： $C_5H_8NO_4Na + NaOH \longrightarrow C_5H_7NO_4Na_2 + H_2O$

（2）味精的等电点

味精的等电点 $pI = 6.96$。

6.2 味精的产品规格

（1）外观和感官要求

味精为无色至白色柱状晶体或白色结晶性粉末，有光泽，无肉眼可见杂质，具有特殊鲜味，无异味。

（2）理化要求

理化要求符合表 6-1 规定。

（3）味精卫生国家标准

味精卫生国家标准为 GB 2720—2015。

表 6-1 味精理化要求

项目	指标	项目	指标
含量/%	≥99	砷(As)/(mg/kg)	≤0.5
透光率/%	≥98	重金属(以 Pb 计)/(mg/kg)	≤10
比旋光度$[\alpha]_D^{20}$	+24.8°～+25.3°	铁(Fe)/(mg/kg)	≤5
氯化物(以 Cl 计)	≤0.1	锌(Zn)/(mg/kg)	≤5
pH	6.7～7.2	硫酸盐(以 SO_4 计)/%	≤0.03
干燥失重/%	≤0.5		

注：1. 出口产品按合同规定执行。

2. 在生产过程中，不适用硫酸时，可不测定其硫酸盐。

（4）产品规格

味精按种类可分为：含盐味精和特鲜（力）味精。

味精按大小可分为：80 目、50 目、30 目。

6.3 味精工厂的设计原则

味精工厂设计的工作原则大体上从以下几方面考虑。

① 设计工作做到精心设计、投资少、技术新、质量好、收效快、同收期短，使设计工作符合社会主义经济建设的总原则。

② 设计工作必须认真进行调查研究，要学会查阅文献，搜集设计必需的技术基础资料，加强技术经济的分析工作，深入调查，与同类型厂的先进技术的经济指标相比较，要善于从实际出发去研究分析碰到的问题。

③ 设计必须结合实际，因地制宜，体现设计的通常性和独立性相结合的原则。工厂生产规模、产品品种的确定，要适应国民经济的要求，要考虑资金来源、建厂地址、时间、三废综合利用等条件，并适当留有发展余地。

④ 设计应采用新技术，力求在设计时，在技术上具有现实性和积极性，在经济上具有合理性，并根据设备和控制系统，在资金和供货可能的情况下，尽可能地提高劳动生产率，逐步实现机械化和自动化。

⑤ 味精工厂设计还应考虑采用微生物发酵工厂的独特的要求，注意周围环境的清洁卫生以及工厂内车间与车间之间对卫生、无菌、防火等条件的相互影响。

⑥ 设计工作应加强计划性，各阶段工作要有明确的进度。

6.4 味精生产预采用的工艺流程

味精生产总工艺流程图见图 6-1。

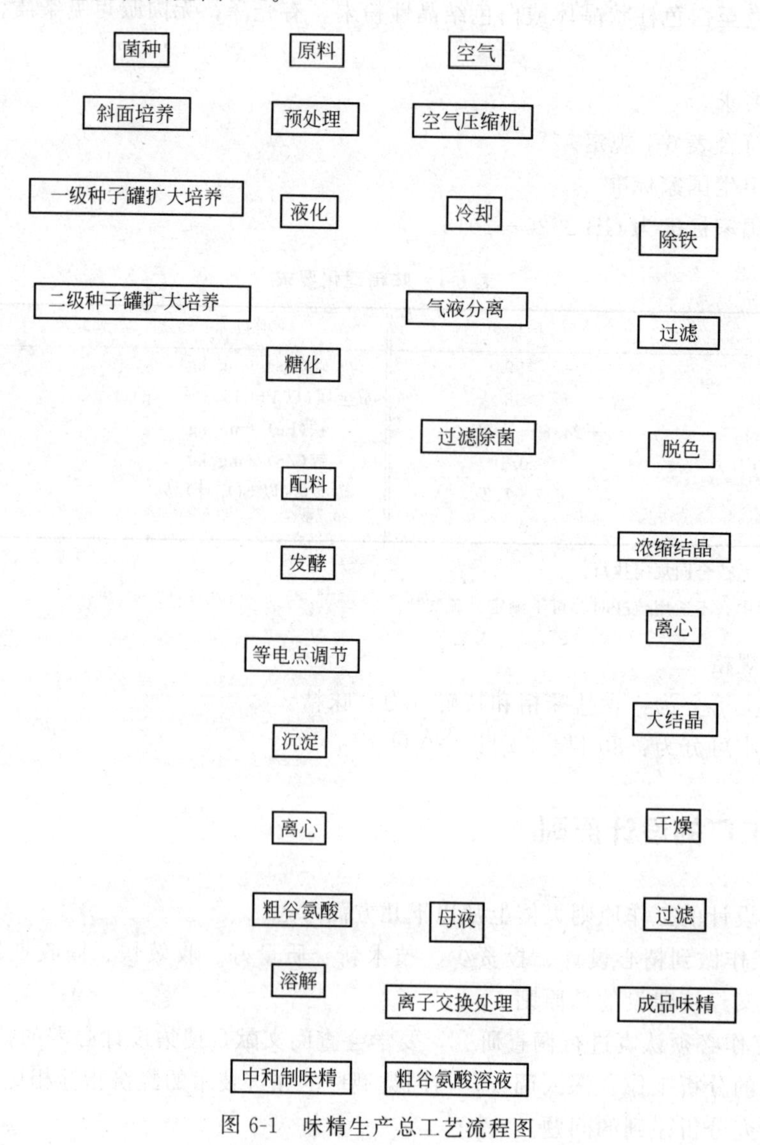

图 6-1　味精生产总工艺流程图

6.5 物料衡算

6.5.1 工艺技术指标及基础数据

6.5.1.1 味精的质量指标

计划每年生产36000t纯度为99%的味精，每年工作日为300d，实行3班制，发酵周期为38h，生产周期为48h。

原料：粗原料大米、少数淀粉，具有成本优势。

生产方式：提取、精制生产单元连续生产方式，效率高、劳动强度低。

装备水平：自动化程度高，广泛采用计算机，机器装备先进，生产环境好。

查《发酵工厂工艺设计概论》味精行业国家企业标准，选用主要指标如表6-2所示。

表6-2 味精发酵工艺技术指标表

指标名称	单位	指标数
生产规模	t/a	36000(味精)
生产方法	中低初糖流加高糖法发酵,一次等电点-离子交换法提取	
年生产天数	d/a	300
产品日产量	t/d	120
产品质量	纯度99%	
倒灌率	%	1.0
发酵周期	h	48
发酵初糖	kg/m^3	180
淀粉糖转化率	%	88
糖酸转化率	%	48
麸酸谷氨酸含量	%	90
谷氨酸提取率	%	90
味精对谷氨酸产率	%	112

6.5.1.2 发酵培养基与二级种子培养基配方

味精生产全过程可分为四个工艺阶段：原料的预处理和淀粉水解糖的制备，种子的扩大培养与谷氨酸的发酵，谷氨酸的提取，谷氨酸制取味精以及味精成品加工。培养基配方如表6-3所示。

表6-3 培养基配方

	二级种子培养基/(g/L)	发酵培养基/(g/L)
水解糖	25	180(总糖)
玉米浆	25	4
尿素	4	40(总氮)
K_2HPO_4	1.8	1.8
$MgSO_4 \cdot 7H_2O$	0.4	0.4
$FeSO_4$	2×10^{-3}	2×10^{-3}
$MnSO_4$	2×10^{-3}	2×10^{-3}
消泡剂	—	0.6

6.5.1.3 主要原材料质量指标

淀粉原料的淀粉含量为85%，含水15%；接种量为1.5%。

6.5.2 谷氨酸发酵车间的物料衡算

首先计算生产1000kg纯度为100%的味精需耗用的原辅材料及其他物料量。

6.5.2.1 发酵液量

设发酵液初糖和流加高浓糖最终发酵液总糖浓度为180kg/m³，则发酵液量为：

$$V_1=\frac{1000}{180\times48\%\times90\%\times99\%\times112\%}=11.60\text{m}^3$$

式中 180——发酵培养基总糖浓度，kg/m³；

48%——糖酸转化率；

90%——谷氨酸转化率；

99%——除去倒罐率1.0%后的发酵成功率；

112%——味精对谷氨酸的精制产率。

6.5.2.2 发酵液配制需水解糖量

$$G_1=180V_1=180\times11.60=2088\text{kg}$$

式中 180——发酵培养基总糖浓度，kg/m³。

6.5.2.3 二级种液量

$$V_2=1.5\%V_1=1.5\%\times11.60=0.174\text{m}^3$$

式中 1.5%——接种量。

6.5.2.4 二级种子培养液所需水解糖量

$$G_2=25V_2=25\times0.174=4.35\text{kg}$$

式中 25——二级种液含糖量，kg/m³。

6.5.2.5 生产1000kg味精需水解糖总量

$$G_{总糖}=G_1+G_2=2088+4.35=2092.35\text{kg}$$

6.5.2.6 耗用淀粉原料量

理论上，100kg淀粉转化生成葡萄糖量为111kg，故耗用淀粉量为：

$$G_{淀粉}=\frac{G_{总糖}}{85\%\times88\%\times111\%}=2520.05\text{kg}$$

式中 85%——原料大米中含纯淀粉量；

88%——淀粉（大米）糖化转化率。

6.5.2.7 玉米浆耗用量

$$G_{玉米浆}=4V_1+25V_2=50.75\text{kg}$$

6.5.2.8 尿素耗用量

设流加尿素最终发酵液总尿素浓度为 40kg/m³，则：

发酵培养基耗用尿素量：$40V_1=40\times11.60=464$kg

二级种液耗用尿素量：$4V_2=4\times0.174=0.70$kg

共耗用尿素量：$G_{尿素}=40V_1+4V_2=0.70+464=464.70$kg

6.5.2.9 磷酸氢二钾耗用量

$$G_{K_2HPO_4}=1.8(V_1+V_2)=1.8\times(11.60+0.174)=21.19\text{kg}$$

6.5.2.10 硫酸镁耗用量

$$G_{MgSO_4}=0.4V_1+0.4V_2=0.4\times(11.60+0.174)=4.71\text{kg}$$

6.5.2.11 硫酸亚铁耗用量

$$G_{FeSO_4}=2\times10^{-3}(V_1+V_2)=2\times10^{-3}\times(11.60+0.174)=23.548\text{g}$$

6.5.2.12 硫酸锰耗用量

$$G_{MnSO_4}=2\times10^{-3}(V_1+V_2)=2\times10^{-3}\times(11.60+0.174)=23.548\text{g}$$

6.5.2.13 消泡剂耗用量

$$G_{消泡剂}=0.6V_1=0.6\times11.60=6.96\text{kg}$$

6.5.2.14 谷氨酸量

发酵液谷氨酸含量为：

$$G_{谷氨酸}=G_1\times(1-1.0\%)\times48\%=2088\times(1-1.0\%)\times48\%=992.22\text{kg}$$

实际生产的谷氨酸（提取率 90%）为：

$$\overline{G}_{谷氨酸}=992.22\times90\%=982.99\text{kg}$$

6.5.3 年产 36000t 味精厂发酵车间的物料衡算结果

年产 99%味精 36000t 折合为纯味精：36000×99%=35640t。

由上述生产 1t 味精（100%纯度）的物料结果，可求得 36000t/a 味精发酵车间的物料平衡计算。36000t/a 味精厂发酵车间的物料衡算具体结果如表 6-4 所示。

表 6-4 36000t/a 味精厂发酵车间的物料衡算表

物料名称	生产 1t 味精（100%）的物料量	36000t/a 味精生产的物料量	每日物料量
发酵液/m³	11.60	4.13×10^5	1378.08
二级种液/m³	0.174	6.20×10^3	20.67
发酵水解用糖/kg	2088	7.44×10^7	248054.40
二级种培养用糖/kg	4.35	1.55×10^5	516.78
水解糖总量/kg	2092.35	7.46×10^7	248571.20
淀粉/kg	2520.05	8.98×10^7	299381.9

续表

物料名称	生产1t味精(100%)的物料量	36000t/a味精生产的物料量	每日物料量
玉米浆/kg	50.74	1.81×10^{6}	6027.91
尿素/kg	464.70	1.66×10^{7}	55206.36
磷酸氢二钾/kg	21.19	7.55×10^{5}	2517.37
硫酸镁/kg	4.71	1.68×10^{5}	559.55
硫酸亚铁/g	23.548	8.39×10^{5}	2797.50
硫酸锰/g	23.548	8.39×10^{5}	2797.50
消泡剂/kg	6.96	2.48×10^{5}	826.85
谷氨酸/kg	992.22	3.54×10^{7}	117875.70

6.6 设备设计与选型

6.6.1 等电点罐选型与计算

等电点罐罐体是由圆筒形中部、锥形或椭圆形下封头及平盖焊接而成的封闭式受压容器，加酸调 pH 后溶液呈酸性，因此罐的内表面以及搅拌轴系等均以耐酸玻璃钢等耐腐蚀材料进行里衬。为使加酸中和结晶降温以及达到均匀的目的，罐内除设有冷冻盐水的蛇管换热器外，还装有搅拌装置。现就其主要部件作一一说明。

等电点罐罐体尺寸与符号规定如表 6-5 所示。

表 6-5 等电点罐罐体尺寸与符号

项目符号	项目名称	项目符号	项目名称
H	罐体总高	C	锥形高
H_0	圆柱形高	H_L	液高
D_1	搅拌器叶径	D	罐内径

6.6.1.1 生产能力和容积的确定

(1) 生产能力的计算

每天生产 99%纯度的味精 120t，等电点提取谷氨酸周期为 28h（包括等电点罐的清洗、灭菌、进出物料等辅助操作时间），则每天需发酵液体积为 $V_{发酵液}$。每吨 100%的味精需发酵液 11.60m^3。

$$V_{发酵液}=11.60\times120\times99\%=1378.08m^3$$

设等电点罐的填充系数$\varphi=80\%$；则每天需要等电点罐的总体积为 V_0（等电结晶周期为 28h）。

$$V_0=\frac{V_{发酵液}}{\varphi}=\frac{1378.08}{80\%}=1722.6m^3$$

(2) 等电点罐容积的确定

罐的公称容积：罐的圆柱体部分容积，其值为整数，一般不计入封头的容积，平常所说的多少容积的等电点罐是指罐的公称容积。

罐的有效容积：罐的有效容积可理解为罐的实际装料容积，它等于罐的总容积乘以罐的装满系数。

罐的全容积：是指罐的圆柱部分和下封头容积之和。经验上一般取等电点罐全容积为发酵罐有效容积的1.2～1.3倍，即：

$$V_G=(1.2\sim1.3)V_F$$

式中　V_G——等电点罐的全容积，m^3；

V_F——发酵罐的有效容积，m^3（即发酵液量）。

$$V_G=1.3\times V_F=1.3\times470\times80\%=488.8m^2，取500m^2。$$

（3）等电点罐个数的确定

选用全容积为$500m^3$的等电点罐。

$$N=\frac{V_{发酵液}\times T}{V_{全容积}\times\varphi\times24}=\frac{1378.08\times28}{500\times80\%\times24}=4.21，即N=5。$$

取全容积为$500m^3$等电点罐5个。

6.6.1.2　主要尺寸的计算

（1）罐体尺寸比例和结构

$V_{全容积}=V_{圆柱}+V_{下封头}=500m^3$；下封头折边忽略不计，以方便计算，则有

$$V_{全容积}=\frac{\pi}{4}D^2H_0+\frac{3\pi}{16}D^2C=500m^3$$

在一般的设计中，通常取$H/D=1.2\sim1.6$，锥形下封头主要为了分离上清液和谷氨酸结晶，同时又便于由下部排净料，其锥底顶角一般取130°～160°，即$H_0=1.3D$，$C=0.16D$，$H=H_0+C$，则有

$$V_{全容积}=1.3\times\frac{\pi}{4}D^3+0.16\times\frac{3\pi}{16}D^3=1.12D^3=500m^3$$

因此，$D=7.7m$，$H_0=10.0m$，$C=1.2m$，$H=11.2m$。

验算全容积：$V_{全容积}$

$$V'_{全容积}=V_{圆柱}+V_{下封头}=\frac{\pi}{4}D^2H+\frac{3\pi}{16}D^2H_0=1.3\times\frac{\pi}{4}D^3+0.16\times\frac{3\pi}{16}D^3$$
$$=0.785\times1.3\times7.7^3+0.589\times0.16\times7.7^3$$
$$=1.115\times7.7^3$$
$$=507.07m^3$$

此时，$V'_{全容积}>V_{全容积}=500m^3$，符合设计要求。

同时在筒体下部设有2～3个管口，以便排出上清液。筒体壁厚可依照下面公式计算，为增强筒体刚度，可在筒体外侧加装几道加强圈，防止变形引起衬里的脱落。

（2）壁厚计算

设计温度下圆筒的计算厚度按下式计算，公式的适用范围为$p\leqslant0.4[\sigma]^t\varphi$

$$S=\frac{P_cD}{2[\sigma]^t\varphi-P_c}+C$$

式中　P_c——最大工作压力或水压试验压力，MPa（表压）；

D——圆锥壳体的内径，cm；

$[\sigma]^t$——材料许用应力，MPa（查有关表册）；

φ——焊缝强度系数，取0.7～0.8；

C——附加厚度，取0.2～0.3cm。

选试水压力 $P_c=0.4MPa$（表压），取 $C=0.3$，$\varphi=0.8$，当材料为 A_3 钢板时（查表），取 $[\sigma]=120MPa$。将数据代入上式中得：

$$S_{壁}=\frac{0.4\times477}{2\times120\times0.8}+0.3=1.29cm$$

6.6.1.3 换热冷却装置

罐的换热装置有三种形式，如下所述。

夹套式换热装置：其优点为结构简单、加工容易、罐内无冷却设备、死角小、有利于发酵等。缺点为传热壁厚、冷却水流速低、发酵时降温效果差、发酵时不好控制温度。

竖式蛇管换热装置：其优点为冷却水在管内流速大、传热系数高、用水量小等。缺点为在高温地区，冷却用水温度较高，发酵时降温困难，影响发酵产率，因此需要用冷冻水或冷冻盐水，增加了设备的成本。

竖式列管（排管）换热装置：其优点为加工方便，适用于高温、水源地区等。缺点为传热系数较蛇管低，用水量较大。

等电罐的冷却装置，多采用不锈钢材质的蛇管或立式列管换热器。冷却面积按下式求取，总传热系数一般取 $K=550\sim820W/(m^2\cdot K)$：

$$F=\frac{Q_{总}}{K\Delta t_m}$$

式中 $Q_{总}$——发酵液每小时放出最大的热量，kJ/h；

K——换热装置的传热系数，$kJ/(m^2\cdot h\cdot K)$；

Δt_m——平均温度差，℃。

一般选取发酵液密度 $\rho=1050kg/m^3$，比热容 $C=4.187\times0.95kJ/(kg\cdot K)$，要求发酵液在3h内由37℃将至20℃，则需要的热量为：

$$\begin{aligned}Q&=GC(t_2-t_1)=V_G\rho C(t_2-t_1)\\&=500\times1050\times4.187\times0.95\times(37-20)\\&=4.187\times8478750\\&=3.6\times10^7kJ\end{aligned}$$

发酵液温度内由37℃降至20℃，冷却盐水温度由−5℃升至2℃：

$$\Delta t_m=\frac{\Delta t_1-\Delta t_2}{\ln\frac{\Delta t_1}{\Delta t_2}}=\frac{[37-(-5)]-[20-2]}{\ln\frac{37-(-5)}{20-2}}=\frac{24}{\ln\frac{42}{18}}=28.4℃$$

取 $K=4.187\times550kJ/(m^2\cdot h\cdot K)$，则冷却面积为

$$F=\frac{Q}{K\Delta t_m}=\frac{4.187\times8478750}{4.187\times550\times28.4}=2272.76m^2$$

换热管一般选用 $\phi45mm\times3.5mm$，$\phi57mm\times3.5mm$ 的不锈无缝钢管，如载冷剂选用氯化钙水溶液时为防止或减少对管壁的腐蚀，盐水内须加重铬酸钠或其他缓蚀剂。

考虑罐体的散冷损失，取 $F=5428.2m^2$，冷却管选用 $\phi57mm\times3.5mm$ 不锈钢管，冷却管的平均直径 $d=\frac{57+50}{2}=53.5mm=0.0535m$，管长：

$$L=\frac{F}{\pi d}=\frac{2272.76}{\pi\times0.0535}=13522.28\text{m}^2$$

取蛇管圈直径为7.2m，则圈数

$$h=\frac{L}{\pi d_{圈}}=\frac{13522.28}{\pi\times7.2}=598\ 圈$$

6.6.1.4　传动搅拌装置

传动装置一般选用摆线针轮减速机（立式带电机）或圆弧齿圆柱蜗杆减速机和三角带传动。输出轴转数在40～60r/min，搅拌器可取平直叶或45°折叶桨，其圆周速度在1.0～3.0m/s。叶长D_f与罐内径D之比取0.3～0.6。轴的最下端的小型框式搅拌器可以在排料时搅起沉降的谷氨酸结晶。

采用折叶桨式搅拌器尺寸比例如表6-6所示。

表6-6　折叶桨式搅拌器尺寸表

项目符号	项目指标
叶径(D_1)	$0.4D$
叶长(D_f)	$0.25D_1$
盘径(d_1)	$0.75D_1$
叶高(B)	$0.2D_1$

注：$D_1:d_1:B:D_f=20:15:4:5$。

搅拌轴功率的计算方法有许多种方法，现用修正的迈凯尔（Michel. B. J）式求搅拌轴功率，并由此选择电机。

搅拌轴功率：

$$N_{运转}=\left(\frac{A}{Re^m}\right)\rho d^5n^3$$

式中　Re——搅拌雷诺准数，$\left(\frac{nd^2\rho}{\mu}\right)$；

d——搅拌器直径，m；

ρ——液体密度，kg/m^3；

n——搅拌转速r/s，一般（20～36）r/min；

μ——黏度，kg/(m·s)；

A，m——与搅拌器类型有关。

采用折叶桨式双桨搅拌器，查表得$A=6.8$，$m=0.2$，取转速$n=30$r/min，$d=0.6D=0.6\times7.7=4.62$m，取发酵液黏度0.86kg/(m·s)；

$$N_{运转}=\frac{6.8}{\left(\frac{30\times4.62^2\times1050}{0.86\times10^{-3}}\right)^{0.2}}\times1050\times4.62^5\times\left(\frac{30}{60}\right)^3=31275\text{W}$$

$$N_{启动}=(2\sim3)N_{运转}$$

取$N_{启动}=3N=3\times31275=93825$W

取$N_{电机}=1.12N_{启动}=1.12\times93825=105084.4$W

即选用额定功率为105.084kW的电机。

6.6.1.5 附属部件

(1) 挡板

挡板的作用是加强搅拌强度，改变液体的方向，由径向流改为轴向流，促进液体上下翻动和控制流型，防止产生涡旋而降低混合与溶氧效果，如罐内有相当于挡板作用的竖式冷却蛇管、扶梯等也可不设挡板。为减少泡沫，可将挡板上沿略低于正常液面，利用搅拌在液面上形成的涡旋消泡。

(2) 空气分布装置

现在普遍采用的空气分布装置是单管式空气分布装置，向下的管口与罐底的距离约30～60mm，为了防止分布管吹入的空气直接喷击底部，加速罐底腐蚀，在分布装置的下部装置不锈钢的分散器，可延长罐底的寿命。

单管管径由下式计算：

$$d=\sqrt{\frac{Q\times\frac{1}{p}\times\frac{273+t}{273}}{\frac{\pi}{4}\times w\times 60}}$$

式中 Q——通风量；

p——出口压力＝罐压$+\frac{Z}{10}$（0.1MPa，20℃）；

Z——液柱高度，m；

t——发酵液温度，℃；

w——空气流速，取20m/s。

解得：单管管径$d=0.0993$m。

(3) 消泡装置

谷氨酸发酵时会生成许多的泡沫浮在液面上，为了消除泡沫，除加消泡剂进行消泡外，还要在等电点罐的搅拌轴上端装有打泡器（位于液面略高的地方），其作用也是消泡（打碎泡沫）。常用的打泡器有梳齿式和耙式，其桨直径一般取罐直径的0.75～0.85倍。

(4) 联轴器及轴承

搅拌轴较长时，常分为二至三段，用联轴器连接。

6.6.1.6 等电点罐特性尺寸表

等电点罐特性尺寸表见表6-7。

表6-7 等电点罐特性尺寸表

项目名称	项目符号	尺寸
罐体总高	H	11.2m
圆柱形高	H_0	10.0m
搅拌器叶径	D_1	4.62m
锥形高	C	1.2m
罐内径	D	7.7m
蛇管圈直径	d	7.2m
搅拌轴转速	n	30r/min

6.6.2　其他设备选型与计算

6.6.2.1　发酵罐

谷氨酸发酵属于好气型，因此采用机械涡轮搅拌通风发酵罐进行生产。利用机械搅拌，主要能使空气和发酵液充分混合，提高发酵液的溶解氧，满足微生物生长、繁殖和代谢的需求。

（1）发酵罐容积的确定

选用 $400m^3$ 罐。

（2）生产能力的计算

每天生产99%纯度的味精120t，谷氨酸的发酵周期为48h（包括发酵罐清洗、灭菌、进出物料等辅助操作时间），则每天需发酵液体积为 $V_{发酵液}$。每吨100%的味精需发酵液11.60m^3。

$$V_{发酵液}=11.60\times120\times99\%=1378.08m^3$$

设发酵罐的填充系数 $\varphi=80\%$；则每天需要发酵罐的总体积为 V_0（发酵周期为48h）。

$$V_0=\frac{V_{发酵液}}{\varphi}=\frac{1378.08}{80\%}=1722.6m^3$$

（3）发酵罐个数的确定

公称容积为 $400m^3$ 的发酵罐，全容积为 $470m^3$。

$$N=\frac{V_{发酵液}\times T}{V_{全容积}\times\varphi\times24}=\frac{1378.08\times48}{470\times80\%\times24}=7.33，即 N=8$$

取公称容积为 $400m^3$ 发酵罐8个。

实际产量验算：

$$D=\frac{516\times80\%\times8\times\frac{24}{48}\times300}{11.60\times99\%}=39295.55t/a$$

富余量：$\omega=\frac{39295.55-36000}{36000}=9.15\%$

能满足产量要求。

6.6.2.2　种子罐

种子罐容积的确定：按接种量为1.5%计算，则种子罐容积 $V_种$ 为：

$$V_种=V_{全容积}\times1.5\%=470\times1.5\%=7.05m^3$$

式中　$V_{全容积}$——发酵罐全容积，m^3。

故选用公称体积为 $10m^3$ 的种子罐，种子罐的主要尺寸为：罐内径1800mm，圆柱高3600mm，封头高475mm，罐体总高4500mm，封头容积 $0.826m^3$，圆柱部分容积 $9.15m^3$，不计上封头的容积 $9.98m^3$，全容积 $10.8m^3$，搅拌桨直径630mm。冷却选用夹套冷却。

种子罐与发酵罐对应上料，发酵罐平均每天上4罐，需种子罐4个。种子罐培养8h，辅助操作时间8～10h，生产周期16～18h，因此，种子罐4个已足够。

6.6.2.3 糖化罐

同发酵罐，每天生产 99%纯度的味精 120t，淀粉的发酵周期为 38h（包括罐体的清洗、灭菌、进出物料等辅助操作时间），则每天需糖液体积为 $V_{糖}$。

$$V_{糖}=11.60\times120\times99\%=1378.08\text{m}^3$$

设糖化罐的填充系数 $\varphi=80\%$；则每天需要糖化罐的总体积为 $V_{糖化}$（糖化周期为 38h）。

$$V_{糖化}=\frac{V_{糖}}{\varphi}=\frac{1378.08}{80\%}=1722.6\text{m}^3$$

确定糖化罐个数：

公称容积为 400m^3 的糖化罐，全容积为 470m^3。

$$N=\frac{V_{糖化}\times T}{V_{全容积}\times\varphi\times24}=\frac{1378.08\times38}{470\times80\%\times24}=5.8\text{，取 6 个。}$$

6.6.2.4 离子交换柱

每天生产的谷氨酸量为 118809kg，根据工厂实际中和谷氨酸经验，通常采用每 22g 谷氨酸中加入 60mL 水，则所需的水量为：$\frac{118809\times60}{22}=324.02\text{m}^3$。

故谷氨酸溶解液的体积约为 324.02m^3。

选择型号为 LSY-200 的无顶压逆流再生阴阳离子交换器，其规格为 ϕ2020mm×5681mm，速度为 $6.5\text{m}^3/\text{h}$，设每天过滤时间为 22h，则所需台数为

$$N=\frac{643}{6.5\times22}=2.27\text{，取 3 台。}$$

6.6.2.5 离心机

选择型号为 SX1200-N，其具体参数为转数 800r/min，电动机功率为 11kW，分离因数为 430，容积为 200L。

由于等电点罐数量为 6 个，每个等电点罐配备一个离心机，故发酵车间需 6 台离心机。

6.6.3 发酵车间设备一览表

味精发酵车间设备一览表见表 6-8。

表 6-8 发酵车间设备一览表

序号	设备名称	台数	规格与型号	材料	备注
1	等电点罐	5	ϕ4800mm×8000mm	A_3 钢	专业设备
2	发酵罐	8	ϕ5000mm×10000mm	A_3 钢	专业设备
3	种子罐	4	ϕ1080mm×2160mm	A_3 钢	专业设备
4	糖化罐	6	ϕ4800mm×7200mm	A_3 钢	专业设备
5	离子交换柱	4	ϕ2020mm×5681mm	玻璃钢	专业设备
6	离心机	5	1900mm×1900mm×1500mm	不锈钢	专业设备

6.7 水电气用量估算

6.7.1 热量衡算

热量衡算是根据能量守恒定律建立起来的，热平衡方程表示如下：

$$\sum Q_{入}=\sum Q_{出}+\sum Q_{损}$$

式中　$\sum Q_{入}$——输入的热量总和，kJ；

$\sum Q_{出}$——输出的热量总和，kJ；

$\sum Q_{损}$——损失的热量总和，kJ。

通常

$$\sum Q_{入}=Q_1+Q_2+Q_3$$

$$\sum Q_{出}=Q_4+Q_5+Q_6+Q_7$$

$$\sum Q_{损}=Q_8$$

式中　Q_1——物料带入的热量，kJ；

Q_2——由加热剂（或冷却剂）传给设备和所处理的物料的热量，kJ；

Q_3——过程的热效应，包括生物反应热、搅拌热等，kJ；

Q_4——物料带出的热量，kJ；

Q_5——加热设备需要的热量，kJ；

Q_6——加热物料需要的热量，kJ；

Q_7——气体或蒸汽带出的热量，kJ。

$$Q_1+Q_2+Q_3=Q_4+Q_5+Q_6+Q_7+Q_8$$

值得注意的是，对具体的单元设备，上述的 Q_1～Q_8 各项热量不一定都存在，故进行热量衡算时，必须根据具体情况进行具体分析。连续灭菌和发酵工序热量衡算计算指标（以85％大米为原料）如下所述。

6.7.1.1 液化加热蒸汽量

加热蒸汽消耗量 D，可按下式计算：

$$D=\frac{GC(t_2-t_1)}{I-\lambda}$$

式中　G——淀粉浆量，kg/h；

C——淀粉浆比热容，kJ/(kg·K)；

t_1——浆料初温，(20＋273＝293K)；

t_2——液化温度，(90＋273＝363K)；

I——加热蒸汽，2738kJ/kg（0.3MPa，表压）；

λ——加热蒸汽凝结水的焓，在 363K 时为 377kJ/kg。

（1）淀粉浆量 G

根据物料衡算，日投原料大米 299.34t，由于连续化液化 299.34/24＝12.47t/h。加水量为 1∶2.5，粉浆量为：12472×3.5＝43653.15kg/h。

（2）粉浆干物质浓度

$$\frac{12472\times 80\%}{43653.15}\times 100\%=24.29\%$$

（3）粉浆干物质

粉浆干物质 C 可按下式计算：

$$C=C_0\frac{X}{100}+C_{水}\frac{100-X}{100}$$

式中　C_0——淀粉质比热容，取 1.55kJ/(kg・K)；

X——粉浆干物质含量，24.29%；

$C_{水}$——水的比热容，4.18kJ/(kg・K)。

$$C=1.55\times\frac{24.29}{100}+4.18\times\frac{100-24.29}{100}=4.17\text{kJ/(kg}\cdot\text{K)}$$

（4）蒸汽用量

$$D=\frac{43653.15\times 4.17\times(90-20)}{2738-377}=5499.52\text{kg/h}$$

（5）灭酶用蒸汽量

灭酶是将液化液由 90℃加热至 100℃，在 100℃时的 λ 为 419kJ/kg。

$$D_{灭}=\frac{43653.15\times 4.17\times(100-90)}{2738-419}=785.65\text{kg/h}$$

由于要求在 15min 内使液化液由 90℃加热至 100℃，则蒸汽高峰量为：

$$785.65\times\frac{60}{15}=3142.58\text{kg/h}$$

以上两项合计为：平均量=5499.52+785.65=6285.17kg/h

每日用量为 6285.17×24=150.84t/d

高峰时：5499.52+3142.58=8642.11kg/h

（6）液化液冷却用水量

使用板式换热器，将物料由 100℃降至 70℃，使用二次水，冷却水进口温度 20℃，出水温度为 58.7℃，需冷却水量 W：

$$W=\frac{(43653.15+6285.17)\times 4.17\times(100-70)}{(58.7-20)\times 4.18}=38652\text{kg/h}$$，即 927.67t/d。

6.7.1.2　糖化工序热量衡算

日产 25%的糖液 994.13t，即：994.13/1.09=912.05m³。

糖化操作周期为 38h，其中糖化时间 25h。糖化罐 400m³，装料 400×80%=320m³，需糖化罐

$$\frac{912.05}{320}\times\frac{38}{24}=4.51$$（罐），取 5 罐。

使用板式换热器，使糖化液由 85℃降至 60℃，用二次水冷却，冷却水进口温度 20℃，出口温度为 45℃，平均用水量为：

$$\frac{(43653.15+6285.17)\times 4.17\times(85-60)}{(45-20)\times 4.18}=49862.01\text{kg/h}$$

要求在 2h 内把 320m³ 糖液冷却至 60℃，高峰用水量为：

$$\frac{49862.01}{43653.15+785.65}\times\frac{320000\times1.09}{2}=174133.51\text{kg/h}$$

每日糖化罐同时运转：$5\times\frac{25}{30}=4.17\approx5$ 罐

每投（放）料罐次：$\frac{921.05}{320}=2.9\approx3$ 罐次

每日冷却水用量：$(2\times174133.51/1000)\times5=1741\text{t/d}$

6.7.1.3 连续灭菌和发酵工序的水汽衡算

（1）培养液连续灭菌用蒸汽量

发酵罐 400m^3 装料系数 0.8，每罐产味精量为：

$$400\times0.8\times13.5\%\times48\%\times90\%\times1.272=23.70\text{t}$$

年产 36 万吨商品味精，日产味精 118.8t。

发酵操作时间 48h（其中发酵时间 38h），需发酵罐台数：

$$\frac{118.8}{23.70}\times\frac{48}{24}=10.02，即 11 台。$$

每日投（放）料罐次：$\frac{118.8}{23.70}=5.01$，即 6 台。

日运转：$11\times\frac{38}{48}=7.93$ 罐，即 8 罐。

每罐初始体积 $400\times80\%=320\text{m}^3$，糖浓度 18.0g/dL，灭菌前培养基含糖 20.0%，其数量：

$$\frac{320\times18\%}{20\%}=288.0\text{t}$$

灭菌加热过程中用 0.4MPa，蒸汽 $I=2743\text{kJ/kg}$，使用板式换热器将物料由 20℃ 预热至 75℃，再加热至 120℃。冷却水由 20℃ 升至 45℃。每罐灭菌时间 3h，输料流量：

$$\frac{288.0}{3}=96\text{t/h}$$

（2）消毒灭菌用蒸汽量 D

$$D=\frac{96\times3.97\times(120-75)\times1.07}{2743-120\times4.18}=8.187\text{t/h}$$

式中，3.97 为糖液的比热容，kJ/(kg·K)。

每天用蒸汽量：$8.187\times3\times6=147.37\text{t/d}$

高峰量为：$8.187\times8=65.50\text{t/h}$

平均量：$\frac{147.37}{24}=6.14\text{t/h}$

（3）培养液冷却用水量

120℃热料通过与生料热交换，降至 80℃，再用水冷却至 35℃。冷却水由 20℃ 升至 45℃，计算冷却水量 W：

$$W=\frac{90600\times3.97\times(80-35)}{(45-20)\times4.18}=164118.7\text{kg/h}=164.12\text{t/h}$$

全天用水量：$164.12\times3\times3=1477.08\text{t/d}$

(4) 发酵罐空罐灭菌蒸汽用量

发酵罐体加热：400m³，A_3 钢发酵罐体重 61.74t，冷却排管重 10.8t，A_3 钢的比热容是 474kJ/(kg·K)，用 0.2MPa（表压）蒸汽灭菌，使发酵罐在 0.15MPa（表压）下，由 20℃升至 127℃。其蒸汽量为：

$$\frac{(61740+10800)\times474\times(127-20)}{(2718-127\times4.18)\times1000}=1774.4\text{kg}$$

填充发酵罐空间所需的蒸汽量：虽然 400m³ 发酵罐的全容积大于 400m³，但由于罐内的排管、搅拌器等所占的空间，罐的自由空间仍按 400m³ 计算。填充空间需蒸汽量：

$$D_{空}=V\rho=400\times1.622=648.8\text{kg}$$

式中　V——发酵罐自由空间；

ρ——加热蒸汽密度，kg/m³，0.2MPa 表压时为 1.622kg/m³。

灭菌过程的热损失：辐射与对流联合给热系数 α，罐外壁温度 70℃。

$$\alpha=33.9+0.19\times(70-20)=43.4\text{kJ/(m}^2\cdot\text{h}\cdot\text{K)}$$

400m³ 发酵罐的表面积为 401m²，耗用蒸汽量为：

$$D_{损}=\frac{401\times43.4\times(70-20)}{2718-127\times4.18}=648\text{kg}$$

罐壁附着洗涤水升温的蒸汽消耗量为：

$$D_{损}=\frac{401\times0.001\times1000(127-20)\times4.18}{2718-127\times4.18}=82\text{kg}$$

式中　0.001——附壁水平均厚度（1mm）。

灭菌过程蒸汽渗漏，取总汽消耗量的 5%，空罐灭菌蒸汽消耗量为：

$$\frac{1774.4+648.8+648+82}{1-0.05}=3055\text{kg/h}$$

每空罐灭菌需 1.5h，用蒸汽量为：3055×1.5=4583.8kg/罐

每日蒸汽量：4583.8×3=55006kg/d

平均耗用量：$\frac{55006}{24}=2291.9\text{kg/h}$

(5) 发酵过程产生的热量及冷却用水量

发酵过程的热量计算有下列几种方法：

① 通过计算生化反应热来计算总发酵热 $Q_{总}$

$$Q_{总}=生物合成热+搅拌热-汽化热$$

生物合成热可通过下列方程计算：

$$C_6H_{12}O_6+O_2 \longrightarrow 6CO_2+6H_2O+2813\text{kJ}$$

$$C_6H_{12}O_6+NH_3+1.5O_2 \longrightarrow C_5H_9O_4+CO_2+1.5H_2O+890\text{kJ}$$

搅拌热＝860×4.18×p（p——搅拌功率，kW）

汽化热＝空气流量(m³/h)×($I_{出}-I_{进}$)ρ

式中　$I_{进}$，$I_{出}$——进出的空气热焓，kJ/kg 干空气；

ρ——空气密度 kg/m³。

② 通过燃烧热进行计算

$$Q_{总}=\sum Q_{反应物燃烧}-\sum Q_{产物燃烧}$$

有关物料的燃烧热如下。葡萄糖：15633kJ/kg；谷氨酸：15424kJ/kg；玉米浆：

12289kJ/kg；菌体：20900kJ/kg。

以发酵6～20耗糖速率最快，为放热高峰。

③ 通过冷却水带走的热量进行计算　在最热季节，发酵放热高峰期，测定冷却水量及进出口温度，即可算出最大发热量$Q_{最大}$ [kJ/(m³·h)]：

$$Q_{最大}=\frac{4.18\times 冷却水流量(t_{出}-t_{进})}{发酵液总体积}$$

④ 通过发酵液的温度升高进行计算　关闭冷却水，观察罐内发酵液温度升高，用下式计算$Q_{最大}$：

$$Q_{最大}=\frac{4.18\times(GCt+G_1C_1t)}{V}$$

式中　G——发酵液质量，kg；

C——发酵液的比热容，kJ/(kg·K)；

t——1h内发酵液温度升高数，K；

G_1——设备筒体的质量，kg；

C_1——设备筒体的比热容，kJ/(kg·K)；

V——发酵液体积，m^3。

以上四种方法，以③、④比较简单实用。根据部分味精工厂的实测和经验数，谷氨酸的发酵热高峰值约3.0×10^4kJ/(kg·K)。

400m^3发酵罐，装料量320m^3，使用新鲜水，冷却水进口温度10℃，出口温度20℃，冷却水用量（W）：

$$W=\frac{3.0\times10^4\times320}{(20-10)\times4.18}=229665\text{kg/h}=2296.65\text{t/h}$$

日运转8台，高峰用水量：2296.65×8=1837t/h

日用水量：1837×0.8×24=35276t/d

式中　0.8——各罐发热状况均衡系数。

平均水量：$\frac{35276}{24}=1469$t/h

考虑到冷却水可循环使用，因此，按1%的耗用率计算，则冷却水的总用量为：

$$W_{年冷却}=35276\times300\times1\%=105829.67\text{t}$$

6.7.2 发酵车间的用水估算

6.7.2.1 培养基用水

每个400m^3发酵罐装液量为80%，共8个发酵罐，每年共有$300\times\frac{24}{48}=150$个发酵周期，用水量为：$W_{发酵罐}=470\times80\%\times6\times150=451200$t。

同理，二级种子罐的用水量为6768t，故$W_{培养基}=451200+6768=457968$t。

6.7.2.2 其他用水

其他用水包括冲洗地面、管道冲刷、洗滤布及其他设备的定期清洗用水。按每天用水15t算，则总用水量为：

$$G_{其他}=每天用水量\times300=15\times300=4500t$$

故全年用水量为：

$$(W_{液化}+W_{糖化}+D_{培养液灭菌}+D_{发酵空罐灭菌}+W_{培养基})\times生产天数$$
$$=(28.8+319.3+35.9+488+2.5)\times300$$
$$=262339t$$
$$=2.62\times10^5t$$

6.7.3 全厂的用电估算

6.7.3.1 全厂生产用电

根据味精生产的主要设备如发酵罐、等电点罐、糖化罐、中和罐、结晶罐、离子交换柱、空压机、离心泵、离心机、振动流化床等要求，电力负荷分级属于二级负荷，应由两个电源供电。

计算公式如下：

$$P_{js}=K_sP_s$$
$$Q_{js}=P_{js}\mathrm{tg}\phi$$
$$S_{js}=\sqrt{P_{js}+Q_{js}}$$
$$或\ S_{js}=P_{js}/\cos\phi$$

确定车间或全厂的用电负荷，一般采用需用系数法进行计算。

表 6-9 主车间用电设备清单及功率表

设备	型号	总台数	功率/kW	总功率/kW	年耗电量
发酵罐设备	ϕ5000mm×10000mm	8	100	600	34560000
二级种子罐设备	ϕ1080mm×2160mm	4	50	200	5760000
浓缩结晶罐	ϕ2500mm×4000mm	4	10	40	1152000
离心泵	ZS65-50-125/4.0	6	7.5	38	1641600
离心机	1900×1900×1500	10	11	110	7920000
振动流化床	ZLG6×0.9	2	4.4	8.8	126720
糖化罐	ϕ4800mm×7200mm	8	70	560	32256000
等电点罐	ϕ4800mm×8000mm	8	65	390	22464000
中和罐	ϕ5000mm×5000mm	4	70	280	8064000

由表 6-9 可得，工厂全年生产用电量为 118721520kW·h。

6.7.3.2 全厂生活用电

假设全厂生产生活占地面积为 4300m^2 左右，按楼层数 3 层算，总使用面积为 12900m^2，按每 15m^2 设立一盏 100W 日光灯，每日开灯 8h 估算，全年生活用电量为：

$$\frac{12900\times100\times8\times300}{15\times1000\times24}=8600\mathrm{kW\cdot h}$$

故全厂全年用电量为：118721520+8600=118730120kW·h

6.8 工艺设计计算结果汇总及主要符号说明

36000t/a 味精厂的工艺设计计算结果见表 6-10～表 6-14。

表 6-10 36000t/a 味精厂发酵车间物料衡算表

物料名称	生产 1t 味精(100%)的物料量	36000t/a 味精生产的物料量	每日物料量
发酵液/m^3	11.60	4.13×10^5	1378.08
二级种液/m^3	0.174	6.20×10^3	20.67
发酵水解用糖/kg	2088	7.44×10^7	248054.40
二级种培养用糖/kg	4.35	1.55×10^5	516.78
水解糖总量/kg	2092.35	7.46×10^7	248571.20
淀粉/kg	2520.05	8.98×10^7	299381.9
玉米浆/kg	50.74	1.81×10^6	6027.91
尿素/kg	464.70	1.66×10^7	55206.36
磷酸氢二钾/kg	0.31	1.10×10^4	36.83
磷酸氢二钠/kg	9.28	3.31×10^5	1102.46
氯化钾/kg	11.60	4.13×10^5	1378.08
硫酸镁/kg	4.71	1.68×10^5	559.55
硫酸亚铁/g	23.548	8.39×10^5	2797.50
硫酸锰/g	23.548	8.39×10^5	2797.50
消泡剂/kg	6.96	2.48×10^5	826.85
谷氨酸/kg	992.22	3.54×10^7	117875.70

表 6-11 36000t/a 味精厂发酵车间热量衡算表

序号	项目及代号	参数及结果	序号	项目及代号	参数及结果
1	粉浆量/(t/h)	89950	15	味精罐产量/t	63.8
2	粉浆干物质浓度	24.6%	16	发酵罐数/台	14
3	粉浆比热/[kJ/(kg·K)]	3.53	17	每日投(放)料罐/次	7
4	蒸汽用量/(kg/h)	9414	18	输料流量/(t/h)	308.8
5	灭酶用蒸汽量/(kg/h)	1369.23	19	消毒灭菌用蒸汽量/(t/h)	23
6	平均量/(kg/h)	10783.23	20	每日用蒸汽量/(t/d)	207
7	每日用量/(t/d)	58.8	21	高峰量/(t/h)	23
8	高峰量/(kg/h)	13521.69	22	平均量/(t/h)	8.625
9	液化冷却水用量/(t/d)	1846.5	23	冷却水量/(t/h)	645
10	折算为 25%的糖液/(t/d)	2649	24	填充空间需蒸汽量/kg	324.4
11	糖化罐容积/m^3	500	25	冷却水用量/(t/h)	574
12	糖化罐数/台	8	26	高峰用水量/(t/h)	6170.5
13	平均用水量/(kg/h)	85069	27	日用水量/(t/d)	118473.6
14	高峰用水量/(kg/h)	184100	28	平均用水量/(t/d)	4936.4

表 6-12 36000t/a 味精厂发酵车间设备参数表

序号	项目及代号	参数及结果	备注
1	高径比	2∶1	
2	罐径/m	8.2	
3	换热面积/m^2	1200	
4	不通气时的搅拌轴功率/kW	1366	
5	通风时的轴功率/kW	1262	

续表

序号	项目及代号	参数及结果	备注
6	电机功率/kW	1428	
7	最高负荷下的耗水量/(kg/s)	189	
8	进水总管直径/m	0.5	
9	冷却管组数	16	
10	管径规格/mm	ϕ133×4	
11	冷却管总长度/m	3000	
12	一圈管长/m	33.12	
13	每组管子圈数	6	
14	实际传热面积/m^2	1340	
15	发酵罐的壁厚/mm	22	
16	封头壁厚/mm	25	
17	接管规格/mm	ϕ325×8	
18	通风管规格/mm	ϕ325×8	
19	相应流速比	0.747	

表 6-13 36000t/a 味精厂等电点罐特性尺寸表

项目名称	项目符号	尺寸
罐体总高	H	11.2m
圆柱形高	H_0	10.0m
搅拌器叶径	D_1	4.62m
锥形高	C	1.2m
罐内径	D	7.7m
蛇管圈直径	d	7.2m
搅拌轴转速	n	30r/min

表 6-14 36000t/a 味精厂发酵车间主设备表

设备	型号	总台数	功率/kW	总功率/kW	年耗电量/kW·h
发酵罐设备	ϕ5000mm×10000mm	8	100	600	34560000
二级种子罐设备	ϕ1080mm×2160mm	4	50	200	5760000
浓缩结晶罐	ϕ2500mm×4000mm	4	10	40	1152000
离心泵	ZS65-50-125/4.0	6	7.5	38	1641600
粉碎机	30BⅡ	1	5.5	5.5	39600
离心机	1900mm×1900mm×1500mm	5	11	110	7920000
振动流化床	ZLG6×0.9	2	4.4	8.8	126720
糖化罐	ϕ4800mm×7200mm	6	70	560	32256000
等电点罐	ϕ4800mm×8000mm	5	65	390	22464000
中和罐	ϕ5000mm×5000mm	4	70	280	8064000

参考文献

[1] 胡继强. 食品机械与设备 [M]. 北京：中国轻工业出版社，1997：32-35.
[2] 李艳. 发酵工业概论 [M]. 北京：中国轻工业出版社，1999：25.
[3] 姚玉英. 化工原理 [M]. 天津：天津大学出版社，1999：28-35.
[4] 管敦仪. 味精工业手册 [M]. 北京：中国轻工业出版社，1985：23-56.

[5]　吴思方. 生物工程工厂设计概论 [M]. 北京：中国轻工业出版社，2012：125-138.
[6]　高孔荣. 发酵设备 [M]. 北京：中国轻工业出版社，1998：23-28.
[7]　陈卓贤. 味精生产工艺学 [M]. 北京：中国轻工业出版社，1990：46-50.
[8]　王宏龄. 全球主要氨基酸生产企业新动向 [J]. 精细与专用化学品，2005,12(24)：25-26.
[9]　尚久浩. 轻工业机械设计基础 [M]. 北京：中国轻工业出版社，1996：167-178.
[10]　王国栋，等. 化工原理 [M]. 吉林：吉林人民出版社，1994：20-26.
[11]　于信令. 味精工业手册 [M]. 北京：中国轻工业出版社，2009：21-34.

第7章

啤酒工业的发酵生产

7.1 啤酒工业的发展和概况

7.1.1 啤酒产业背景及发展趋势

啤酒，以其“液体面包”的美誉和饮用时清凉舒适的味觉体验成为消耗量排名仅次于水和茶的饮料，在餐饮行业占有极大的市场份额。近年来，随着国民经济持续快速发展和日趋城市化，啤酒行业的需求量日益扩增。

从啤酒行业的投资状况分析，外商企业的投资热情高涨，为国际先进设备及技术的引进和执行先进的标准奠定了良好的基础，使得中国啤酒的国际竞争力不断增强，行业竞争进一步优化，使得啤酒行业的发展日趋国际化。在啤酒设备方面，我国啤酒工业中原料处理设备、糖化设备、发酵设备和灌装设备等均能实现国产化，国内生产配套的整机性已经达到甚至超过国外先进水平，出现了一些自主创新的先进的啤酒技术和设备，有力地促进了啤酒工业的技术创新。近几年国外开发了很多新型啤酒，如印度开发的草药啤酒；美国开发的蔬菜啤酒；丹麦研发的白色啤酒等，而我国在这方面的创新能力还比较薄弱。在产品结构方面，如今市场上的啤酒主要为熟啤和纯生啤酒，产品同质化的状况非常严重，使得市场竞争异常激烈。因此，产品质量的提升以及产品结构的优化，将竞争方向由价格过渡到品牌，争夺高端啤酒市场，将成为啤酒企业利润增加的新的出发点。

随着经济新常态的发展，人们的消费模式也发生了改变，进入网购时代。有专家预测未来五年，啤酒零售中网购将会占到啤酒行业零售的10%。对于啤酒企业而言，这是机遇也是挑战，扩大电商渠道啤酒所占份额、降低运费、扩建仓储中心等问题都亟待解决。

7.1.2 设计选题的目的及意义

从中国酒业协会啤酒分会的关于中国销售最佳的啤酒品牌统计数据看，华润雪花、青岛啤酒、百威英博分列前三。中国品牌建设促进会公布的2015年中国品牌价值评价信息结果显示，华润雪花啤酒（中国）有限公司以73.17亿元的品牌价值位居第二产业和其他产品类首位。据统计，华润雪花啤酒在2015年上半年的销售量就达到了624.9万吨，市场份额增长25.4%，利润同比增长30.5%。此外，天门市是湖北省三个直管市之一，武汉8+1城市圈城市之一，是城市圈发展的纽带和重要节点，有利于接受省会城市在资金、技术、产业上的辐射，是一座新兴崛起的现代化工业城市。

啤酒糖化过程是啤酒生产流程中的中心环节，糖化过程所得的麦汁的组分和颜色将直接影响产品啤酒的品种和质量；糖化工艺和原料、水、电等的损耗会对啤酒的成本造成影响。

基于华润雪花啤酒的高需求量和良好的口碑，以及天门市的自身优势和发展需求，同时考虑到新建厂有利于充分利用地方优惠政策、开拓新市场、扩大品牌影响力和缓解市场就业压力的特点，故本设计选题为华润雪花啤酒天门新建年产16万吨酿造车间的设计。

7.1.3 实地考察分析

华润雪花啤酒（天门）有限公司总占地面积为8.4万平方米，坐落于天门市西湖之畔，风景优美，交通发达利于原料和产品运输，临近居民区利于销售和开拓市场。由于纯生啤酒的工艺要求更为严苛，所以该厂不生产纯生啤酒，而是将雪花啤酒作为主导产品，同时引进了国外先进的糖化设备和与之配套的发酵、滤酒、包装等辅助设备，发酵罐和原料贮仓等都露天布置于各车间周围。

该厂的啤酒酿造的主要原料是麦芽，辅料是糖浆。原料经由斗式提升机，通过湿法粉碎的方法粉碎，原辅料贮罐及酿造用水贮罐均放置于糖化车间的外部，糖化车间内管道纵横交错，放置有我们极为熟悉的“三锅两槽”，即糊化锅、糖化锅、煮沸锅、过滤槽和沉淀槽。此外，还有数个暂存罐和若干个CIP清洗罐。本次糖化车间的设计将在此基础上做出调整，使得车间内外管道分布更为合理，减少管道路径，提高利用率。

企业每天换班时，员工都需要排队签字、交接工作并且说明工作期间是否为安全生产。员工从上班至下班的安排都是井井有条的。同时，整个包装过程也都遵循相应的规范，非常正规，一方面确保了酒质，另一方面也确保了员工的生命安全。检验部的很多实验仪器和我们平时做实验的仪器是一样的，实验环境也很洁净规范。所有的仪器用品都标有专门的存放地点，在其四周由黄色胶布将其范围固定。很多配制的溶液和药品都贴有配制人、配制时间与保质期，同时，为了方便取用，标签纸上还用记号笔涂上了不同的颜色，非常醒目。

7.1.4 设计内容及要求

本设计为年产16万吨酿造车间的工艺设计，重点设备为糖化锅，重点工段为糖化工段。

该设计包括酿造方法的选择、工艺指标及基础数据的明确、各类衡算、设备结构形式及尺寸的确定、车间工艺与设备布置、绘制初步设计图纸和三废处理等。

所设计的啤酒厂要求生产投资合理、运行稳定、便于管理、绿化、经济，同时生产成本低，具有一定优势，经济效益高。在工艺选择方面，要求兼具合理性和先进性；在设备选型方面，要求机械化和自动化程度高，从而带来高效的劳动生产率；在经济上，要求资源利用合理化，降低能耗，保护环境。

7.1.5 建设规模及设计方案

年产量：16万吨/年。

年生产天数：300天。

产品规格：符合GB 4927—2008。

主要生产10°啤酒，旺季总计生产160天，每天糖化8次；淡季总计生产140天，每天糖化4次，全年糖化1840次。

7.2 厂区平面设计

7.2.1 厂址选择

7.2.1.1 厂址选择原则

厂址选择需要综合考虑建厂所在地区的自然环境、经济状况、技术水平、产业特点等情况综合考虑而定。

① 厂址所在的地点应该符合城市规划（供水、供电、交通运输等）和其所在地的要求。

② 要最有效合理地利用各地区的有利条件，克服或者避免不利因素；合理有效地利用当地的人力、物力和财力，并保护环境。

③ 要使企业接近原料、能源基地和产品销售市场，减少不合理的运输。

④ 所选位置要利于三废的处理，符合现行的有关环境保护法的规定。

7.2.1.2 厂址的确定

天门市位于湖北省中南部，江汉平原北部，版图总面积约2622平方公里，平面地理坐标介于东经112.33′45″～113.26′15″、北纬30.22′30″～30.52′30″之间。其地理位置优越，东接武汉，西通荆宜，位于武汉与湖北第二大城市宜昌的中点；南临汉江黄金水道，北枕三峡过境铁路。天门市为亚热带季风气候，阳光充沛，气候湿润，春季气温多变，初夏多涝，伏秋多旱，生长期长，严寒期短。此外，天门市的热量条件东北部和西南沿江一带略低，水资源分布东南多、西部和北部偏少，东高西低。

依据相关的厂址选择的要求，将啤酒厂新建在天门市郊区内。所选地段地势平坦，四周没有污染，符合相关标准；占地面积合理，适于工厂规划和布局；接近排水系统，有利于废水处理和排放；供电系统完备，有利于满足相应的生产需求；周围有居民区，便于零售和推广，同时接近其他销售渠道，有着优良的经济开发前景；厂区附近交通便利，利于原辅料和啤酒的运输。

7.2.2 总平面设计

7.2.2.1 总平面设计原则

工厂总平面设计的主要内容一般为：平面布置设计、竖向设计、运输设计、管线综合布置、绿化布置和环保设计等。其设计原则如下所述。

① 符合生产工艺要求。作业线之间应该短捷，避免或者减少作业线的交叉和反复。

② 布置要紧凑合理，生产主厂房应该位于全厂的中心，利于各部门的配合。

③ 要根据各地局风玫瑰图确定主风向，将锅炉和污水处理布置在下风向。

④ 人流、货流分开，避免交叉，确保优良的运输条件和效益。

⑤ 应该符合区域规划要求，同城市建筑保持协调。

7.2.2.2　工厂组成

工厂的组成主要分为以下几个部分。

① 生产车间　它是全厂的主要组成部分。如可以由糖化、发酵、检验、包装等建成一个啤酒的联合车间。

② 辅助车间　是辅助生产车间正常生产的各生产部门。如啤酒厂的辅助车间就由酵母回收、原料仓库、机修等构成。

③ 动力车间　主要是确保车间正常生产和全厂各部门的正常运作。可以由锅炉房、空气压缩站、制冷间、变电所、机修室等构成。

④ 行政生活部门　是全厂性的行政管理和服务部门。主要由办公楼、食堂、宿舍、传达室等组成。

⑤ 绿化区域　主要是厂内外的美化环境的布置。

7.2.2.3　总平面设计的布置

所设计的啤酒厂呈四边形，综合考虑总平面设计原则、啤酒工艺流程和啤酒厂的主要组成部分，确定工厂总平面布置为：将糖化、发酵和包装为主的车间布置在厂区的中心位置；同时考虑到所选厂址的主风向，将行政生活部门布置在厂前区和厂区上风向，将动力车间布置在其所要服务的具体部门周围和厂区的下风向；将啤酒的瓶、箱堆场布置在紧靠包装车间的厂后区；在厂区的四周种植草坪或者树木，保证绿化；全厂设计有正门、侧门和后门，将人流和货流合理分开。

7.2.2.4　运输及道路设计

啤酒酿造过程主要设计液体的流动及运输，根据需要采用相应规格的泵将液体通过管道运至指定的容器内。再通过后续发酵车间的处理、冷却，包装车间的灌装、包装等制成成品，由叉车运至成品库或直接根据订单装车外运。

厂区内设置主干道，干道宽 8m，车间引道宽 4m，道路的路面统一采用水泥混凝土的结构。

7.3　啤酒工艺选择与论证

7.3.1　啤酒原料

7.3.1.1　酿造用水

啤酒在生产过程中的用水主要涉及酿造、包装和冷却三个环节。酿造用水主要指投料用水、洗槽用水和啤酒稀释用水等，它对啤酒酿造全过程有很大的影响，还决定着啤酒的风味和稳定性。在我国，啤酒行业的水源主要是地表水及地下水。

水的质量要求：本设计为浅色啤酒，水的残余碱度 RA 值要求在－5～＋5 度之间，水中 Ca^{2+} 含量在 40～100mg/L，不宜超过 100mg/L。此外，当 Ca^{2+} ：Mg^{2+} ＝47 ：24 时，将有益于平衡啤酒的风味。酿造用水中 Na^{+}、K^{+} 含量要较低。

7.3.1.2 麦芽

大麦按照其籽粒在麦穗上的断面分配形态，可以分为六棱、四棱和二棱。二棱大麦由六棱大麦变化培育而来，其所含的淀粉含量较一般的大麦要高，蛋白的相对含量较低，其浸出物的收率也比六棱大麦要高，所以，一般选用二棱大麦。

大麦的质量标准应符合 QB 1416—1987 的质量标准。具体指标如下。

(1) 感官指标：淡黄色，有光泽，无病斑粒，没有霉味和异杂气味。

(2) 理化指标，见表 7-1。

表 7-1 啤酒大麦标准理化指标

项目	二棱			多棱		
	优级	一级	二级	优级	一级	二级
水分/% ≤	13	13	13	13	13	13
粒含无水物	42	40	36	40	35	30
干粒重/g(无水物质)	95	90	85	96	92	85
发芽率/% ≥	97	75	90	97	95	90
大麦浸出物含量/%	50	76	74	76	72	70
蛋白质含量(无水)/%	12	12.5	13.5	12.5	13.5	14
选粒试验(2.5mm 以上)/%	85	80	76	75	70	65
夹杂物含量/%	0.5	1.5	3	0.5	1.5	2
破损粒含量/%	0.5	1	3	0.5	1	2

本次设计采用浅色麦芽，其外部形态完整，没有残留根茎，不存在杂草、谷粒、灰尘、枯萎发霉和损坏的麦芽颗粒等其他物质，颜色呈现淡黄色并且表面富有光感。同时，麦芽需要散发出特殊的香味，不应该散发出霉味、酸臭味、潮湿味。

7.3.1.3 酒花

酒花又称蛇麻花，它是啤酒拥有柔和芳香和爽口的微苦味的特点的来源，它还能提高啤酒的起泡性和泡持性；当和麦汁一同煮沸时，能促进蛋白质的凝固，有益于麦汁的澄清，并且可以增加啤酒的生物稳定性。

本设计采用颗粒酒花制品。

7.3.1.4 辅料

以价格低廉并且富含淀粉的谷类作为啤酒辅料，有利于提高麦汁收率，从而降低总成本。同时，辅料中的蛋白质易氧化的多酚物质的含量低于麦芽，有利于降低啤酒的色泽和改善啤酒的非生物稳定性。

常见的啤酒辅料有大米、玉米、小麦、淀粉、蔗糖和淀粉糖浆等。其中大米凭借其价格低廉、生产出的啤酒色泽较浅、口味纯净、泡沫细腻等特点被视为优良的啤酒辅料。本设计就采用大米作为辅料。

7.3.1.5 酵母

啤酒的实际发酵过程中常用的酵母是上面酵母和下面酵母两大类。二者在形态结构上有着明显的差别。上面酵母又被称作表面酵母，其子细胞与母细胞之间能够相互连接较长时间，形成多枝的牙簇；下面酵母又被称作贮藏酵母，其子细胞与母细胞在增殖结束后便相互分离，基本上是单细胞或者几个细胞连接。

本设计是经典型啤酒，采用下面发酵技术，因此选用下面酵母。

7.3.2 工艺流程

啤酒酿造以麦芽和水为主要原料，其工艺流程如图7-1。

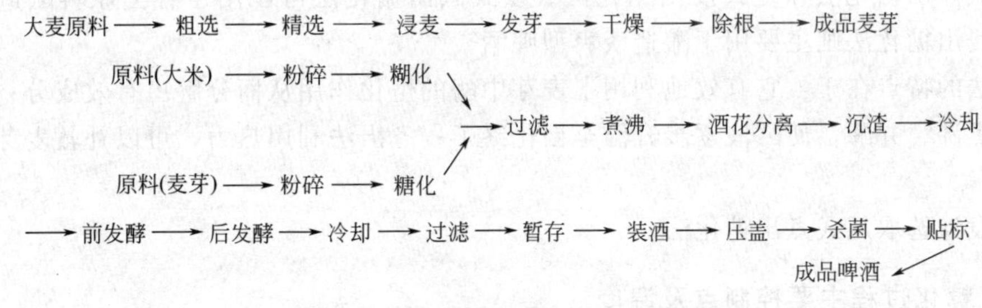

图7-1　啤酒生产总体工艺流程示意图

7.3.3 麦芽制备

7.3.3.1 制麦的目的

制麦就是将原料大麦制作成为麦芽的过程。它是啤酒生产的起始环节，其制备工艺的好坏决定了麦芽的品种和质量，因而决定了啤酒的类型。

制麦的目的：大麦通过吸收水分发芽生成水解酶类，从而利用后续的糖化步骤让大分子物质分解溶出。绿麦芽经过烘干将产生必要的色、香和风味成分。

7.3.3.2 麦芽的粉碎

麦芽的粉碎方法大致可以分为干法、回潮（增湿）法、湿法和连续浸渍湿式粉碎等几种。干法粉碎是传统的粉碎方法，它的缺点在于在该过程中麦皮易被破碎过细，从而影响麦汁过滤和啤酒的口味、色泽，粉碎时粉尘大，容易导致物料损失。增湿粉碎是指在短时间内通过向麦芽通入蒸汽或热水，达到增加麦壳水分的目的，可以使麦皮有韧性而不破碎，有利于过滤和减少影响啤酒质量的物质溶出。但是此方法对麦壳吸水量和粉碎时间要求较高，易造成增湿不均匀，粉碎质量难以保证。湿法粉碎相较于干法，吨麦芽粉碎电耗高了20%～30%，且糖化的均一性不高。连续浸渍湿式粉碎法是指麦芽在进入粉碎机前先连续进入浸渍室或斗仓，用温水浸渍60s使麦芽壳变得富有弹性后再进入粉碎机边喷水边粉碎，落入调浆槽中加入糖化用水后用醪泵泵入糖化锅。此法改进了前几种方法的缺点。

综合考虑各种方法的利弊，本次设计选取连续浸渍湿式粉碎法。

7.3.4 麦汁制备

7.3.4.1 糖化工艺方法

糖化过程主要指通过利用麦芽中含有的各种水解酶类及水和热力的共同作用，把麦芽和辅料中的高分子物质分解为可溶性小分子物质。糖化过程中的主要物质变化就是淀粉的水解，习惯上将溶解于水的各种干物质称作“浸出物”，制得的澄清的溶液称作“麦汁”。

糖化方法有很多，常见的全麦芽啤酒糖化工艺主要为煮出糖化法和浸出糖化法。此外，复式糖化法是指使用未发芽的谷物（如大米、小麦、玉米）作为辅料时，因为未发芽谷物中的淀粉是包裹在胚乳细胞壁中的深淀粉，唯有破坏细胞壁让淀粉溶出，然后经过糊化和液化把它变成稀薄的淀粉浆，才能与麦芽中的淀粉酶充分反应，从而构成可发酵性糖和可溶性的低聚糊精。之所以称作复式，就是因为这个过程中涵盖了辅料的酶和煮沸处理步骤。一般可以分为复式煮出糖化法和复式浸出糖化法。复式煮出糖化法可以用于各类原料酿造浅色麦汁，复式浸出糖化法则主要用于酿造淡爽型啤酒。

煮出法的特点在于：它有效地利用了麦芽中酶的生化作用从而分解出有效成分；通过部分醪液的煮沸、并醪，使醪液逐步升温至糖化终了；煮出法利用热力，可以补救麦芽溶解不良的缺点。

本次设计选取复式煮出糖化法。

7.3.4.2 糖化过程主要控制点及温度

（1）糖化控制

糖化控制就是创造适合酶作用的最佳条件，虽然糖化方法各有不同，但是它们的控制原理是相同的。

① 酸休止　主要是凭借磷酸酯酶对麦芽中的植酸盐水解，生成酸性磷酸盐。溶解不良的麦芽经过酸休止，可以增强酶的活性。此工艺条件一般为：32～37℃，pH5.2～5.4，时间为 30～90min。

② 蛋白质休止　主要是凭借内切肽酶和羧肽酶分解蛋白质生成多肽和氨基酸。45～50℃羧肽酶的作用强一些，50～55℃内切肽酶的作用强，作用时间越长，蛋白质分解越彻底。pH 的影响较大，一般控制在 5.2～5.3。

③ 糖化休止　主要由 α-淀粉酶和 β-淀粉酶作用，62.5℃时 β-淀粉酶有利，68～70℃时对 α-淀粉酶有利，最适 pH 为 5.5～5.6。

④ 过滤温度　温度越高，醪液黏度越低，过滤速度越快。糖化过滤温度在 70～80℃，这样有益于保留 10%的 α-淀粉酶活力，同时避免因为温度过高，时间缩短使皮壳中有色有害物质溶解氧化使麦汁色泽加深。

⑤ 酶制剂及添加剂　常用的酶制剂有 α-淀粉酶、β-淀粉酶、糖化酶、葡聚糖酶等。此外还有乳酸、磷酸、石膏等 pH 调整物质，多酚消除剂等一系列添加剂。

（2）糖化工艺的主要技术参数

糖化工艺的主要技术参数：主辅料比、料水比、糖化黏度、pH、时间、酶制剂等。其中糖化温度的控制尤为重要，其各个阶段的温度要求如表 7-2。

7.3.4.3 麦汁煮沸及酒花添加

麦汁经糖化和过滤之后，先进入暂存罐，然后再通过薄板换热器预热后进入煮沸锅，在煮沸的过程中往往分批次加入颗粒酒花。煮沸可以蒸发水分浓缩麦汁，破坏酶的活性和杀菌，浸出酒花的有效成分的同时，排除麦汁异杂臭气，并使蛋白质变性和絮凝。本次设计采用的是全酒花添加法：在煮沸 35min 后添加一次酒花，主要是加苦花；在煮沸结束前 5min 再添加一次酒花，主要添加香花。

表 7-2 糖化温度阶段控制

温度	控制阶段与作用
35～40℃	浸渍阶段：此时的温度称浸渍温度，有利于酶的浸出、酸的形成和β-葡聚糖的分解
45～55℃	蛋白质分解阶段：此时的温度称为蛋白分解温度，其控制方法如下：①温度偏向下限，氨基酸生成量相对多一些，温度偏向上限，可溶性氮生成量较多一些；②对溶解良好的麦芽来说，温度可以偏高一些，蛋白分解时间可以短一些；③对溶解特好的麦芽，也可放弃这一阶段；④对溶解不良的麦芽，温度应控制偏低，并延长蛋白质分解时间在上述温度下β-葡聚糖的分解作用继续进行
62～70℃	糖化阶段：此时的温度通称糖化温度，其控制方法如下：①在62～65℃下，生成的可发酵性糖比较多，非糖的比例相对较低，适于制造高发酵啤酒；②若控制在65～70℃，则麦芽的浸出率相对增多，可发酵性糖相对减少，非糖比例增加，适于制造低发酵度啤酒；③控制65℃糖化，可以得到最高发酵浸出物收得率；④通过调整糖化阶段的温度，可以控制麦汁中糖与非糖之比；⑤糖化温度偏高，有利于α-淀粉酶的作用，糖化时间（指碘反应完全的时间）缩短，生成的非糖比例偏高
75～78℃	糊精化阶段：在此温度下，α-淀粉酶仍起作用，残留的淀粉可进一步分解，而其他酶则受到抑制或失活

7.3.4.4 麦汁制备设备

典型的麦汁制备的主要设备有糊化锅和糖化锅。

糊化锅被用于辅料和有些麦芽粉醪液的加热煮沸。糖化锅则是将麦芽粉和水融合，并在相应温度展开蛋白质分解和淀粉糖化过程。如今，糊化锅和糖化锅在制作时采用了一样的规格和构型。一般以圆筒形锅身，球形、椭球形或者锥形夹套式底，锥形或弧形顶盖为组合，采用夹套加热。经过数据比对，当锅直径和圆筒体高度之比为2∶1时，加热面积和醪液的对流可以被提高。此外，一般情况下排气管的截面积取液体蒸发面积的1/50。煮沸锅的作用主要是将麦汁进行煮沸和浓缩。

7.3.5 啤酒发酵

根据传统的生产工艺，啤酒发酵过程可以概括为主发酵和后发酵两个阶段。主发酵阶段主要是酵母繁殖和发酵产物的形成，后发酵阶段则是主发酵的延伸。后发酵又称作啤酒后熟，其作用是在密闭的容器中使残糖进一步分解，增加啤酒的稳定性；形成二氧化碳，充分沉淀蛋白质，澄清酒液；消除双乙酰、醛类及H_2S等以减少嫩酒味，促进成熟。

7.3.6 后处理及包装

后处理即过滤、杀菌与分装。

后发酵的成熟啤酒中剩下的酵母和蛋白质积聚于罐底，极少部分以悬浮的状态存在于酒中，需要经过过滤才可以进行后续的包装。常用的分离办法有硅藻土过滤、离心分离和板式过滤。

过滤后的啤酒通常放置于清酒罐中低温存放以等待包装，正常情况下，同一批次的酒应该在24h内完成包装。啤酒的包装形式有瓶装、易拉罐装和桶装三种。通过实地调查，华润雪花（天门）有限公司现有的啤酒包装线有三条分别是：40000瓶/h瓶装线、24000瓶/h瓶装线和易拉罐包装线，易拉罐规格为330mL和500mL两种。包装的一般步骤为卸垛→卸箱→洗瓶→空瓶检验→灌酒压盖→杀菌→验酒→贴标→验标→装箱→码垛。在包装过程中所利用的灭菌方法一般是巴氏杀菌法，即采用较低温度（一般在60～82℃），在规定的时间内，对产品进行加热处理，达到杀死微生物营养体的目的。

7.4 工艺计算

7.4.1 年产16万吨啤酒厂物料衡算

7.4.1.1 物料衡算的意义

物料衡算的理论依据为质量守恒定律，通过衡算可以知道原料、产品和副产品等之间量的关系，从而计算出原料转化率、产品收率等；其所得数据还是设备选型的依据；也可以对新建车间、工段或装置的生产工艺指标进行预估。因此，物料衡算是本次设计过程的重要环节。

7.4.1.2 物料衡算基础数据

啤酒厂的物料衡算内容为原料和酒花消耗量、麦汁量、干酵母量、包装所用瓶罐等用量，基本数据如表7-3。

表7-3 啤酒生产基础数据

项目	名称	单位/%	备注
定额指标	原料利用率	98	
	麦芽水分	6	
	大米水分	12	
	无水麦芽浸出率	78	
	无水大米浸出率	90	
原料配比	麦芽	70	
	大米	30	
损失率	冷却损失	3	对热麦汁
	发酵损失	1.5	
	过滤损失	1	
	包装损失	1	
总损失率	啤酒总损失率	6.5	

70%瓶装、25%罐装、5%桶装；年生产天数300天，其中淡季140天，每天糖化4次，旺季160天，每天糖化8次。

7.4.1.3 以100kg原料为基准

（1）热麦汁量：

① 原料麦芽收得率：

$$78\%\times(1-6\%)=73.32\%$$

② 辅料大米收得率：

$$90\%\times(1-12\%)=79.2\%$$

③ 混合原料收得率：

$$(70\%\times73.32\%+30\%\times79.2\%)\times98\%=73.582\%$$

④ 100kg原料生产10°热麦汁量：

$$73.582\%\times100/10\%=735.82\text{kg}$$

⑤ 100kg原料生产12°热麦汁体积：

$$(735.82/1.04)\times1.04=735.82\text{L}$$

式中 1.04——10°麦汁在20℃的相对密度；

1.04——100℃时麦汁比20℃麦汁的体积增加倍数。

(2) 冷麦汁量：

$$735.82\times(1-3\%)=713.75\text{L}$$

(3) 发酵液量：

$$713.75\times(1-1.5\%)=703.04\text{L}$$

(4) 过滤酒量：

$$703.04\times(1-1\%)=696.01\text{L}$$

(5) 成品啤酒：

$$696.01\times(1-1\%)=689.05\text{L}$$

(6) 酒花使用量：

选择含α-酸较高的颗粒酒花，通常情况下加1.5～2kg/t颗粒酒花，本设计加酒花1.5kg/t，即100L热麦汁加0.15kg的颗粒酒花。

$$(0.15/100)\times735.82=1.10\text{kg}$$

(7) 湿糖化糟量：

糖化糟含水80%，则湿麦糟量：

$$100\times70\%\times(1-6\%)(1-78\%)/(1-80\%)=72.38\text{kg}$$

大米糟量：

$$100\times30\%\times(1-12\%)(1-90\%)/(1-80\%)=13.20\text{kg}$$

糖化糟量：

$$72.38+13.20=85.58\text{kg}$$

(8) 酵母量：

湿酵母泥含水分85%，生产100kg啤酒可得2kg湿酵母泥，其中一半作为生产接种用，一半作为干酵母。

酵母含固形物量：

$$(703.04/100)\times1\times(1-85\%)=1.05\text{kg}$$

含水分7%的酵母量：

$$1.05\times(1-7\%)=0.98\text{kg}$$

(9) CO_2 含量：

10°冷麦汁663.60L中浸出物量：

$$1.04\times713.75\times12\%=89.08\text{kg}$$

设麦汁真正发酵度为65%，则可发酵浸出物量：

$$89.08\times65\%=57.90\text{kg}$$

麦芽糖发酵的化学反应式为：

$$C_{12}H_{22}O_{11}+H_2O = 2C_6H_{12}O_6$$

$$2C_6H_{12}O_6 = 4C_2H_5OH+4CO_2+233.3\text{kJ}$$

设麦汁的浸出物均为麦芽糖构成，则 CO_2 的生成量：

$$57.90\times4\times44/342=29.80\text{kg}$$

设10°啤酒含 CO_2 为0.4%，则酒中含 CO_2 量为：

$$689.05\times1.04\times0.4\%=2.87kg$$

则释出的 CO_2 量为：

$$29.80-2.87=26.83kg$$

常压下 $1m^3CO_2$ 重 1.832kg，所以游离 CO_2 容积为：

$$26.83/1.832=14.70m^3$$

（10）空瓶用量：

$$689.05/0.64\times1.015\times0.7=764.95\text{ 个}$$

（11）瓶盖用量：

$$689.05/0.64\times1.01\times0.7=761.18\text{ 个}$$

（12）空罐用量：

$$689.05/0.355\times1.015\times0.25=492.52\text{ 个}$$

（13）空桶用量：

$$689.05/30\times1\times0.05=1.15\text{ 个}$$

7.4.1.4 以100L啤酒为基准

根据上述衡算可知，100kg 混合原料生产 10°成品啤酒 689.05L。

（1）生产 100L 10°啤酒所需混合原料量：

$$100/689.05\times100=14.51kg$$

（2）麦芽用量：

$$14.51\times70\%=10.16kg$$

（3）大米用量：

$$14.51\times30\%=4.35kg$$

（4）热麦汁量：

$$14.51/100\times735.82=106.79L$$

（5）冷麦汁量：

$$14.51/100\times713.75=103.58L$$

（6）发酵液量：

$$14.51/100\times703.04=102.03L$$

（7）过滤酒量：

$$14.51/100\times696.01=101.01L$$

（8）成品啤酒量：

$$14.51/100\times689.05=100L$$

（9）酒花用量：

$$14.51/100\times735.82\times0.15\%=0.16kg$$

（10）湿糖化糟量：

$$14.51/100\times85.58=12.42kg$$

（11）酵母量：

$$14.51/100\times1.05=0.15kg$$

（12）CO_2 量：

$$14.51/100\times14.70=2.13m^3$$

（13）空瓶用量：

$$100/0.64\times1.015\times0.7=111.02\ 个$$

（14）空罐用量：

$$100/0.36\times1.015\times0.25=71.48\ 个$$

（15）瓶盖用量：

$$100/0.64\times1.01\times0.7=110.47\ 个$$

（16）空桶用量：

$$100/30\times1\times0.05=0.17\ 个$$

7.4.1.5 年产16万吨10°淡色啤酒物料衡算（以下计算为每天产量）

每年生产300天，淡季140天，每天糖化4次；旺季160天，每天糖化8次。故得知一年共糖化1840次，年产16万吨，所以每次糖化产酒量为：

$$160000/1840=86.96\mathrm{t}$$

（1）混合原料用量：

原料用量：

$$86.96\times\frac{14.51}{100\times10^{-3}}=12619.7\mathrm{kg}/次=12.62\mathrm{t}/次$$

麦芽用量：

$$12.62\times70\%=8833.8\mathrm{kg}/次=8.83\mathrm{t}/次$$

大米用量：

$$12.62\times30\%=3785.9\mathrm{kg}/次=3.79\mathrm{t}/次$$

（2）酒花用量：

$$86.96\times\frac{0.16}{100\times10^{-3}}=139.29\mathrm{kg}/次$$

（3）热麦汁量：

$$86.96\times\frac{106.79}{100\times10^{-3}}=92858.96\mathrm{L}/次$$

（4）冷麦汁量：

$$86.96\times\frac{103.58}{100\times10^{-3}}=90073.19\mathrm{L}/次$$

（5）发酵液量：

$$86.96\times\frac{102.03}{100\times10^{-3}}=88722.09\mathrm{L}/次$$

（6）滤酒量：

$$86.96\times\frac{101.01}{100\times10^{-3}}=87834.87\mathrm{L}/次$$

（7）湿糖化糟量：

$$86.96\times\frac{12.42}{100\times10^{-3}}=10799.97\mathrm{kg}/次$$

（8）干酵母量：

$$86.96\times\frac{0.15}{100\times10^{-3}}=133.08\text{kg/次}$$

（9）CO_2 量：

$$86.96\times\frac{2.13}{100\times10^{-3}}=1855.10\text{m}^3\text{/次}$$

（10）空瓶用量：

$$86.96\times\frac{111.02}{100\times10^{-3}}=96535.33\text{ 个/次}$$

（11）空罐用量：

$$86.96\times\frac{71.48}{100\times10^{-3}}=62155.54\text{ 个/次}$$

（12）瓶盖用量：

$$86.96\times\frac{110.47}{100\times10^{-3}}=96059.78\text{ 个/次}$$

（13）空桶用量：

$$86.96\times\frac{0.17}{100\times10^{-3}}=144.93\text{ 个/次}$$

年产 16 万吨啤酒工厂物料衡算表见表 7-4。

表 7-4　年产 16 万吨啤酒工厂物料衡算表

物料名称	100kg 混原料	100L 10° 淡色啤酒	一次糖化定额指标	每日糖化定额指标		年糖化定额指标
				淡季	旺季	
混合原料/kg	100	14.51	12619.7	50478.80	100957.60	2.32×10^7
麦芽/kg	70	10.16	8833.8	35335.20	70670.40	1.63×10^7
大米/kg	30	4.35	3785.9	15143.60	30287.20	6.97×10^6
酒花/kg	1.10	0.16	139.29	557.15	1114.31	2.56×10^5
热麦汁/L	735.82	106.79	92858.96	371435.83	742871.66	1.71×10^8
冷麦汁/L	713.75	103.58	90073.19	360292.76	720585.51	1.66×10^8
发酵液/L	703.04	102.03	88722.09	354888.37	709776.73	1.63×10^8
过滤酒量/L	696.01	101.01	87834.87	351339.48	702678.96	1.62×10^8
成品酒量/L	689.05	100	83615.38	334461.54	668923.08	1.54×10^8
湿糖化糟量/kg	85.58	12.42	10799.97	43199.89	86399.77	1.99×10^7
干酵母/kg	0.98	0.15	133.08	532.33	1064.67	2.45×10^5
游离 CO_2/m^3	14.70	2.13	1855.10	7420.41	14840.81	3.41×10^6
空瓶/个	764.95	111.02	96535.33	386141.30	772282.61	1.78×10^8
空罐/个	492.52	71.48	62155.54	248622.17	497244.34	1.14×10^8
瓶盖/个	761.18	110.47	96059.78	384239.13	768478.26	1.77×10^8
空桶/个	1.15	0.17	144.93	579.71	1159.42	2.67×10^5

7.4.2　糖化车间热量衡算

本设计选择用复式煮出糖化工艺，示意图如图 7-2。

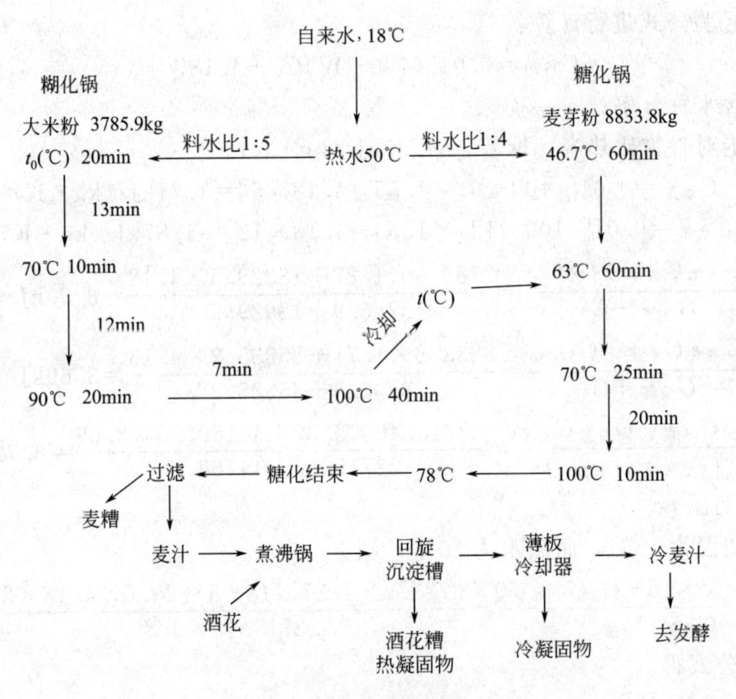

图 7-2 糖化工艺流程图

注：10°淡色啤酒的密度为 1.04kg/L，所以成品酒一次糖化定额为：86960/1.04=83615.38L。

7.4.2.1 糖化用水耗热量 Q_1

根据糖化工艺，糖化锅用水量：

$$G_1=8833.8\times4=35335.2\text{kg}$$

糊化锅用水量：

$$G_2=3785.9\times5=18929.5\text{kg}$$

则总用水量：

$$G_{总}=G_1+G_2=35335.2+18929.5=54264.70\text{kg}$$

糖化醪的量：

$$G_{麦醪}=G_{麦}+G_1=8833.8+35335.2=44169.00\text{kg}$$

糊化醪的量：

$$G_{米醪}=G_{米}+G_2=3785.90+18929.5=22715.40\text{kg}$$

自来水平均温度取 $t_1=18$℃，而糖化配料用水温度 $t_2=50$℃，故耗热量为：

$$Q_1=(G_1+G_2)C_w(t_2-t_1)=54264.70\times4.18\times(50-18)=7258446.27\text{kJ}$$

7.4.2.2 第一次米醪煮沸耗热量 Q_2

由糖化工艺流程可知：

$$Q_2=Q_2'+Q_2''+Q_2'''$$

(1) 糊化锅内米醪由初温 t_0 加热至 100℃耗热 Q_2'

$$Q_2'=G_{米醪}C_{米醪}(100-t_0)$$

① 米醪的比热容 $C_{米醪}$

根据以下经验公式进行计算：

$$C_{谷物}=0.01[(100-W)C_0+4.18W]$$

式中 W——含水百分率；

C_0——绝对谷物比热容，取 $C_0=1.55\text{kJ/(kg·K)}$。

$$C_{麦芽}=0.01[(100-6)\times1.55+4.18\times6]=1.71\text{kJ/(kg·K)}$$

$$C_{大米}=0.01[(100-12)\times1.55+4.18\times12]=1.87\text{kJ/(kg·K)}$$

$$C_{米醪}=\frac{G_{大米}C_{大米}+G_2C_w}{G_{大米}+G_2}=\frac{3785.9\times1.87+18929.5\times4.18}{3785.9+18929.5}=3.80\text{kJ/(kg·K)}$$

$$C_{麦醪}=\frac{G_{麦芽}C_{麦芽}+G_1C_w}{G_{麦醪}+G_1}=\frac{8833.8\times1.71+35335.2\times4.18}{8833.8+35335.2}=3.69\text{kJ/(kg·K)}$$

$$C_{混合醪}=\frac{G_{米醪}C_{米醪}+G_{麦醪}C_{麦醪}}{G_{麦醪}+G_{米醪}}=\frac{22715.40\times3.80+44169.00\times3.69}{22715.40+44169.00}=3.72\text{kJ/(kg·K)}$$

② 米醪的初温 t_0

设原料的初温为18℃，而热水为50℃，则：

$$t_0=\frac{G_{大米}C_{大米}\times18+G_2C_w\times50}{G_{米醪}C_{米醪}}=\frac{3785.9\times1.87\times18+18929.5\times4.18\times50}{22715.40\times3.80}=47.37℃$$

③ 由上述公式得：

$$Q_2'=G_{米醪}C_{米醪}(100-t_0)=22715.40\times3.80\times(100-47.37)=4537122.45\text{kJ}$$

(2) 煮沸过程蒸汽带出的热量 Q_2''

设煮沸时间为40min，蒸发量为每小时5%，则蒸发水分量为：

$$m_{V_1}=G_{米醪}\times5\%\times40/60=22715.40\times5\%\times40/60=757.18\text{kg}$$

$$Q_2''=m_{V_1}I=757.18\times2257.2=1709106.70\text{kJ}$$

式中 I——煮沸温度（约为100℃）下水的汽化潜热，kJ/kg。

由上式可算出经糊化锅煮沸后的米醪的量：

$$G_{米醪}'=G_{米醪}-m_{V_1}=22715.40-757.18=21958.22\text{kg}$$

(3) 热损失 Q_2'''

米醪升温和第一次煮沸过程的热损失约为前两次耗热量的15%，即：

$$Q_2'''=15\%(Q_2'+Q_2'')$$

(4) 由上述结果得，第一次米醪煮沸耗热量 Q_2

$$Q_2=1.15(Q_2'+Q_2'')=7183163.52\text{kJ}$$

7.4.2.3 第二次煮沸前混合醪升温至70℃耗热量 Q_3

按糖化工艺，来自糊化锅的煮沸的米醪与糖化锅中的麦醪混合后温度为63℃，故混合前米醪先从100℃冷却到中间温度 t_0。

(1) 糖化锅中麦醪的初温 $t_{麦醪}$

已知麦芽粉初温为18℃，用50℃的热水配料，则麦醪温度为：

$$t_{麦醪}=\frac{G_{麦芽}C_{麦芽}\times18+G_1C_w\times50}{G_{麦醪}C_{麦醪}}=\frac{8833.8\times1.71\times18+35335.2\times4.18\times50}{44169.00\times3.69}=47.03℃$$

(2) 根据热量衡算，且忽略热损失，米醪与麦醪并合前后的焓不变，则米醪的中间温度为：

$$t=\frac{G_{混合}C_{混合}\times t_{混合}+G_{麦醪}C_{麦醪}\times t_{麦醪}}{G_{米醪}'C_{米醪}}=96.38℃$$

因此温度比煮沸温度只低4℃，考虑到米醪由糊化锅到糖化锅输送过程的热损失，可不必加中间冷却器。

(3) 第二次煮沸前混合醪升温至70℃耗热量Q_3

$$Q_3 = G_{混合} C_{混合}(70-63) = 66884.40 \times 3.72 \times (70-63) = 1743082.88\text{kg}$$

7.4.2.4 第二次煮沸前混合醪耗热量Q_4

由糖化工艺流程可知：$Q_4 = Q'_4 + Q''_4 + Q'''_4$

(1) 混合醪升温至沸腾所耗热量Q'_4

① 进入第二次煮沸的混合醪量为：

$$G'_{混合} = G'_{米醪} + G_{麦醪} = 21958.22 + 44169.00 = 66127.22\text{kg}$$

② 据工艺，糖化结束醪温为78℃，抽取混合醪温度为70℃，则送到第二次煮沸的混合醪量为：

$$\left[\frac{G_{混合}(78-70)}{100-70}\right] / G_{混合} \times 100\% = 26.67\%$$

③ $Q'_4 = 26.67\% G_{混合} C_{混合}(100-70) = 26.67\% \times 66884.40 \times 3.72 \times 30 = 1992343.73\text{kJ}$

(2) 二次煮沸过程蒸汽带走的热量Q''_4

煮沸时间为10min，蒸发强度5%，则蒸发水分量为：

$$m_{V_2} = 26.67\% G_{混合} \times 5\% \times 10/60 = 26.67\% \times 66884.40 \times 5\% \times 10/60 = 148.65\text{kg}$$

$$Q''_4 = m_{V_2} I = 148.65 \times 2257.2 = 335534.09\text{kJ}$$

式中 I——煮沸温度下饱和蒸汽的焓，kJ/kg。

(3) 热损失Q'''_4

$$Q'''_4 = 15\%(Q'_4 + Q''_4)$$

$$Q_4 = 1.15(Q'_4 + Q''_4) = 2677059.49\text{kJ}$$

7.4.2.5 洗槽水耗热量Q_5

设洗槽水平均温度为80℃，每100kg原料用水450kg，则用水量为：

$$G_{洗} = 12619.7 \times 4.18 \times 62 = 56788.65\text{kg}$$

$$Q_5 = G_{洗} C_w(80-18) = 56788.65 \times 4.18 \times 62 = 14717346.53\text{kg}$$

7.4.2.6 麦汁煮沸过程中耗热量Q_6

由糖化工艺流程可知：$Q_6 = Q'_6 + Q''_6 + Q'''_6$

(1) 麦汁升温至沸点耗热量Q'_6

由糖化物料衡算表可知，进入煮沸锅的热麦汁量，并设过滤完毕麦汁温度为70℃。

$$C_{麦汁} = \frac{3785.9 \times 1.87 + 8833.8 \times 1.71 + (54264.70 - 757.18 - 148.65 \times 4.18)}{3785.9 + 8833.8 + 54264.70 - 757.18 - 148.65}$$

$$= 3.72\text{kJ/(kg·K)}$$

$$Q'_6 = G_{麦汁} C_{麦汁}(100-70) = 92858.68 \times 3.72 \times 30 = 10352437.36\text{kJ}$$

(2) 煮沸过程蒸发耗热量Q''_6

煮沸强度10%，时间1.5h。由上述结果可知，蒸发过程蒸发走的水量：

$$m_{V_3} = G_{麦汁} \times 10\% \times 1.5 = 92858.68 \times 1.5 \times 10\% = 13928.80\text{kg}$$

$$Q''_6=10\%\times1.5\times G_{麦汁}I=m_{V_3}I=13928.80\times2257.2=31440092.00\text{kJ}$$

（3）热损失 Q'''_6

$$Q'''_6=15\%(Q'_6+Q''_6)$$

$$Q_6=1.15(Q'_6+Q''_6)=1.15\times(10352437.36+31440092.00)=48061408.77\text{kJ}$$

7.4.2.7 糖化一次总耗热量 $Q_{总}$

$$Q_{总}=\sum_{i=1}^{6}Q_i=81640507.46\text{kJ}$$

7.4.2.8 糖化一次耗用蒸汽量 D

使用表压为 0.3MPa 的饱和蒸汽，$I=2725.3\text{kJ/kg}$，则：

$$D=\frac{Q_{总}}{(I-i)\eta}=\frac{81640507.46}{(2725.3-561.47)\times95\%}=39715.40\text{kg}$$

式中 i——相应冷凝水的焓，561.47kJ/kg；

η——蒸汽的利用效率，一般取 85%～98%（与保温情况有关）。

7.4.2.9 糖化过程每小时最大蒸汽耗量 Q_{max}

在糖化过程各步骤中，麦汁煮沸耗量 Q_6 为最大，且知煮沸时间为 90min，热效率 95%，故：

$$Q_{max}=\frac{Q_6}{1.5\times95\%}=\frac{48061408.77}{1.5\times95\%}=33727304.40\text{kJ/h}$$

相应的最大蒸汽耗量为：

$$D_{max}=\frac{Q_{max}}{I-i}=\frac{35163153.38}{2725.3-561.47}=15586.85\text{kg/h}$$

7.4.2.10 蒸汽单耗

根据设计每年糖化次数为 1840 次，共生产啤酒 160000t，年耗蒸汽总量为：

$$D_T=39715.40\times1840=73076337.95\text{kg}$$

每吨啤酒成品耗蒸汽（对糖化）：

$$D_s=D_T/160000=456.73\text{kg/t}$$

每昼夜耗蒸汽量（生产旺季算）：

$$D_d=D\times8=317723.21\text{kg/d}$$

至于糖化过程的冷却，如热麦汁被冷却成冷麦汁后才送发酵车间，必须尽量回收其中的热量。最后，把上述计算结果列成热量消耗汇总表，如表 7-5 所示。

表 7-5 年产 16 万吨啤酒工厂糖化车间总热量衡算表

名称	规格/MPa	每吨产品耗定额/kg	每小时最大用量/(kg/h)	每昼夜消耗量/(kg/d)	年消耗量/(kg/a)
蒸汽	0.3(表压)	456.73	15586.85	317723.21	73076337.95

7.4.3 麦汁冷却耗冷量的计算

使用的冷却介质为 2℃的冷冻水，出口温度为 85℃，糖化结束后的热麦汁温度为 95℃，冷却至发酵起始温度6℃。

根据表7-4可知，糖化一次得热麦汁92858.96L，而相应的麦汁密度为1040kg/m^3，故麦汁量为：

$$G=92858.96\times1.04=96573.32\text{kg}$$

又知麦汁的比热容为$C_{麦汁}=3.72\text{kJ}/(\text{kg}\cdot\text{K})$，工艺要求在一小时内完成冷却过程，则耗冷量为：

$$Q=GC_{麦汁}\Delta t=96573.32\times3.72\times(95-6)=31973493.54\text{kJ}$$

式中　Δt——冷却前后温度差，℃。

故麦汁冷却介质耗量为：

$$G_{介}=\frac{Q}{C_w t_1}=\frac{31973493.54}{4.18\times(85-2)}=92158.57\text{kg}$$

所以每小时冷却介质（2℃的冷冻水）耗量为：

$$N_{介}=G_{介}/T=92158.57/1=92158.57\text{kg/h}$$

7.4.4 糖化车间耗水量计算

7.4.4.1 糖化用水 G_w

由上述计算可知$G_w=54264.70\text{kg}$，设糖化用水的时间为0.5h，故每小时用水量为：

$$N_1=G_w/T=54264.70/0.5=108529.40\text{kg/h}$$

7.4.4.2 洗槽用水 $G_{洗}$

由上述计算可知$G_{洗}=56788.65\text{kg}$，设洗槽用水时间为1.5h，故每小时用水为：

$$N_2=G_{洗}/T=56788.65/1.5=37859.10\text{kg/h}$$

7.4.4.3 糖化室洗刷用水 G_3

一般糖化室及设备用过一次洗刷一次，设每次用水$G_3=6000\text{kg}$，用水时间为2h，则：

$$N_3=G_3/T=6000/2=3000\text{kg/h}$$

7.4.4.4 沉淀槽洗刷用水 G_4

每用过一次洗刷一次，设每次用水$G_4=3500\text{kg}$，设洗刷时间为0.5h，则：

$$N_4=G_4/T=3500/0.5=7000\text{kg/h}$$

7.4.4.5 麦汁冷却用水 G_5

麦汁冷却用水一般分为两段，第一段用自来水将麦汁由95℃冷却成50℃，而自来水由18℃上升至50℃，冷却时间为1h。

由上述计算结果可知，冷却用水量$G_5=92158.57\text{kg}$，则：

$$N_{介}=G_{介}/T=92158.57/1=92158.57\text{kg/h}$$

7.4.4.6 麦汁冷却器洗刷用水 G_6

每用过一次洗刷一次，设每次用水$G_6=4000\text{kg}$，用水时间为0.5h，则：

$$N_6 = G_6 / T = 4000/0.5 = 8000\text{kg/h}$$

糖化车间用水量衡算表见表 7-6。

表 7-6 糖化车间用水量衡算表

编号	用水项目	水质要求	用水量		
			最大用水量/(kg/h)	kg/次	kg/天(按旺季算)
1	糖化用水	地下水	108529.4	54264.70	434117.6
2	洗槽用水	地下水	37859.1	56788.65	454309.2
3	糖化室洗刷用水	自来水	3000	6000	48000
4	沉淀槽洗刷用水	自来水	7000	3500	28000
5	麦汁冷却用水	自来水	92158.57	92158.57	100134.71
6	冷却器洗刷用水	自来水	8000	4000	32000

7.5 主要设备计算

7.5.1 麦芽粉碎机

设在 1h 内把一次糖化的麦芽粉碎完，故要求生产能力为：

$$8833.8/1/10^3 = 8.83\text{t/h} \approx 9\text{t/h}$$

根据 QB/T 4280—2011 附录 A 得表 7-7。

表 7-7 麦芽粉碎机基本参数表

型号	公称生产能力/(t/h)	外观尺寸(长宽高)/mm×mm×mm	分项电机功率/kW				整机容量/kW
			①	②	③	④	
MSGTS-08	8	1918×970×3462	2×11	11	2×1.5	无	36
MSGTZ-12	12	2150×1120×3712	2×15	11	2×1.5	1.5	45.5
MSGTZ-16	16	2150×1120×3712	2×18.5	15	2×1.5	1.5	56.5
MSGTZ-20	20	2286×1160×4082	2×22	15	2×1.5	1.5	63.5
MSGTZ-28	28	2690×1230×4110	2×30	18.5	2×3	1.5	86

根据表 7-7，本设计选用 MSGTZ-12 型的麦芽粉碎机。

7.5.2 大米粉碎机

设在 1h 内把一次糊化的大米粉碎完，故要求其生产能力为：

$$3785.9/1 = 3785.9\text{kg/h}$$

由表 7-8 可知，本次设计可以选购 60B 型粉碎机三台。

表 7-8 一种粉碎机的基本参数表

型号	20B	30B	40B	60B
生产能力/(kg/h)	60—150	100—300	160—800	500—1500
主轴转速/(r/min)	4500	3800	3400	2800
进料粒度/mm	6	10	12	15
成品细度/目	60—120	60—120	60—120	60—120
电机功率/kW	4	5.5	11	15
外形尺寸(长宽高)/mm×mm×mm	350×600×1259	600×700×1450	800×900×1550	1000×900×1680

7.5.3 糊化锅

7.5.3.1 容积的计算

糊化醪液量为 $G_{米醪}=22715.40kg$，其密度为 $1040kg/m^3$，则：

$$V_{有效}=22715.40/1040=21.84m^3$$

按有效率75%计算，则：$V_{总}=21.84/75\%=29.12\approx30m^3$。

7.5.3.2 锅体主要尺寸

一般糊化锅直径与圆柱筒体高的比为 $D:H=2:1$，忽略底部容积可得：

$$V=\pi(D/2)^2H=\pi D^3/8=30m^3$$

计算得 $D=4.24m$，取 $D=5m$，则 $H=2.5m$。

一般取锅顶升汽管的截面积为锅身的1/50～1/30，本设计取1/40，即 $(d/D)^2=1/40$，$d=0.79m$，圆整，取 $d=0.8m$。

选择糊化锅的搅拌器为二折叶旋桨搅拌器，$d=2/3D=3.3m$，$\theta=60°$，取转速 $n=20r/min$。

7.5.3.3 加热面积计算

假设用 $p=248.4Pa$（绝）饱和蒸气压进行加热，根据以上热量衡算的计算，可知糖化过程中最大传热是由47.37℃升温至70℃，所需热量为：

$$Q_{\Delta}=G_{糊化醪}C_{糊}\ \Delta t=22715.40\times3.8\times(70-47.37)=1953388.11kJ$$

由47.37℃升温至70℃历时13min，由公式 $Q_{糊}=Q_{\Delta}\dfrac{60}{\tau}$ 得：

$$Q_{糊}=Q_{\Delta}\frac{60}{\tau}=1953388.11\times\frac{60}{13}=9015637.42kJ/h$$

选取厚度为 $\delta=8mm$ 的不锈钢板，$\lambda_{不锈钢}=17.4W/(m\cdot K)$，$\partial_1$ 和 ∂_2 忽略不计，故总传热系数：

$$K=\frac{1}{\delta/\lambda_{不锈钢}}=\frac{1}{0.008/17.4}=2175W/(m^2\cdot K)$$

实际热效率比理论 K 值约低20%，即 $K_{实际}=2175\times0.8=1740W/(m^2\cdot K)$，则：

$$\Delta t_{均}=\frac{(126.9-47.37)-(126.9-70)}{\ln\dfrac{(126.9-47.37)}{(126.9-70)}}=67.71℃$$

故传热面积为：

$$A=\frac{Q_{糊}}{K_{实际}\times\Delta t_{均}}=\frac{9015637.42\times10^3}{3600\times1740\times67.71}=21.26m^2$$

7.5.4 糖化锅

7.5.4.1 容积的计算

进入糖化锅的混合醪液为：

$$G_{混合}=G_{米醪}+G_{麦醪}=66884.40\text{kg}$$

混合醪液的密度为1064kg/m^3，所以：

$$V_{有效}=66884.40/1064=62.86\text{m}^3$$

按有效率80%计算：

$$V_{总}=62.86/80\%=78.58\text{m}^3$$

7.5.4.2 锅体主要尺寸

一般糖化锅直径与圆柱筒体高的比为$D:H=2:1$，忽略底部容积可得：

$$V=\pi(D/2)^2H=\pi D^3/8=62.86\text{m}^3$$

计算得$D=5.43$m，取$D=6$m，则$H=3$m。

一般取升气管截面积与液体蒸发面积之比为1/50～1/30，本设计取1/40。设升气管直径为d'，即$(d'/D)^2=1/40$，$d'=0.85$m，圆整取$d=0.9$m。

选择糖化锅的搅拌器为二折叶旋桨搅拌器，$d=2/3D=4.0$m，$\theta=60°$，取转速$n=$20r/min。

7.5.4.3 加热面积计算

根据以上热量衡算的计算，可知糖化过程中最大传热是由63℃升温至70℃，所需热量为：

$$Q_3=G_{混合}C_{混合}\Delta t=1743082.88\text{kJ}$$

由63℃升温至70℃历时5min，由公式$Q=Q_3\dfrac{60}{\tau}$得：

$$Q=Q_3\frac{60}{\tau}=1743082.88\times\frac{60}{5}=20916994.57\text{kJ/h}$$

平均温度：

$$\Delta t_{均}=\frac{(126.9-63)-(126.9-70)}{\ln\dfrac{(126.9-63)}{(126.9-70)}}=60.33℃$$

选取厚度为$\delta=8$mm的不锈钢板，$\lambda_{不锈钢}=17.4$W/(m·K)，∂_1和∂_2忽略不计，故总传热系数：

$$K=\frac{1}{\delta/\lambda_{不锈钢}}=\frac{1}{0.008/17.4}=2175\text{W/(m}^2\cdot\text{K)}$$

实际热效率比理论K值约低20%，即$K_{实际}=2175\times0.8=1740$W/(m^2·K)。

故传热面积为：

$$A=\frac{Q}{K_{实际}\times\Delta t_{均}}=\frac{20916994.57\times10^3}{3600\times1740\times60.33}=55.35\text{m}^2$$

7.5.4.4 糖化锅锅体设计

糖化锅锅身采用不锈钢材料0Cr18Ni9，锅底采用紫铜板，锅底夹套采用不锈钢0Cr18Ni9。

(1) 糖化锅的筒壁壁厚

由所选材料可知$\sigma_b=520$MPa，$\sigma_s=205$MPa，$[\sigma]^t=140$MPa焊接接头系数$\varphi=$

0.8，则：

$$S_c=\frac{pD}{2[\sigma]^t\varphi-p}=\frac{0.1\times6000}{2\times140\times0.8-0.1}=2.68\text{mm}$$

$$厚度\ S_n=S_c+C_1+C_2$$

式中　C_1——钢板厚度的负偏差，其范围为0.13～1.3，取$C_1=0.5$mm；

C_2——腐蚀裕量，取$C_2=0$。

则$S_n=S_c+C_1+C_2=2.68+0+0.5=3.18$mm，圆整取4mm。

(2) 封头壁厚，标准椭圆形封头S_2

$$S_2=\frac{pD}{2[\sigma]^t\varphi-0.5p}$$

$S_2=2.68$mm，名义厚度$S_n=1.57+0.5=3.18$mm，圆整后$S_n=4$mm。

复核$S_n\times6\%=4\times6\%=0.24$，$0.24<0.5$，故$C_1=0$。

所以$S_n=2.68$mm，圆整到整值$S_n=3$mm。

(3) 夹套壁厚

设二次蒸汽回收率为60%，利用率为80%，则二次蒸汽用量为：

$$p_{\text{c}}=1.1p=1.1\times0.3=0.33\text{MPa}$$

$$[\sigma]^t=\sigma_b/n_b=520/3=173.3\text{MPa}$$

式中　σ_b——断裂安全系数，$\sigma_b=3$。

许允应力$[\sigma]^t=173.3$MPa，夹层与筒体间距取200m，则：

$$D_{夹}=3300+200\times2=3700\text{mm}$$

壁厚计算：

$$S_3=\frac{pD_{夹}}{2[\sigma]^t\varphi-p}=4.41\text{mm}$$

查得$C_1=0.5$mm，$S_n=S+C_1+C_2=4.91$mm。

圆整后取$S_n=5$mm，则壁厚$S_e=S_n-C_1=4.5$mm。

7.5.5　煮沸锅

由物料衡算可知，一次可得热麦汁92858.96L，又知10°麦汁在20℃时的相对密度为1.04，而100℃时热麦汁比20℃时的麦汁体积增加1.04倍，则有：

$$V_{有效}=92858.96/10^3\times1.04\times1.04=100.44\text{m}^3$$

由于煮沸强度较大，易溅出麦汁，所以有效率为70%，则：

$$V_{总}=100.44/70\%=143.48\text{m}^3$$

要求锅的直径与麦汁的深度比为$D:H=2:1$，忽略底部容积可得：

$$V=\pi(D/2)^2H=\pi D^3/8=150.72\text{m}^3$$

计算得$D=7.15$m，取$D=8$m，则$H=4$m。

7.5.6　过滤槽

7.5.6.1　结构与外形

过滤槽是一种具有不锈钢柱型槽身、平底及不锈钢椭圆封头的容器。上半部的形状与糊化锅、糖化锅基本相同。过滤槽平底上方 8～12cm 处，水平铺设过滤筛板。槽中设有耕槽机，用疏松麦槽层厚为 0.3～0.4m，每 100kg 干麦芽所需过滤面积为 0.5m^2 左右。

7.5.6.2 有关参数

设备汇总表见表 7-9。

表 7-9 设备汇总表

序号	设备名称	数量	型号
1	麦芽粉碎机	1 台	MSGTZ－12 型
2	大米粉碎机	3 台	60B 型
3	糊化锅	1 个	$D=5$m，$H=2.5$m
4	糖化锅	2 个	$D=6$m，$H=3$m
5	煮沸锅	1 个	$D=8$m，$H=4$m
6	过滤槽	1 个	$D=7$m，$H=3.5$m

(1) 麦槽层厚度：一般取 0.3～0.4m 较为合适。

(2) 过滤面积：对每 100kg 混合原料，所需过滤面积为 0.5～0.6m^2，所以

$$S=(13713.59/100)\times 0.6=82.28\text{m}^2$$

(3) 过滤槽容积：每 100kg 混合原料，所需容量 0.7～0.8m^3，所以

$$V'=(13713.59/100)\times 0.8=109.71\text{m}^3$$

设填充系数为 0.8，又因 $V_{总}=109.71/80\%=137.14\text{m}^3$，$D:H=2:1$，$V=\pi(D/2)^2H=\pi D^3/8=137.14\text{m}^3$，且计算得 $D=6.96$m，取 $D=7$m，则 $H=3.5$m。

7.6 环境保护及三废处理

7.6.1 主要设计依据

(1)《中华人民共和国环境保护法》

(2) GB 12348—2008《工业企业厂界环境噪声排放标准》

(3) GB 8978—2019《污水综合排放标准》

(4) GB 3095—2012《环境空气质量标准》

7.6.2 主要污染物

啤酒生产过程中会产生相应的副产品和废弃物，主要有以下几种：①废水及其携带物；②麦芽和酒花糟；③凝固物；④废酵母；⑤废弃硅藻土；⑥残余商标；⑦碎瓶；⑧原料的灰尘；⑨残余包装材料；⑩蒸汽房设备的废气和发酵产生的二氧化碳等。概括起来即为废气、废水和废渣。

7.6.3 三废治理

7.6.3.1 废水的处理

啤酒生产过程产生的废水主要来源于麦芽制备过程、设备容器和管道的洗涤、设备残留

麦汁和啤酒、锅炉排渣和烟道除尘废水、非工艺生活污水等。虽然啤酒废水属于有害而无毒性的废水，但由于啤酒生产规模大，对环境的污染不容小觑。

常用的废水处理方法为初级沉淀池、活性污泥法、生物氧化塘法和厌氧处理法等。在实际生产中，有氧处理比厌氧处理要简单，成本低，因而得到广泛应用。本设计采用好氧处理方式，即采用带有固定生物淤泥的反应器，在这种反应器中不断通入氧气，生物淤泥又不断与废水接触。

7.6.3.2 废渣和废气处理

锅炉所产废渣主要用于砖厂制砖。

在糖化过程中，麦汁煮沸时会带出大量蒸汽，蒸汽带出的水中含有挥发性的麦汁和酒花成分，使用煮沸锅蒸汽冷凝器，可以在很大程度上降低这一危害，使用二次蒸汽压缩机则可以完全避免这一种气味污染。在发酵过程中会产生大量的二氧化碳，若直接排放到大气中将进一步加剧温室效应，因此二氧化碳的回收是至关重要的。二氧化碳回收的步骤一般为：收集→洗涤→压缩→净化→干燥→冷却→液化→贮存或装瓶。现代我国啤酒工厂运用较为广泛的是低压回收系统，即通过二级压缩使二氧化碳保持在 1.6～2.2MPa，并冷却至－25～15℃之间使之液化。

7.7 节能与节水

7.7.1 啤酒工业节能与节水的迫切性

近年来，我国经济腾飞的同时，资源消耗量大、环境污染严重的问题也接踵而至，制约了我国经济的可持续发展。随着啤酒行业的迅速发展，啤酒产量日趋增多的同时啤酒行业的用水量和废水排放量也直线上升，这使得本就水资源匮乏的我国不得不更新行业用水标准和提出清洁生产。在清洁生产技术要求日趋严苛的条件下，怎样推进经济循环发展、怎样优化生产实现节水节能减排、如何使得废水资源化是啤酒工业亟待解决的问题。因此，要在实践生产过程中，结合自身的发展情况，采取有效的节能措施。

7.7.2 单项节能工程

7.7.2.1 麦汁煮沸二次蒸汽的回收利用

二次蒸汽顾名思义就是指麦汁在煮沸时所产生的二次蒸汽，如果不做任何处理就直接排放就相当于浪费了 2590kJ 的热量（1kg 蒸汽在常压下变为 20℃的冷凝水所释放出的热量）和锅炉蒸汽软水。因此，二次蒸汽的回收能有效降低糖化用水。目前国内常用的方法为机械压缩法、引射压缩法和冷凝蓄热法。本次设计采用工艺流程如图 7-3。

7.7.2.2 糖化用酿造水的回收和利用

糖化车间的热水槽的四周的地沟时常有冒气的热水，是在糖化设备清洗过程中因为投料酿造用水停止，致使酿造水进出失衡所浪费的。为了减少损失可以在清洗前启动泵，使得热水槽内部的热水被运至暂存水槽中，等清洗完成后可将其回流到热水槽中再加以运用。

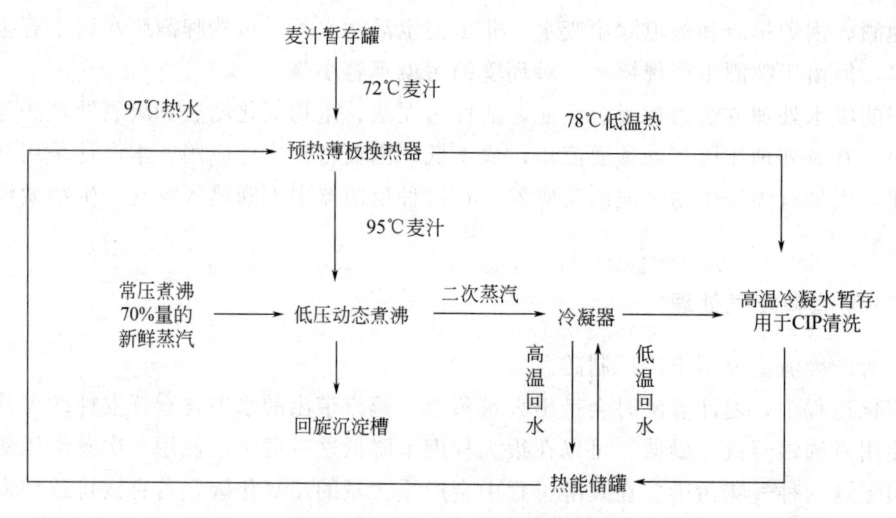

图 7-3　二次蒸汽回收利用流程图

7.7.2.3　啤酒激冷技术

传统的啤酒发酵工艺为单罐法发酵，就是指麦汁的主发酵过程和后发酵过程均在同一个发酵罐中进行，但是该方法的冷凝物排放和酵母沉淀效果不佳，而且因为发酵罐是露天放置，罐内部的温度很难做到均匀分布从而影响了啤酒的风味。而啤酒激冷技术能在几个小时内迅速完成降温，对啤酒的影响较小。

啤酒激冷技术的工作原理为：采用薄板冷却的方式降低降温所带来的冷损失，增加制冷效率，以减少制冷机待机运作的时间，从而达到节能的目的。该方法不但可以节能，而且可以缩短啤酒发酵周期，提高设备的利用率。

7.8　效益分析

7.8.1　项目总投资预算

项目投资见表 7-10，其中土建费用中厂房及设备基础计算如下所述。

已知厂区面积为 22880m^2，每平方米为 800 元，则厂房及设备基础所需费用：

$$22880\times800/10000=1830\ 万元$$

表 7-10　项目投资明细

序号	项目	名称	金额/万元	备注
1	开办费		300	含工艺、配电、蒸汽等设计费
2	设备	空压站设备	180	
		发酵设备	600	
		提取车间设备	1200	
		配电及附属设施	580	
		管道、阀门平台	360	
		设备安装、保温及自控设施	320	

续表

序号	项目	名称	金额/万元	备注
		菌种室设备	100	
	土建	厂房及设备基础	1830	
		菌种室装修、操作台	40	
		道路及排水	80	
		配电室、空压机房水池等	150	
	不可预见费		200	
3	流动资金		300	
	合计		6240	

7.8.2 生产成本

7.8.2.1 工人费用

人员定额：操作工 120 人，专业技术员 30 人

工人工资：2000×120×12=288 万元/年

专业技术员工资：3500×30×12=126 万元/年

奖金：(288+126)×14%=57.96 万元/年

7.8.2.2 公用设施消耗费用

水耗量：每生产 1t 大麦消耗 16.5 元的水，则每年用水成本为：

$$16.5\times160000/10000=264\text{ 万元}$$

电耗量：每生产 1t 大麦消耗 100 元的电，则每年用电成本为：

$$100\times160000/10000=1600\text{ 万元}$$

7.8.2.3 原料成本

原辅料价格是根据本地区市场价格而定，不同地区和季节原料价格有所波动。

由表 7-11 可得每天 196988.14 元，则每年所需原料费共 5909 万元。

表 7-11 原辅料价格

原料名称	价格/(元/kg)	每天需求量/kg	成本
大麦	2.7	38398.04	106374.71
大米	4.8	16456.32	78990.34
酒花	24	580.80	13939.2
乳酸	8.5	7.4	62.9
糖化酶	8.5	7.4	62.9
复合酶	16	7.2	115.2
盐酸	0.5	2	1
石膏	0.2	10.4	20.8
淀粉酶	25	6	150
合计			196988.14

7.8.2.4 折旧费

设备折旧：3540×(1－5％)/12＝280.25 万元/年
建筑折旧：2100×(1－5％)/30＝66.5 万元/年
总折旧费：280.25＋66.5＝346.75 万元/年

7.8.2.5 生产成本

生产成本：5909＋264＋1600＋288＋126＋57.96＋346.75＝8591.71 万元

7.8.3 销售总额与利润

7.8.3.1 销售总额与利润

啤酒的出厂价根据瓶（罐）装规格的不同有不同的价位，500mL 瓶装啤酒的价格大约为 2 元/瓶，330mL 罐装啤酒的价格大约为 2.5 元/瓶。因此，啤酒的出厂均价为 2.75 元/瓶。现在预计每年销售 8000 万瓶：

总销售额：8000×2.75＝22000 万元/年

当地税收为销售额的 9.0％，则年总利润：

22000－22000×9％－8591.71＝11428.29 万元

7.8.3.2 所得税及税后利润

所得税＝利润总额×25％＝11428.29×25％＝2857.07 万元

税后利润＝利润总额－所得税＝11428.29－2857.07＝8571.22 万元

7.8.4 投资回收期

T＝项目总投资/税后年利润＋建设期＝6240/8571.22＋2.5＝3.23 年

约投产 3.5 年收回成本。

7.8.5 经济分析

由以上计算结果可知，本设计投产后，每年的净利润额可达 8571.22 万元，并且 3.5 年内就可以获得投资回报，经济效益显著。

7.8.6 社会效益分析

实施年生产 16 万吨淡色啤酒的项目，可以有力地促进该地区的经济发展，使其发展更为多元化，真正达到政府发展预期；同时缓解日趋严峻的就业难问题，为人们提供就业岗位，带来新的经济增长点。

7.9 生产安全管理

就目前的生产情况，按照工厂的能源分配，将生产分为早、中、晚三班。辅助车间主要是为主生产车间提供服务。每个员工都需加强安全意识，做到安全生产。

7.9.1　机械设备安全

对机械设备的管理不仅保证了生产的正常进行，还保证了工人的生命安全。在实际生产过程中，要合理管理和使用机械，提高企业管理水平，避免事故，创建安全企业。管理办法主要如下。

① 制定完善的操作规范，要求员工严格遵守规程，同时完善岗前培训事宜，提醒工人做好防护措施。

② 购买安全性能高的设备，将安全隐患降至最低。

③ 在安装和使用设备时必须遵守相应的规则，设备需要定时检查确保运行良好。

④ 有一套突发状况应急预案，首先确保人员生命安全。

7.9.2　防火安全

由于啤酒厂内存放有大量的麦芽、大米等易燃物体，所以生产过程中的消防安全显得至关重要。

设置要求：相应车间都要摆放防火警示牌；室内外消防系统呈环状分布；配备有紧急备用电机；可安装紧急火灾报警系统。

厂区内部的道路设有环状的消防管网，同时沿线都放置有室外消防栓，管道在设计的时候要充分考虑建筑的构造，使装置区内的消防要求达标。灭火器等消防设备需放置在显眼的地方并且定时检查，确保可以使用；在车间周围需要留有大范围的空地，同时标明逃生通道。

参考文献

[1]　张五九，薛洁，郝建秦. 中国啤酒工业竞争力及发展趋势分析 [J]. 中外酒业・啤酒科技，2015，09：6-9.

[2]　冉强. 2014国外啤酒相关技术研究动态 [J]. 中外酒业・啤酒科技，2015，08：13-16.

[3]　王莉莉. 中国啤酒行业呈现“新常态” [J]. 中国对外贸易，2015，10：66-67.

[4]　李小娟，柴金芳. 啤酒行业在挑战的市场中找机遇 [J]. 食品界，2015，06：70-72.

[5]　延平. 雪花啤酒20年成长启示录 [J]. 中国品牌，2016，01：40-41.

[6]　天门市环保局. 天门市创建湖北省环境保护模范城市规划 [EB/OL]. http：//www. tmhb. gov. cn. 2014-01-07.

[7]　中国天门 [EB/OL]. http：//www. tianmen. gov. cn/tztm/qytj/200901/t20090108_14877. shtml. 2011.

[8]　张正峰. 湖北省天门市土地整治效应评估研究 [J]. 地域研究与开发，2013，01：123-127.

[9]　刘立勇. 天门市东、西湖水生态治理的实践与思考 [A]. 中国科学技术协会、湖北省人民政府. 健康湖泊与美丽中国——第三届中国湖泊论坛暨第七届湖北科技论坛论文集 [C]. 2013：4.

[10]　庄学勇. 啤酒厂建设方案的选择及应用 [J]. 啤酒科技，2007，01：20-21，24.

[11]　李姗姗. 桶内二次发酵法生产小麦啤酒的研究 [D]. 山东轻工业学院，2009.

[12]　王芳. 高辅料啤酒酿造新工艺的研究 [D]. 烟台大学，2009.

[13]　桂祖发. 当代食品生产技术丛书-酒类制造 [M]. 化学工业出版社，2001，74-77.

[14]　Kai L，William M F，Diego M C，et al. New identities from remnants of the past：an examination of the history of beer brewing in Ontario and the recent emergence of craft breweries [J]. Business History，

2016，585.
[15] 李洪亮．啤酒生产企业节能措施综述［J］．中国酿造，2013，32：145-147.
[16] 周韶华．年产100000吨青稞啤酒工程设计［D］．齐鲁工业大学，2015.
[17] 黄小祥．啤酒厂节水工程研究［D］．江南大学，2008.
[18] 陈青昌．年产万吨石榴啤酒厂建设工程设计［D］．齐鲁工业大学，2015.
[19] 杨明．某啤酒生产企业废水处理工程设计［J］．化工管理，2016，07：132.

第8章

白酒工业的发酵生产

8.1 引论

8.1.1 白酒起源

白酒是我国人民喜欢的酒。经过我国人民长期的改进和研究，酿酒工艺得到大多数人们的肯定。我国的酿酒文化不仅博大精深，而且在文化长河中，留下了光辉的一笔。

8.1.2 白酒的综述

白酒的香味、甜度与白酒酿造的时间有关，年份越久的酒的味道就越香。这主要是因为经过长时间发酵，白酒中的香味物质经过发酵积累，在打开瓶盖的时候那种复合香气沁人心脾，让人欲罢不能。白酒一般为白色透明液体，有时是黄色的外观，酒精含量较高，是人们喜爱的饮品。

8.1.3 白酒的经济地位

（1）白酒工业是食品工业中不可缺失的一部分

我国综合国力的提升，带动了其他产业的发展。酿酒工业受到了外来的打击，啤酒行业的崛起是白酒滞销的主要因素之一，使得白酒酿酒业位居酿酒工业的次位，但从全国各地的企业数量和酿酒的整体实力上看，白酒工业仍然有巨大的潜力。

（2）白酒的税率较高，是国家税收重要的财政来源

白酒的税率高，仅次于烟草，是我国不可缺少的财政来源。

（3）白酒的社会生产带动了相关行业的蓬勃发展

白酒是我国人民生活中不可缺少的商品，具有一定的历史文化意义，因此，我们经常可以看到白酒的身影。

（4）适当饮用白酒可以起到保健作用

经过大量的数据证明，适当饮用白酒可以起到保健作用。

8.1.4 行业的前景

目前白酒行业的发展趋势较好。随着我国人民消费能力的不断提升，白酒的销售越来

越好。

8.1.5 兼香型白酒

湖北白云边是兼香型白酒，主要是以浓香型为主而兼有酱香型，既有浓香酒的特性又有酱香酒的风味。

浓香型白酒的酿酒发酵原料以五粮为主，采用固态发酵法，发酵通常采用泥窖，而具有一定年份的老窖往往决定了酒的质量，所以采用什么酒窖进行发酵是很重要的。

8.1.6 固态发酵

固态发酵法是本次设计的重点。本次设计采用固体发酵法来对原料进行发酵，而车间中发酵的固体基质内很少没有自由水，其液体与固体基质固相共存，也就是说水和不溶性的物质同时存在于多孔性的固态基质中。使用固态发酵具有以下优点：（1）低水活性，底物的水溶性较低，其微生物的生长旺盛，其酶活性高或富含各类酶；（2）发酵的过程是开放性的，没有严格的无菌条件限制，该发酵装置结构较为简单，经济投资少，能耗较低，容易操作；（3）后期处理起来较为简单，无污染，无废水排放。

8.1.7 浓香型白酒生产工艺特点

8.1.7.1 双边发酵

双边发酵就是白酒糖化和白酒发酵的过程同时进行的发酵工艺体系，酿酒的生产过程中要求酿酒发酵的过程要慢。这样做的目的是使酒池中淀粉的含量和酸度能有效地调和，有利于酒池中储存大量的具有香味的代谢物，有利于提升白酒的质量品质。

8.1.7.2 低温发酵的特点

酿酒的生产过程中操作过程的要求较为严格，入窖时发酵温度要低，使得发酵过程缓慢进行。同时在每一个窖的发酵工艺上采用续糟发酵。其优势如下：①可以对窖池内淀粉的含量和酸度有一个较为良好的调整，从而有利于发酵过程的进行；②在酒糟发酵进行过程中，窖池内积累了大量的具有香味的次级代谢产物，有利于所产白酒质量的提升。

8.2 设计概述

本设计参照湖北白云边酒业股份有限公司的酿酒工艺进行设计。新建年产量为一万吨白酒，酿酒的年生产时间为300天。制曲的原料以五粮为主。通过机械的制曲以及先进的科学技术进行对比计算，使得生产的产品能符合国家GB 10781.1—2006标准。

8.2.1 设计厂址选择

依据本次设计对白酒工厂的实地考察、近年来白酒的行情以及建厂的地理位置等条件进行深入探讨研究，特选湖北省直辖范围内的松滋市作为建厂的最佳地点。白云边坐落于湖北省荆州市松滋市城区北端，有着优越的地理位置，是我国历史文化悠久的宝地。白云边又是松滋市知名的传统酒产品，酒精浓度一般在42°左右，因其口感甘甜、入口爽净，深得年轻人喜爱，还受到不少老年人的喜爱。

本次设计主要是42°的白酒为主，度数较低所以借鉴酒饮料的生产的规模方式，年均产量为1万吨。同时为了减少前期资金的投入，规避投资时必要的风险，在白酒工厂初期建设时以0.33万吨每年为试验阶段，后期可以依据实际的生产的情况进行再建设为1万吨/年。

8.2.2 设计可行性

通过前面的发展，中国白酒类产业发展将进入一个稳定期，随着国民经济的进一步发展提升，以及中端产品的发展，同时随着销售渠道被控制以及原料的价格被调控等诸多因素的相继出现，低中端商品的消费变成了主导力量。为了避免白酒市场增长过快而造成的市场冲击，本厂产品将回避白酒中高端的市场，步入挖掘尚未完全占据但具有很高的发展前景和提升空间的中高类饮品市场，做出进一步改善而推出传统与时尚并进的一款新产品。

8.3 全厂工艺论证

8.3.1 原料

8.3.1.1 高粱

本次设计的原料选用高粱，原因是高粱的成分以及市场价格。在我国种植高粱面积较大而广，用来酿酒的高粱应满足颗粒饱满没有霉变等条件。综合分析各类品质的高粱，本次设计选用无壳的高粱。

8.3.1.2 小麦

小麦是较为常见的酿酒原料，因小麦是影响制曲的重要因素，所以在酿酒生产中小麦是必不可少的。

8.3.1.3 糯米，大米，玉米

糯米、大米及玉米是提供淀粉的主要物质，而白酒后期的芳香就是由淀粉发酵而来。所以这三种物质也是酿酒过程不可或缺的原料。

8.3.1.4 糠壳和水

除以上原料外，酿酒过程必不可少的辅料就是水和糠壳。糠壳可以净化酒窖内的空气质量，有利于提高白酒的糖化过程。而水是生命的来源，在发酵中为微生物提供了良好的环境，同时在后期设备的清洗和前期原料的预处理过程中都是必不可少的。

8.3.2 原料预处理

8.3.2.1 粮食预处理

对原料的要求：高粱、小麦、玉米、大米、糯米要进行粉碎，粉碎均匀后混入。粉碎时

的流程关系见图 8-1。

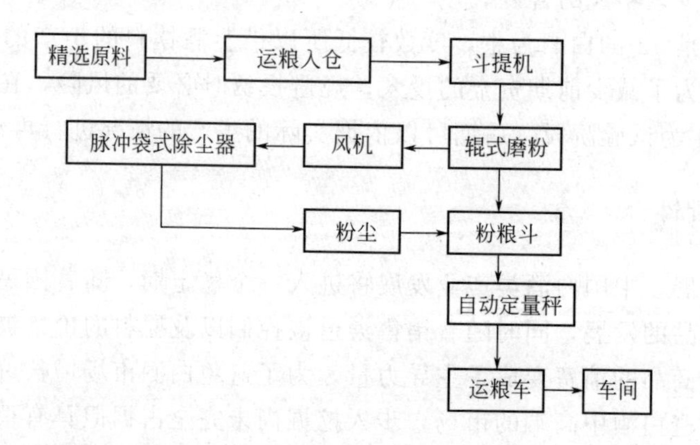

图 8-1　粉碎时的流程关系图

8.3.2.2　糠壳的预处理

对糠壳进行预处理的原因是糠壳在酒的酿造生产过程中会有大量的甲醇生成，从而影响酿酒发酵的过程而影响酒的质量。进行预处理时应不少于 30min。

8.4　大曲酒生产工艺

8.4.1　工艺特点及流程

根据松滋市优越的地理位置、当今白酒行业的良好前景和本次设计的内容和要求，选用兼香型白酒中的浓香型的白酒产品，通过严格的工艺要求以及参数的确定来选择厂址。综合各项优势特选用较为年久的酒窖。工艺流程图见图 8-2。

8.4.2　出窖

出窖是酿酒过程中重要的环节之一，若出窖时操作不恰当就会影响后期酒的发酵以及酒的品质。酒糟在酒糟内的高度决定黄水是否流出，所以当黄水出现时，就应立即停止粮糟的出窖，让其慢慢滴出黄水。若没有及时出窖，那么黄水就会渗入到酒窖内，从而影响酒的质量。

8.4.3　配料、拌和

酒醅及酒糟在酒厂生产工艺中又被统称为糟。本次设计的酒厂采用多次循环发酵进行配料，而在民间又习惯把这种酒糟称为“万年糟”。依据大量的数据可以看出，在酒厂的正常酿酒生产过程中，每个酒窖中都应含有 7 甑左右的原物料，而最表面的一甑称之为回糟（又叫作面糟），紧接着的六甑称为粮糟。酒糟出窖时，首先需要除去窖表面的皮泥，然后运用搬运工具先起出面糟，再起出粮糟（母糟）。当酒窖内的酒糟到达一定高度的时候，就会有一定的黄水出现，此时就应立即停止粮糟的出窖，也可以把粮糟起出，然后堆放在糟坝上，

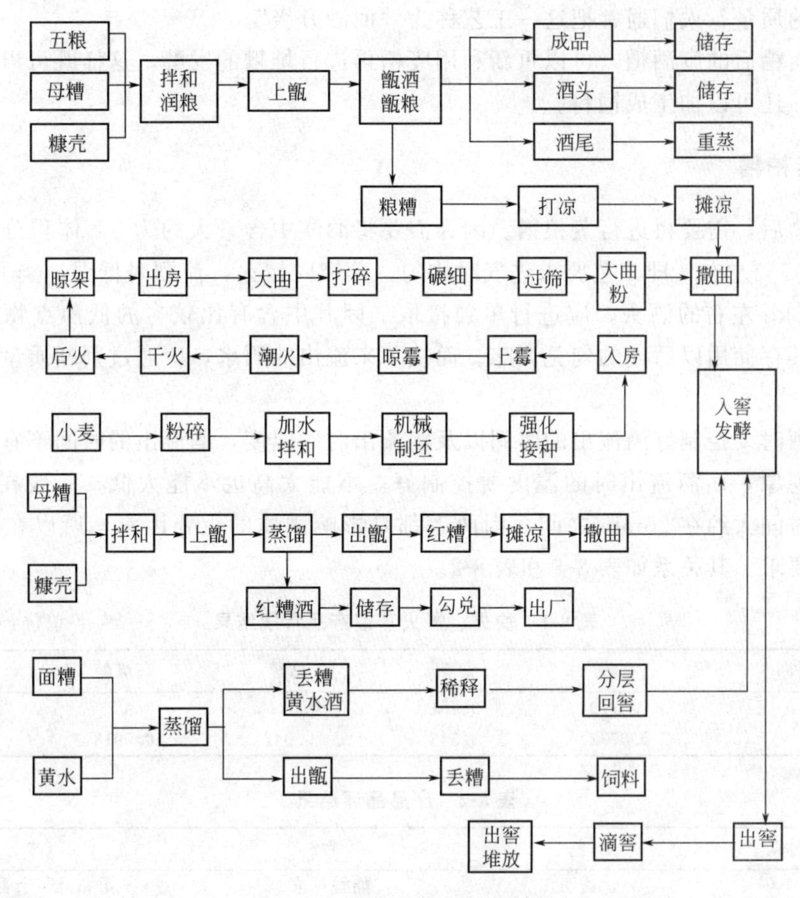

图 8-2 制酒车间工艺流程图

让其慢慢滴出黄水。大多数的酒厂在建立酒窖时都会事先在酒窖较低的地方上放一个容器（水缸）来接黄水，而在出窖的时候又将黄水全部抽尽。

8.4.4 蒸酒蒸粮

蒸酒蒸粮是控制成品酒酒质的重要因素，对发酵酒的质量具有决定性的作用，因为在蒸馏之前酒糟中含有大量的杂质物质，例如酒精、含脂类的芳香物质。如果没有进行蒸馏，代谢产物就会停留在酒糟中，从而影响成品酒的纯净度。因其代谢产物的沸点不同，蒸馏蒸粮就可以有效地解决这一现状。

8.4.4.1 蒸面糟〔回糟〕

将蒸馏设备清洗干净后，再将黄水倒入锅中，和面糟一起进行蒸馏，蒸馏得到黄水丢糟酒。将蒸得的黄水丢糟酒，用纯净的水将酒精浓度稀释到原有浓度的20%，再洒回酒窖重新与下一批进行母糟发酵。这样做有利于促进酒糟内的产酸细菌的生长，同时给己酸菌创造了良好的繁殖环境，以达到以酒养窖的最终目的，从而提高醇酸酯化率，增加其香味。

回酒时需要进行分层回窖，因为需要严格控制入窖时酒糟的酒精含量在2%以内，并且在窖底和窖壁喷洒少量的稀酒，有利于促进己酸菌产香。从实验数据表明，回酒发酵的酒中并没有窖底泥腥味，有效地提高了酒质纯净度，使得酒尾干净清澈。而且回酒发酵，可提高下一批的酒的质量，人们通常把这一工艺称为“回酒升级”。

蒸馏完面糟后的废酒糟，可以重新利用废糟再进行堆糟的发酵，这样既可以提高酒糟蛋白质的含量，还可以加工成饲料。

8.4.4.2 蒸粮糟

蒸完面糟后，需要再进行蒸粮糟。因为需要将酒醅中含量大约为5%体积分数的酒精成分，浓缩到65%左右，即工艺要求进气时均匀，蒸馏时缓火，流酒时低温。当开始流酒时，首先流出0.5kg左右的酒头，应进行单独接取。因其中含有比较多的低沸点物质，香味浓烈，可以将其存储用以后期的勾兑调味。而接下来流出的酒水，应通过判断质量，分级接取储存。

蒸馏接酒时要控制好酒流出的时间以及酒流出时的温度，酒流出的时间不宜过长，否则会出现断尾现象，而酒流出时的温度要控制好，不能太高也不能太低，一般在30℃附近，而流出酒的时间大约在25min之间。因两者都是影响酒质的重要因素，所以在操作的时候应同时满足要求。其关系如表8-1和表8-2。

表8-1 快火、慢火蒸馏产品常规结果 单位：g/100mL

蒸馏条件	总酸	总酯	总醛	高级醇	糠醛
快火	0.0719	0.451	0.0216	0.078	0.0082
慢火	0.0732	0.543	0.042	0.0918	0.0146

表8-2 产品品评结果

蒸馏条件	色	香	味
快火	透明	酯香见浓	柔和,涩,余香较短
慢火	透明	酯香见浓	冲辣,余香较长

8.4.4.3 蒸红糟

蒸红糟是添加原料的最后环节，在此之后，应向其中加入大曲进行发酵。因蒸红糟环节要经过多次的面糟发酵，才能进行下一步的入酒窖发酵，所以在蒸红糟之前要做好充分的准备，否则会耽误发酵的进程，同时酿造的酒质也会受到极大的影响，而在做准备工作时，要特别注意糠壳的拌入量，这是因为糠壳对酒糟的疏松具有决定性的作用。

8.4.4.4 接酒工艺

一直以来，在固态发酵法白酒蒸馏工艺中，一直都是通过流酒滴落的酒花来判断酒精度数的高低，俗称“酒花”，即当酒液流出冲击盛酒容器时，会在酒液表面形成的一层泡沫。

根据不同的形态大致可以分为以下几种酒花。

（1）大清花

酒精浓度的含量大约在65%～82%，酒花清澈透明，大如黄豆，排列整齐，消失速度极快，酒气相温度大约在80～83℃。

（2）小清花

酒精浓度大约在58%～63%，酒花清亮透明，大如绿豆，消失的速度稍慢于大清花，酒气相温度大约在90℃。

（3）云花

酒精的浓度大约在46%，酒花彼此重叠，小如米粒，紧凑地布满液面，消失的速度较为缓慢，酒气相温度约93℃。

（4）二花

又称之为小花，酒精的浓度含量大约在10%～20%之间，酒花的外形像朵云花，在酒糟内表面，停留的时间比较长。

（5）油花

酒精的浓度大约在4%～5%附近，酒花的外形像小芝麻，排布在液表面。

8.4.4.5　打量水、摊凉、撒曲

“打量水”又被称作热水泼浆或者热浆泼量，即在粮糟经过蒸馏之后，立即就要加入85℃以上的热水。依据发酵基本原理可知，淀粉在被糊化之后，若要在酶的作用下转化为具有可发酵性糖分，就必须充分地吸收水分。只有足够一定温度的打量水，才能使每一粒物质，在蒸馏中让那些没有吸够水分的淀粉颗粒吸足水分，让其入窖的水分达标至55%。反之若打量水温度过低，淀粉颗粒就很难将水分吸够，而使水停留在颗粒表面，容易导致上部酒糟干燥、发酵不良、淀粉糊化困难，形成淋浆现象。

依据梯度不同的打量水，可得到上层粮糟加水比较多，下层加水比较少，可防止到淋浆的产生，但是要求撒开打量水。而回酒糟发酵的稀酒液量就需要从打量水中予以扣除。打量水之后，粮糟的温度可高达80～85℃的，此时若继续进行堆积一段时间，可促进淀粉吸收水分，有益于微生物生存和发酵。气温与下曲及入窖温度的关系见表8-3。

表8-3　气温与下曲及入窖温度的关系

地面温度/℃	下曲温度/℃	入窖温度/℃
4～10	16～18	14～16
11～15	16～18	15～17
16～20	17～19	16～18
21～25	21～22	20～22
26～30	26～29	26～28

8.4.4.6　入窖

在粮糟入窖前，需要在窖底撒上一定量大曲粉，用来提高白酒香味。而再加入第一甑物料的时候酒窖内温度可以略高些，当每加入一甑料，就必须立即踩实踩平，形成一个较为良好的厌氧环境。当粮糟全部入窖之后，必须放一隔篾，然后再加入盖糟，重复步骤，然后进行封窖。

8.4.4.7　封窖发酵

（1）封窖

待酒糟入窖之后，应在面糟的表面进行覆盖4～6cm的黄泥进行封窖。然后慢慢地将泥抹光抹平，接下来每天需要清窖一次，当发现因为发酵酒糟下沉而使封窖的泥巴裂开，就要马上拿黄泥进行补救恢复，直到不再出现泥巴的裂开现象，最后在泥巴上载包裹一层保护膜，对泥巴进行保护。

（2）发酵管理

在发酵期间判断发酵是否顺利进行的依据是观察酒窖内部的温差，以及测定酒窖内酒糟的成分，如淀粉的含量、湿度、以及发酵液的酸度等。若在发酵期间发现酒糟的参数不对，要及时进行调整，而不能有丝毫的懈怠，否则白酒的发酵就会失败。管理发酵过程是酿酒过程的重中之重。所以任务较为艰巨，一般是由多个专业人员进行严格把控。

（3）酒醅中主要成分的变化

酒醅中主要成分的变化是影响酒质以及出酒率的重要因素。查文献可得出表8-4。

表8-4　糟醅入窖出窖条件

项目	出窖醅	入窖醅
淀粉	7%～8%	15%～16%
水分	63%～64%	55%～58%
酸度	1.8～2.5	1.4～1.6

8.5 浓香型制曲流程

工艺流程：小麦→粉碎→加水拌和→强化接种→机械制坯→入房上架→上霉→晾霉→潮火→干火→后火→晾架→出房→贮存→成品

结合现代制曲理论，在传统生产技术的基础上，通过不断的研究探索，解决了原料粉碎度、保潮、升温过猛、四季制曲等问题，提高大曲的感官质量及理化指标。

（1）润料

润料的时候对水的要求很高，不能直接用自来水进行润料，一般用常温的水，而润料的时间不能过短，也不能过长，一般是冬长夏短，每次润料的时间一般在3h左右。

（2）原料的粉碎

本厂对原料粉碎机械采用了对辊式粉碎机，要求原料粉碎标准达到“烂心不烂皮”，在冬季粉碎度为细粉占22%，在春秋季度细粉占27%，而在夏季细粉占32%。原料的粉碎程度与磨辊的辊长、间距，拉丝的斜度、齿数以及安装方法等相关。①在磨辊拉丝时，每英寸圆周弧应当为8～10牙，因为适当减少牙数可以扩大麦粒粉碎时的受力面积并且减小剪切力，从而使麦粒粉碎易成瓣；②磨辊应当安装成钝对钝，这样可以减小下料速度，从而减小剪切力。③磨辊间距，根据实际情况不同，应当在粉碎前和粉碎时适当调整间距，从而达到粉碎要求。

（3）人工拌料与踩制

拌料时，水和原料是成比例的。随着季节的不同，比例也要进行适当的改变。如本来应添加原料的42%～40%的水，而因为冬季气温会低些，所以使用温度高点的热水，一般在40～45℃之间。而在其他时候酒使用冷水，一般都是2个人拌料，要求人工进行拌料将其捏成团，但不能太疏松，能有黏的感觉就好。曲砖踩制成中间略松，表面光滑、四角饱满、提浆均匀的圆形。

（4）入酒室后期安放

大曲入酒窖的时候如何放置是很重要的。首先要做好预备工作。在放置好大曲时应当在地面撒点糠壳大约在3cm，再拿一些稻草盖在上面。放稻草时要整齐点，不能乱放；这样做和传统的横四竖四的排放方式相比较好，每个曲砖之间的间距更大，从而缓解曲砖之间升温速率使得曲砖的“穿衣”比传统好。温度对大曲放置有很大的影响。所以不同的季节选用的稻草厚度也不同。

（5）培菌

在发酵酿酒中对大曲的保存是很重要的，因为大曲很容易长霉变坏，所以在堆放的地方要将大曲进行培菌。所以经常要关注大曲的状态，保证不会变坏。

在曲砖存放入库后，冬季和春季需要存放2～3d，而夏季和秋季只需要1～2d就可；大曲的表面温度30～40℃，曲心35～42℃。待曲外形成一层衣壳，就可以揭开覆盖物或开启窗户对大曲进行晾霉，进入潮火期。主要以生长汉逊酵母、拟内孢霉为主；需要控制曲过多的根霉气生菌丝生长在曲砖表面，特别是要控制犁头霉等“水毛”菌的生长。曲砖的温度、水分及粉碎度直接决定了霉点的多少。如果水分挥发过快，则产生的霉点较少，反之则多。更细的曲粉更容易上霉，反之则较难上酶。一般30～35℃的温度比较适合长霉，因为温度过低难以长霉；而温度过高，曲砖则容易形成肉红色而霉点小的“腌皮”。

（6）翻曲

翻曲的时候也是很讲究的，要注意翻曲的时间、温度以及翻曲的方式。

翻曲的情况如表8-5所示。

表8-5　翻曲工艺控制

项目	一次翻曲	二次翻曲	三次翻曲
翻曲温度/℃	40～45	50～55	48～52
翻曲时间/d	3～5	12～17	20～25
翻曲阶段	晾霉阶段	潮火结束	大火结束
翻曲方式	呈人字形	3～5层立火	5～8层立火

（7）大火期的掌控

大火期是制曲培菌的重要环节，在大火期内要保持曲砖内不含有或者只含有少量的自由水。二次翻曲后，曲室内含有较少的潮气，感觉干燥，温度较高，曲砖的曲心温度55～58℃左右，一般保持在55～56℃，而曲间温度则在46～52℃左右；初期的3～4d通过开启窗户大小来调节曲室内的温度；之后的2～3d可以开小窗或不开窗，维持曲房内的平均温度。需要每天定时检查室内的温度。

（8）并房

酿酒并房的条件就是在大曲经过大火的处理将大曲的大部分水分蒸干。大曲再经过并房后达到成曲的状态。

当曲砖内基本不含或者含有较少的自由水时，则可以进行并房，将4～5曲房间合为一间，平行“一”字形堆放，一般放高6～7层，周围围上4～5层草帘，其上盖1～2层草帘。并房缩短开窗的时间，以保温为主，当曲砖温度降低至室温且干燥时便可以出房。曲砖极易在翻曲及并房后12～36h左右形成火圈。并且在翻曲后24h左右，微生物会大量在曲砖内繁殖，此时为了避免升温过猛，防止形成火圈，应当采用揭盖草帘和开关窗的方式控制温度。

（9）成曲质量

一般来说曲砖入房后27～30d后即成熟，而新曲需要贮存3个月后使用。最后的成曲质量应符合成曲表面应有芝麻大小的白斑，无裂口，无灰黑色菌丝。而成曲的断面应当布满白色菌丝，不应有明显的裂口、润心，皮张要薄。成曲的断面应香味浓郁，不应有明显的酸味和霉味。其他的理化指标：水分≤15%，酸度≤1.0，酶活力（吨曲）≥400U/g，发酵力[g/(g·72h)]≥1.20。

8.6 车间各项指标衡算

8.6.1 发酵车间的物料衡算

8.6.1.1 技术指标和基础数据

(1) 生产规模　1000t/a的原度浓香型白酒。

(2) 生产方法　使用固态发酵法。

(3) 白酒生产酿造的天数　300d。

(4) 白酒酿造的日均生产量　33.3t。

(5) 白酒酿造的年生产量　5522.73t。

因为42°的酒为度数不高的酒，故生产时需要原浆白酒作为基数酒进行比例勾兑。

已知42°酒精的密度$\rho=0.95487g/cm^3$，其酒精的质量分数为$A=31.59\%$。

可取65°酒精的密度为$\rho=0.90210g/cm^3$，对应的酒精的质量分数为$A=57.2\%$。

得到生产10000t 42°的白酒就需要65°的基酒质量为

$$1\times10^4\times\frac{31.59\%}{57.2\%}=5522.73(t)$$

(6) 各种原料及产品的相关计算：

当投入860kg原料时有；

投入五粮的量：860kg（62.8%）淀粉量

投入的曲粉质量：183.5（58.15%）淀粉量

酿造成品酒的出产质量：373.5kg

由上可得（五粮及曲药）含淀粉的总质量：860×62.8%+18.35×58.15%=640.38kg

淀粉的理论产量为（100%酒精含量）：640.38×56.62%=362.58kg

把各类物料的产物进行折算可得产100%酒精的量：

发酵时回沙酒的质量：18×51.43%=9.25（kg）

发酵面糟的质量：615×1.26%=7.74（kg）

发酵黄水的质量：205×4.37%=8.95（kg）

发酵母糟中的质量：4239×4.54%+2234×4.37%=270.16（kg）

酿造成品酒的质量：373.5×57.6%=215.13（kg）

丢弃酒糟中黄水的质量：373.5×57.6%=215.13（kg）

丢弃酒糟中黄水的尾酒质量：23.4×14.68%=3.43（kg）

出甑的酒尾质量：43.25×9.7%=4.19（kg）

生产的各类效率的计算：

$$发酵效率=\frac{276.16+7.74+8.95-9.25}{362.58}\times100\%=78.21\%$$

$$蒸馏效率=\frac{215.13+11.88+3.43+4.19-9.25\times0.9}{273.16+7.74+8.95-9.25}\times100\%=79.79\%$$

$$淀粉利用率=78.21\%\times79.79\%=62.40\%$$

$$65\%（酒精的体积分数）曲酒每100kg粮耗=\frac{860\times100}{373.5+18.65}=219.30（kg）$$

$$曲耗65\%（酒精的体积分数）曲酒每100kg曲耗=\frac{183.5\times100}{373.5+18.65}=46.79（kg）$$

$$淀粉的酒出率=\frac{373.5+18.65}{860\times62.8\%+183.5\times58.15\%}\times100\%=60.63\%$$

$$加入原料的酒出率=\frac{373.5+18.65}{860+183.5}\times100\%=37.58\%$$

基础数据统计见表8-6。

表8-6 基础数据统计（原料投入860kg时）

项目		百分比/%	项目	质量/kg	酒精质量百分比/%
原料配比	高粱	36	回沙酒	18	51.43
	大米	22	面糟	615	1.26
	糯米	18	上层母糟	4239	4.54
	玉米	8	下层母糟	2234	4.56
	小麦	16	黄水	205	4.37
效率指标	发酵效率	78.21	成品酒	373.5	57.6
	蒸馏效率	79.79	丢糟黄水酒	21.3	55.8
	淀粉利用率	60.63	丢糟黄水酒酒尾	23.4	14.68
	100kg粮耗	219.30kg	出甑酒尾	43.25	9.7
	100kg曲耗	46.79kg	曲药	174.3	34.2
	原料出酒率	37.58	头子酒	18.65	57.4

8.6.1.2 100kg原度酒的物料衡算

（1）原料量：

加入高粱的质量 219.30×36%=78.84（kg）

加入大米的质量 219.30×22%=48.24（kg）

加入糯米的质量 219.30×18%=39.47（kg）

加入玉米的质量 219.30×8%=17.54（kg）

加入小麦的质量 219.30×16%=35.08（kg）

（2）发酵回沙酒的质量 219.30×18÷860=4.59（kg）

（3）发酵面糟的质量 219.30×615÷860=156.94（kg）

（4）发酵时上层母糟的质量 219.30×4239÷860=978.94（kg）

（5）发酵时下层母糟的质量 219.30×2234÷860=569.67（kg）

（6）出酒窖时黄水的量 219.30×205÷860=53.27（kg）

（7）发酵后成品酒的量 219.30×373.5÷860=95.24（kg）

（8）发酵时丢糟黄水酒量 219.30×21.3÷860=5.43（kg）

（9）出酒窖丢糟黄水酒酒尾量 219.30×23.4÷860=5.97（kg）

（10）出甑时酒糟尾量 219.30×44.25÷860=11.02（kg）

8.6.1.3 生产10000t/a 42°浓香型白酒物料的衡算表

生产100kg白酒（酒精浓度为65°）可得物料衡算结果，可以得出10000t/a 42°。浓香型的大曲酒物料平衡计算，计算的结果如表 8-7、表 8-8 所示。

表 8-7　车间的物料衡算表

物料名称	生产 100kg 68°基酒的物料量/kg	10000t/a 42°酒物料量/kg	每日物料量/kg		每窑物料量/kg	
高粱	78.84	4.368×10^6	1.374×10^4	每日原料量 1692.6	606.3	每窑原料量 1680
大米	48.24	2.684×10^6	8.354×10^4		368.7	
糯米	39.47	2.194×10^6	6.872×10^4		313.4	
玉米	17.54	9.75×10^6	3.142×10^3		137.5	
小麦	35.08	1.936×10^6	6.075×10^4		266.7	

表 8-8　10000t/a 42°浓香型大曲酒生产车间物料衡算表

物料名称	生产 100kg 68°基酒的物料量/kg	10000t/a 42°酒物料量/kg	每日物料量/kg	每窑物料量/kg
回沙酒	4.59	2.64×10^6	8.135×10^3	34.32
面糟	156.8	8.889×10^7	2.753×10^5	1162.3
上层母糟	978.94	5.713×10^8	1.773×10^6	7479.4
下层母糟	569.67	3.074×10^8	9.734×10^5	4053.36
黄水	52.27	2.943×10^7	9.173×10^4	425.91
成品酒	95.24	5.351×10^7	1.736×10^5	687.43
丢糟黄水酒	5.43	3.023×10^6	9.503×10^3	39.64
丢糟黄水酒尾	4.97	3.253×10^6	1.038×10^4	42.88
出甑酒尾	11.02	6.38×10^6	2.034×10^4	84.53
曲药	46.35	2.479×10^7	7.913×10^4	327.97

8.6.2 整厂的热量衡算

8.6.2.1 蒸汽的供热 $Q_{蒸}$

（1）糟醅过程的升温耗热 Q_1

基础计算的数据：

上下母糟出窖的温度 $t_1=18℃$

蒸汽出甑对应的温度 $t_2=100℃$

出成品酒的温度 $t_0=95℃$

流出酒时的温度 $t_0'=28℃$

冷凝器开始进水的温度 $t_1=18℃$

冷凝时出水的温度 $t_3=65℃$

量水的温度 $t_4=80℃$

量水后整个母糟酒醅时的温度 $t_5=95℃$

开始下曲温度 $t_6=22℃$

查文献可以算出糟醅时的比热容，按照前人的实践探讨可知公式

$$C_{谷物}=0.01[(100-W)C_0+4.18\times W]$$

式中，W 为原物料含水的百分率；C_0 为绝对谷物比热取 1.55kJ/(kg·K)。

通过查阅原来的计算内容得出出窖糟醅的含水量是 62.4%。设出酒窖糟酒醅的比热容为 C_1，上甑前糟醅比热容为 C_2，出甑酒糟酒醅的比热容为 C_3，入酒窖时糟醅的比热容

为 C_4

$$C_1=0.01[(100-62.4)1.55+4.18\times62.4]=3.24\text{kJ/(kg}\cdot\text{K)}$$

依据实践现取五种粮食比热为

$$C_{五粮}=1.91\text{kJ/(kg}\cdot\text{K)}$$

$$糠壳的比热容\ C_{糠壳}=1.87\text{kJ/(kg}\cdot\text{K)}$$

出甑前糟醅比热

$$C_2=(G_1\times C_1+C_{五粮}\times G_{五粮}+C_{糠壳}\times G_{糠壳})/(G_1+G_{五粮}+G_{糠壳})$$

$$=(13366\times3.24+1681\times1.93+1681\times25\%\times1.87)/(13625+1681\times125\%)$$

$$=3.09\text{kJ/(kg}\cdot\text{K)}$$

$$G_2=13366+1681\times125\%=15477.25\text{kg}$$

糟醅在升温过程中的耗热

$$Q_1=G_2\times C_2(t_2-t_1)=15477.25\times3.09\times82=3921625.60\text{kJ}$$

(2) 蒸馏酒糟过程的耗热 $Q_{蒸酒}$

大量数据的计算表明以及根据本次设计的工艺论证再加上实地的考察，得出若出甑的甑桶的体积为 4m^3 时，那么蒸馏出酒的时间大概是 45min 左右，而蒸馏时的气压就取一个较小的气压，一般是 0.25MPa，与此相比而蒸粮的时间更长一点大概在 1h 附近，而其蒸汽压也较大些大约为 0.35MPa。而蒸汽的管径为 80mm。

对每甑有：蒸酒时的供热表压力为 0.25MPa 对应的饱和蒸汽：$I_1=2715.47\text{kJ/kg}$，流量：$U_1=616\text{kg/h}$，$T_1=45\text{min}$。

$$Q_{蒸酒}=I_1\times U_1\times T_1=2715.46\times616\times45/60=1254542.52\text{kJ}$$

蒸粮时的供热表压为 0.35MPa 的饱和蒸汽，$I_2=2731.96\text{kJ/kg}$，流量 $U_2=847\text{kg/h}$，$T_2=60\text{min}$

$$Q_{蒸粮}=I_2\times U_2\times T_2=2731.96\times847\times60/60=2313970.12\text{kJ}$$

每窖酒糟蒸煮过程中的蒸汽供热为：

$$Q_{蒸}=(Q_{蒸酒}+Q_{蒸粮})\times7+Q_1=(1253521.54+2313970.52)\times7+3921625.60$$

$$=21373961.76\text{kJ}$$

8.6.2.2 打量水的耗热 $Q_{量水}$

为降低能耗，量水时运用冷凝器出水（$t_3=65℃$），控制加热时量水的温度（$t_4=80℃$）

打量水的质量 $Q_{量水}=G_{五粮}=1681\text{kg}$

打量水的耗热 $Q_{量水}=G_{量水}\times C_{水}\times(t_4-t_3)=1681\times4.18\times15=105398.7\text{kJ}$

8.6.2.3 一口窖池生产总耗热量 $Q_{总}$

$$Q_{总}=Q_{蒸}+Q_{量水}=21373961.76+1.5398.7=21479360.46\text{kJ}$$

8.6.2.4 蒸煮过程热损失 $Q_{损}$

蒸煮过程中每口窖池要蒸馏 7 甑白酒，而每甑加热时间控制在 62+43=105min，蒸酒时为每小时 5%蒸粮时为 7%。

$$V_{蒸酒损}=G_2\times5\%\times43\div60=581.61\text{kg}$$

$$V_{蒸粮损}=G_2\times7\%\times60\div62=10\text{kg}$$

蒸煮过程中热量的损失　$Q_1=V_{蒸酒损}\times I=581.6\times2257.3=13128456.8kJ$

$$Q_2=V_{蒸粮损}\times I=1063.73\times2257.3=24011573729kJ$$

$$Q_{损}=Q_1+Q_2=15529614.53kJ$$

式中，I 为煮沸时温度下水的汽化潜热，kJ/kg。

8.6.2.5　窖池内蒸汽耗的用量 D

蒸酒过程供热表压为 0.25MPa 的饱和蒸汽，$I_1=2715.46kJ/kg$，则：

$$D_1=Q_{蒸酒}\times7/[(I_1-i_1)\eta]=1254542.52\times7/[(2715.53-533.53)\times0.95]=4228.7kg$$

蒸粮过程供热表压为 0.35MPa 的饱和蒸汽，$I_2=2730.95kJ/kg$，则：

$$D_2=Q_{蒸粮}\times7/[(I_2-i_2)\eta]=2313970.12\times7/[(2730.73-581.33)0.95]=7948.6kg$$

上甑使用的表压为 0.25MPa 的饱和蒸汽，则：

$$D_3=Q_1/[(I_1-i_1)\eta]=3921625.6/[(2715.53-533.47)0.95]=1707.35kg$$

平均一口窖池蒸汽耗用量

$D_1+D_3=4228.7+1707.35=5936.05kg$　　表压为 0.25MPa

$D_2=7948.6kg$　　表压为 0.35MPa

式中，i 为相应冷凝水的焓；$i_1=533.47kJ/kg$，$i_2=581.33kJ/kg$，η 是蒸汽自然损失 5%后剩余百分比 95%。

8.6.2.6　最大蒸汽消耗量 D_{max}

整个酿酒发酵的过程，蒸粮所消耗热量是最大的，且知煮沸时的时间为 60min，热效率为 95%

$$Q_{max}=Q_{蒸粮}\times7/(1\times0.95)=149617732.32kJ/h$$

最大蒸汽的消耗量为：$D_{max}=D_2=7947.6kg/h$

8.6.2.7　蒸汽的单耗量

由数据可得每年的起窖次数平均为 280×300=84000 次，共产酒 5522.73t。每年蒸汽达到的消耗总量为：

$$D_T=84000\times(7947.7+5936.05)=1166235000kg$$

综上所述可以得出总热量衡算数据，如表 8-9 所示。

表 8-9　10000t/a 大曲酒生产车间总热量衡算

名称	规格	每吨产品消耗定额/kg	最大用量/(kg/h)	年消耗量/kg
蒸汽	0.25MPa	8647.42		4.76×10^8
	0.35MPa	10960.42	7948.6	6.03×10^8

8.6.2.8　酒的冷凝放热 $Q_{酒}$

冷凝酒的质量 $G_{酒}=(373.5+21.3+23.4+43.25)\times2=923.4kg$

冷凝时酒精质量分数

$$=\frac{373.5\times57.6\%+21.3\times55.8\%+23.4\times14.68\%+43.25\times9.7\%}{373.5+21.3+23.4+43.25}=49.28\%$$

$$C_{水}=4.18\text{kJ}/(\text{kg}\cdot\text{K}) \quad C_{酒精}=2.4\text{kJ}/(\text{kg}\cdot\text{K})$$

$$C_{酒}=C_{酒精}\times 49.28\%+C_{水}\times(1-49.28\%)=3.30\text{kJ}/(\text{kg}\cdot\text{K})$$

冷凝酒放热 $Q_{酒}$：

$$Q_{酒}=G_{酒}\times C_{酒}(t_0-t_0')=3.30\text{kJ}/(\text{kg}\cdot\text{K})$$

每甑酒的冷凝耗热

$$Q_{酒}=(Q_{蒸}-Q_{12}-Q_{蒸粮})\times 7\div 7=\frac{(21373961.76-15529614.529-2313970.12)\times 7}{7}$$

$$=3530397.111\text{kJ}$$

8.6.2.9 凉糟的放热量 $Q_{凉糟}$

蒸酒蒸粮中甑桶内的糟醅其质量的变化可以忽略。

$$G_3=G_2=1368.25+1681+420=15477.25\text{kg}$$

出甑时糟醅含水 50%

$$C_3=0.01[(100-50)1.55+4.18\times 50]=2.87\text{kJ}/(\text{kg}\cdot\text{K})$$

在入窖前可得糟醅质量

$$G_4=(G_3+G_{量水})=(G_2+G_{量水})=15477.25+1681=17158.25\text{kg}$$

由开始记录的记录表可得入酒窖时糟醅的含水量约为 60%

$$C_4=0.01[(100-60)1.55+4.18\times 60]=3.53\text{kJ}/(\text{kg}\cdot\text{K})$$

打量水过程糟醅 $G_3\times C_3\times t_2+G_{量水}\times C_{水}\times t_4=G_4\times C_4\times t_5$

已知 $t_5=95℃$。酿酒发酵中在打量水及凉糟过程时糟醅有一部分热量损失，约为糟醅热量 15%左右。

凉糟时的放热量

$$Q_{凉糟}=G_4\times C_4\times(t_5-t_6)\times(1-15\%)=17158.25\times 3.53\times(95-20)\times(1-15\%)$$

$$=3513138.6\text{kJ}$$

8.6.3 水平衡计算

8.6.3.1 冷凝用水

$$W_{冷凝}=Q_{酒}/[C_{水}(t_3-t_1)]=204163.74/[4.18(65-18)]=12891.03\text{kg}$$

$W_{冷凝}$ 为每甑冷凝时的用水量。

8.6.3.2 甑桶锅底用水

发酵过程所用的清洗水每甑大约用水 600kg，即每窖的用水量为 600×7=4200kg。

8.6.3.3 其他方面用水

根据以往的实践经验中估算其他方面用水为 2100kg。

8.6.3.4 生产车间总用水量

每窖酿造白酒的总用量 $W=12891.03\times 5\%+4200+2100=19191.03\text{kg}$。

由上可得用车间用水量，如表 8-10 所示。

表 8-10 10000t/a 大曲酒生产车间用水量衡算表

名称	规格	每一口窖用水量/t	每一天用水量/t	年耗量/t
冷水	河水	19.19	5330.5	1599166

8.7 车间主要设备计算

在白酒生产过程，因本设计采用是半机械化白酒生产方式，半机械化是采用传统的白酒生产方式，但是利用部分生产机械设备代替手工操作的白酒生产工艺。如出入发酵窖池用的起重机、抓斗，上下甑用活甑桶、地下鼓风晾糟、扬糟机等设备，以代替手工操作，从而减轻工人的劳动强度，所生产的白酒质量并且可保持原有的质量水平。

8.7.1 甑桶的设计

在设备的设计中，甑桶的设计影响酒的蒸馏，数据表明甑桶上下口直径的不同，对发酵酒的蒸汽有一定的影响。而甑桶的上下口直径的比例要协调好，不能太大，也不能太小，这样才能很好地掌握与蒸汽的接触面积，达到蒸馏的效果（图 8-3）。

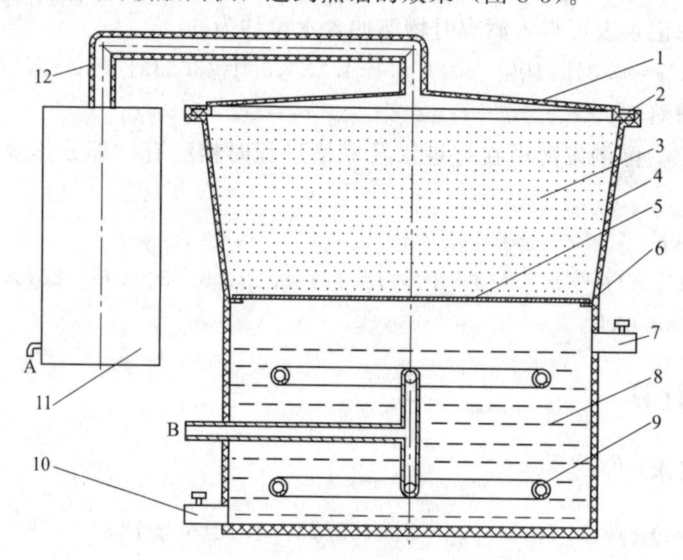

图 8-3 甑桶设计图

1—甑盖；2—甑盖柱；3—甑锅；4—甑壁（夹层桶身壁）；5—甑箅；6—甑箅支架；7—加水口；8—底锅；9—蒸汽管；10—放水口；11—冷凝器；12—导气管

甑桶又称甑锅，由桶体、甑盖及底锅 3 部分组成。加热方式为蒸汽加热，甑的容积多为 2～4cm^3 左右。甑桶身高约为 1.0m，下口直径与上口直径之比为 0.85。桶身壁为夹层钢板，外层材料为 Q_{235} 钢板，内层为薄不锈钢板在空隙的 3cm 的夹层内装保温材料珍珠岩。甑盖呈倒置的漏斗体状，材料为桶身装保温材料的夹层钢板。位于底锅上的箅板支座上放置金属箅板，箅孔直径为 6～8mm。底锅呈圆筒状，深度为 0.6m，底锅内的蒸汽分布管为上面均布 4～8 根放射状封口支管的一圈管，管上都有 2 排互成 45°向下的蒸汽孔。

甑桶的结构简单，是发酵过程中不可缺少的设备之一。

8.7.1.1 甑桶的设计

甑桶的大小可依照所用材料的系数来进行计算。其公式是：

$$V_1 = M/(\rho \phi)$$

式中 V_1——每甑物料所需要容积，m^3 甑；

M——每甑酒的物料量，kg/甑；

ρ——对应材料的密度，kg/m^3；

ϕ——甑桶的填充系数。

查相关数据可得密度取$\rho = 500 \sim 650 kg/m^3$。

按照生产的要求充满系数取为 0.9。

每窖酒糟上甑时物料的总重 15477.25kg，一般每个甑桶要蒸 7 甑。

$$\text{其每甑的物料为 } M = 15547.25 \times 7 = 2211.03\text{kg}$$

$$\text{上口的容积 } V_1 = 2211.03 \div (620 \times 0.9) = 3.9624\text{m}^3$$

同理下口的容积 $V_2 = \pi h(R_2 + r_2 + Rr)/12$

数据表明甑桶上下口直径的不同，对发酵酒的蒸汽有一定的影响。而甑桶的上下口直径的比例要协调好，不能太大，也不能太小，这样才能很好地掌握与蒸汽的接触面积，达到蒸馏的效果。

故选设计 $R = 2.2$m；$r = 1.9$m；$H = 1.2$m；

其有 $V_2 = 1.0 \times \pi(22 + 1.82 + 2 \times 1.8)/12 = 7.19\text{m}^3$

因 $V_2 > V_1$，故符合要求。

8.7.1.2 甑桶部件选型

取甑桶与甑盖之间的高度为 0.5m，其中 0.2m 是接头所用的高度，0.2m 是甑箅与甑底封头边沿之间的距离。而甑桶酒有 0.2m 是处于地下。

甑桶的双层设计，是为了达到隔热和保温的目的，其材料选用 1Cr18Ni9Ti 因钢耐腐蚀性高且有耐冷功能。夹层＝2.2＋0.05×2＝2.3m。

(1) 筒体的壁厚计算

计算筒体厚度：

$$S_c = P_d \times D_i / (2[\delta]\Phi - P_{\max}) + C$$

式中 D_i——筒内径，取均 $D_i = 2050$mm；

S_c——筒体厚度，mm；

P_d——计算的压力，可得设计的工作压力为 $P_{\max} = 0.45$MPa，则 $P_d = 1.05$，$P_{\max} = 0.4725$MPa；

$[\delta]$——不锈钢板在工作温度下的许用应力，$[\delta] = 1400\text{kg/cm}^2 = 137.30$MPa；

Φ——焊缝系数，$D_g > 800$mm 时，双面对接焊（局部无损检测）$\Phi = 0.9$；

C——壁厚附加量。

计算不锈钢的厚度：

$$\begin{aligned} S_c &= 0.5 \times 2050/(2 \times 137.30 \times 0.9 - 0.4725) + C \\ &= 4.155 + 0.5 = 4.655\text{mm} \end{aligned}$$

这里圆整后取 $S_d = 5$mm。

(2) 甑底、甑盖的壁厚

甑底与其锥体的高度为：$h=200$mm，设筒体的内径为：$D=1900$mm，其锥顶角为 2α。

则 $\cos\alpha=200/(2002+6752)0.5=0.284$，选不钢板材料：1Cr18Ni9Ti。由于白酒蒸馏甑封头设计比较粗略，此处选用与甑桶相同的钢板厚度 4mm，甑盖也可采用这个厚度。

(3) 甑底排渣管 $D_{排}$

由于甑桶蒸馏酒糟过程中会落下一些糟体进入底锅，并且清洗甑也需要进行排水，所以要将甑底开孔进行设计一个直径大约为 $D_{排}=100$mm 的排渣口，即 $D_{排}$ 为 $\phi108$mm×4.0mm，根据前面数据可得内径 80mm 的蒸汽输送管。

8.7.1.3 甑桶的设计及参数的汇总

甑桶的设计及参数的汇总如表 8-11、表 8-12 所示。

表 8-11 甑桶的设计及参数的汇总表

材料	总高 H/m	甑身高/m	甑盖高/m	甑桶上口直径/m	甑桶下口直径/m	甑桶容积/m^3
1Cr18Ni9Ti	1.9	1.2	0.5	2.2	1.9	3.9678

表 8-12 甑桶设计参数表

甑底、甑盖的壁厚/m	甑筒壁以及甑外壁钢板厚度/m	甑底排渣管/mm×mm	蒸汽输送管/mm×mm
4	5	Φ108×4.0	Φ80×2.5

8.7.2 冷凝器设计

8.7.2.1 冷凝器技术指标

$W_{冷凝}=12891.03$kg

$T_1=95$℃　$T_2=28$℃　$t_1'=18$℃　$t_2'=65$℃，冷凝时间为 45min，

$$W=6440.01\div45\times60=8586.68\text{kg/h}$$

冷凝器逆流时的平均温度差为：

$$\Delta t_m=(\Delta t_2-\Delta t_1)/[\ln(\Delta t_2/\Delta t_1)]=[(95-28)-(65-18)]/[\ln(95-28)/(65-18)]$$
$$=67.85℃$$

而

$$p=(t_2-t_1)/(T_2-t_1)=(65-18)/(95-18)=0.1558$$

$$R=(T_1-t_2)/(t_2-t_1)=(95-30)/(65-18)=1.423$$

温度自然损失保留率 $\varphi=0.98$

$$\Delta t_{总}=\varphi\times\Delta t_m=0.98\times67.85=66.493℃$$

根据经验本厂选用的冷凝器的冷却面积应达到 $S=18m^2$ 满足要求

由 $S=Q/K\Delta t_{总}$

$K=Q/S\Delta t_{总}=1285436\div(18\times66.493)=1000.6\text{W}/(m^2\cdot℃)$　　能满足要求

而实际的传热面积为 $S=n\pi dL$

则有 $18=n\times3.14\times0.089\times1.2$

冷凝管数量 $n=53.67$　n 取整为 54

8.7.2.2　冷凝器的规格选型

根据以上计算，冷却器传热面积需要达到 $18m^2$ 才能满足需求，根据场地面积设计及实际冷却效率的需求，本设计摒弃传统的管式换热器，采用管板式，查文献得到满足需求的管板式换热器，采用型号为：BEN-DN450-1.0-18.8-2000 卧室管板式换热器。

8.7.3　窖池的设计及建造

在新建泥窖时应考虑窖形，达到最大限度地扩大窖体表面积（尤其是底面积），增加酒醅与泥面的接触以提高产品质量。窖的容积大小应与甑桶容积相适应。甑桶容积又与投料量和工艺相关联。在生产上把泥窖容积相对地缩小一些，从酒的质量来考虑是有好处的。因为窖容越大，单位体积酒醅占有的窖体表面积就相对地减少。

$$A=m/v$$

式中　A——单位体积酒醅占有的窖体表面积，m^2/m^3；

M——酒窖总的表面积，m^2（仅计算窖壁和窖底的表面积）；

V——酒窖的总容积，m^3。

今将三者关系列表于 8-13。从表可知，窖容越大，单位体积酒醅占有的泥面积便越小。例如把 $12m^3$ 的窖改为 2 个 $6m^3$ 的小窖时，总表面积可增加 26%。所以在一定范围内，窖容小些则 A 值就大些，产酒质量会好些。但实际上窖容不能太小（不便操作），当窖容确定后，窖深应保证 1.7～2.2m，因实践证明，这样的深度较合理，既可取得较大的底面积，又能满足嫌气性和其他方面的要求。当窖容确定后，窖长和宽的尺寸比例会影响窖体的总面积，当长宽比为 1∶1（正方形）时，总面积最小，故不要建成正方形窖。但长宽比也不能无限加大，因过于狭长不便操作，一般长∶宽＝(2～2.2)∶1 为宜。这样建窖，窖形合理，能提供最大的表面积，在同等条件下，它可以比不合理的窖形多产好酒或出酒质量更好。

表 8-13　窖池变量关系

V	5	6	7	8	9	10
M	14.80	16.50	18.50	20.13	21.64	23.50
A	2.90	2.70	2.64	2.52	2.41	2.35
V	11	12	13	14	15	16
M	24.83	26.00	27.97	29.34	30.34	31.80
A	2.26	2.16	2.13	2.09	2.02	1.99

查文献有糟醅密度取$\rho=500\sim650kg/m^3$，$G=13525kg$，$V=G/\rho=13525/630$。

设窖深 2.0m，长和宽分别是 2.2m 和 1m，则长为 4.8m，宽为 2.3m，则实际的窖池体积为 2×2.3×4.7＝23.5 符合设计要求。

8.7.4　晾糟设备

由于酿酒发酵要求大曲不能变坏而影响到酒的质量，所以工厂必须有晾糟的设备。但是选择合适的设备是非常重要的。

目前使用的晾糟设备种类很多，如翻板晾糟机、轨道翻滚晾糟机、振动晾糟床、分层鼓风甑、地面通风机晾糟、地下通风机晾糟等。传统晾糟设备为地面通风机，本设计采用通风晾糟机 JLD10X1，鱼鳞筛板的运行速度为 1.02～7m/s。并且采用标准加曲机与晾糟机一体设备。

8.7.5 酒醅出入窖运输设备

目前主要使用行车抓斗、刮板出池机和拨料出池机。后两种设备虽然简单、投资少，但使用时酒精挥发损失较大，影响出酒率，尤其刮板出池机在操作时，水平倾角不可大于 45°，否则操作困难。当前认为使用行车抓斗完成出入池作业较为理想。

桥式行车抓斗（图 8-4）具有可移动的桥架，跨度一般为 10～20m，桥架上行走着启动机构和行动机构的抓斗设备，整个桥架可在车间突梁的轨道上行走。此设备是间歇操作，可自动抓料和运料；操作灵便，基本上解决了出入池问题，酒精挥发损失少。使用这种设备，厂房要有一定的高度，房屋顶架要坚固，出池最后阶段要人工辅助，在新建车间时，应优先考虑使用这种设备。

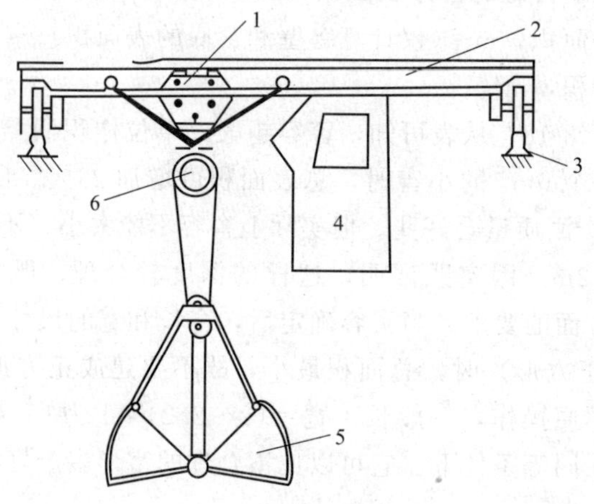

图 8-4 桥式行车抓斗

1—电动滑轮；2—桥架；3—行车轨道；4—行车操作室；5—抓斗；6—电动葫芦

(1) QNQ 轻型吊钩抓斗式起重机

起重量：3t　　抓斗容量：0.5m³

大车行速：50m/min　　抓斗自重：688kg

小车行速：20m/min　　闭合时间：15s

起升高度：9m　　起升速度：8m/s

大车跨度：16.5m

(2) M290 型马达抓斗

型号：M290—0.5

物料密度：1.2t/m³

抓斗自重：688kg

最大张开尺寸：1765cm　　功率：1.5kW/h

8.7.6 车间主要设备表（每车间）

车间主要设备表见表 8-14。

表 8-14 车间主要设备表

设备名称	型号或者规格	数量	工作主要特性	材质	备注
窖池	4.8m×2.3m×2m	318 个	酒糟发酵容器	人工窖泥	
甑桶	3.9678m^3	12 个	蒸馏设备	不锈钢	多种工艺重复使用
行车抓斗	M290 型马达抓斗	2 台	物料运输设备		
晾糟机	通风晾糟机 JLD10X1	4 台	冷却设备		
加曲机	加曲机 GSL70	4 台	添加设备		
冷却器	BEN-DN450-1.0-18.8-2000 卧室管板式换热器	4 台	冷却设备		
储酒罐	250kg 容量	20000 个	储存设备	陶罐	

8.8 整个工厂的设置

8.8.1 发酵车间规模设计

新建年产 10000t 42°浓香型的大曲酒所需勾兑用基酒为 5522.73t，其生产的天数为 300 天（除去机器清洗保养及员工放假后天数）。

每日产基酒的质量为$\frac{5522.73}{300}=17.258$t。

根据实际生产经验统计，每一个酒窖可生产成品的基酒 373.5×2＝725kg，则每日需要生产$\frac{17.258\times10^4}{725}=238$ 窖。

以 40 天为一个发酵周期，则每年可以循环 8 次，则共需要酒窖$\frac{238\times300}{8}=9525$ 个。

每一个酒窖完全上甑需要上 7 甑，每天每个甑最多可完成 5 次蒸馏过程，所需要甑桶的数量$\frac{238\times7}{5}=334$ 个。

8.8.2 整个车间设备安排

为了满足生产需要及生产效率最大化，设计车间 30 个，每个车间内含有甑桶的数量为 12 个，所以窖池的数量为 318 个。整个车间设备安排见表 8-15。

表 8-15 整个车间设备安排表

设备名称	甑桶/个	窖池/个	冷却器/台	行车抓斗/台	晾糟机/台	加曲机/台
每个车间设备数量	12	318	4	2	4	4
全厂数量	360	9540	120	60	120	120

8.8.3 车间人员安置和车间的布置

8.8.3.1 车间的布置

（1）发酵阶段

发酵车间整个车间有窖池 318 个，甑桶 12 个。根据窖池长为 4.8m 宽为 2.3m，QNQ

轻型吊钩抓斗式起重机大车跨度16.5m。窖池横向排列6排53列。共计窖池数量53×6=318个。

每排窖池相距2m，每列相距0.5m，窖池距墙壁周围均为0.6m，整个车间宽度为2×5+0.6×2+4.8×6=40m。

(2) 蒸馏阶段

甑桶与冷却器总长为6m加上过道3m，每3个甑桶配合一个冷却器为一组，实行三工位进行，一共有4组，每2组分别横向排列在车间两头。

即车间的总长度为53×2.3+54×0.5+(6+3)×2=167m。

设计车间为满足行车抓斗高度，设计高度为10m。

按照数据得出发酵车间的面积为$S=167\times40=6680\text{m}^2$。

8.8.3.2 人员安排

每个车间进行轮岗制，且一天可以安排4个班，而每个班的人员平均负责27列3排的窖池总共81个，一班10人，进行轮流负责窖池内车特定的区域。

8.8.4 整体车间的设计

合理地安排车间的布局是很重要的，体现了车间的结构和框架有效的利用，现有的空间，可以使该发的时间和金钱降低。所以说很重要。

本厂设计原料加工车间2个，原料及基酒储存仓库1个，发酵车间30个，勾兑车间4个，包装车间2个，锅炉房4个，饲料加工车间2个，成品酒储存仓库1个，饲料储存仓库1个。为了防止投资过剩，有效降低投资风险，本设计采用多段分级，即30个发酵车间分为4部分，每个部分含有1个锅炉房和1个勾兑车间，在前期资金不足的情况下，可以改变投资策略，先建设一个部分，优先生产，再根据市场情况适当扩大生产。这样做可以在降低投资的风险性的同时，又可以为产品提供足够的适应期。

8.9 废物的处理

8.9.1 如何合理利用酒糟

8.9.1.1 酒糟可用作家畜饲料

在白酒发酵后总会产生没用的东西，就像酒糟一样，生产后不要就排掉了，但是有些人比较聪敏，会把不要的酒糟进行适当回收，进行填料加工成我们需要用的东西，如作为农村喂猪饲料等，本次设计将酒糟进行处理。

8.9.1.2 糟渣发酵蛋白饲料

白酒的酒糟除了可以加工成农用的饲料以外，还有其他途径。如酒糟的糟渣可以发酵而形成蛋白饲料。这是因为酒糟的糟渣中有很多没有反应完的可用物，像有用的淀粉和糖分。

以酿造糟渣为原料，采用微生物发酵法生产糟渣蛋白饲料，粗蛋白含量可达35%以上，并含有17种氨基酸，其气味纯正、适口性好，完全达到国家蛋白饲料的质量标准，饲喂试验表明：合理添加糟渣蛋白饲料，能提高畜禽的采食量，且增重快，产蛋率高，用以代替相应常规蛋白饲料完全可行。

8.9.1.3　用作饲料的添加剂

白酒糟可作为家畜饲料饲养的添加剂使用，而且酒糟中含有大量的生育酚（维生素 E）。实验表明，以酒糟为饲料添加剂饲养的猪肉中，维生素 E 含量增加了 23 倍，并且由于维生素 E 的抗氧化作用，可减缓保藏过程中猪肉的脂肪氧化。

8.9.1.4　用于土壤的改良

在我国很多酿酒行业在酒发酵后所产生的液体酒糟，都是不要的，也有少数进行回收。而酒糟废水含有大量的酸性有害物，对水体土壤的污染有致命的打击，从而解决水土污染问题，解决我国在环境问题的难题。

8.9.1.5　青贮酒糟饲料

为了对酒糟进行合理利用，加强资源的再生利用，可以将一定量的酒糟和已粉碎完全的秕谷按照一定比例搅拌均匀，弄成青贮的酒糟饲料。这样可以提高饲料的利用率，也能减少酒糟直接放弃对环境造成的污染，从另一个方面反映秕谷的利用价值。

8.9.1.6　利用白酒糟生产粗酶剂

酶制剂是继单细胞蛋白饲料、活性饲料酵母之后的又一种微生物制剂。采用三级培养固体浅层发酵生产的这种酶制剂，合理使用可提高饲料营养成分利用率、降低饲料成本和减轻畜禽粪便造成环境污染。利用酒糟为原料，改进固体发酵，生产低成本饲用酶制剂，为我国酶制剂工业又探索出一条新途径。白酒糟除了可以作饲料、添加剂、土地的改良，还可以用作更有意义的粗酶剂。

8.9.1.7　利用酒糟进行生产食用菌

酒糟虽然很难处理，可是用起来的作用还是很大的，在食品方面，人们就有利用。

随着食用菌生产规模的发展和栽培原料价格的不断上涨，食用菌生产成本提高，而利用酒糟进行食用菌的培养，实验表明既可以提高酒糟的利用价值，又可以降低食用菌的生产成本，并且能够大规模地进行生产。

8.9.2　底锅水

发酵后的底锅水的成分很丰富，将底锅水进行充分的发酵，再经过一系列操作可以得到高钙蛋白的乳酸。而锅底的主要成分有蛋白、还原糖和乳酸等有用物质。

8.9.3　黄水

黄水在发酵中对发酵酒后的成品酒的质量有一定的影响。所以在处理黄酒的时候要注意黄水的滴漏。

黄水（亦称黄浆水）是酿酒过程中的副产物，有酸、酯等香味，而其中有机酸含量尤为丰富；黄水在发酵过程中渗于窖池底部，为黄色或棕黄色黏稠状，所含糖类物质主要是酿酒原料中的淀粉，经发酵液体，并有特殊的臭气味。黄水中含有丰富的酸，以及未被微生物完全利用所剩余下来的酯、醇、醛等香味物质。因此黄水可以用来制作新型白酒的勾调性糖，而且其中所含的少量低聚糖在微生物生长中，是一种可利用的宝贵资源。合理利用黄水，不仅可以为微生物提供充足的碳源；而且黄水中所含的氮化合物，更是酿酒原料中可以变废为宝的蛋白。

8.10 投资经济分析

8.10.1 经济的收益

生产发酵42°白酒，若以6∶4的比例就可分别进行生产中档酒6000t/a以及高档酒4000t/a。若以750mL为一瓶白酒量，每年可生产中档类型的白酒为8×10^7瓶，生产高档类型的白酒为5.34×10^7瓶。

若以42°高档类型的白酒以每一瓶20元的价格进行估计计算可得：$20\times5.34\times10^7=10.68\times10^8=10.67$亿元。

若以42°中档类型的白酒以每一瓶10元的出厂价来计算：$10\times8\times10^7=8\times10^8=8$亿元，共计18.67亿元。

若以每600万吨的白酒就能生产1800万吨的酒糟的产量比计算，那么5522.37t的白酒就可生产16535.19t的酒糟。若酒糟以50元/吨进行回收利用。

即可为发酵生产节约：$50\times16535.19=838609.5$元，约为830万元。共计：187630万元。

8.10.2 原料的消耗量

酿酒发酵所用高粱的量为4.289×10^4t，按每吨1200元计算，那么高粱的使用成本为5146.8万元。

大米的消耗质量为2.736×10^4t，按每吨2400元计算，那么大米的使用成本为6566.4万元。

糯米的所用量为2.180×10^4t，按每吨3000元计算，那么糯米的使用成本为6540万元。

酿酒发酵所用玉米的量为9.84×10^3t，按每吨1500元计算，那么玉米的使用成本为1476万元。

酿酒发酵所用小麦的量为1.837×10^4t，按每吨2000元计算，那么小麦的使用成本为3674万元。

酿酒发酵所用糠壳的量为3.122×10^4t，按每吨200元计算，那么糠壳的使用成本为624.4万元，故所有原料花费的总金额为$5146.8+6566.4+6540+1476+3674+624.4=240276$万元。

8.10.3 水费、电费、煤费的计算

8.10.3.1 水费的计算

车间的用水量是很大的，很多地方都要用到水，所以应该节约水的用量，在使用要做到

不浪费。而车间用水主要包括以下几类蒸馏桶的冷却水、调料用水、打浆用水、各项清洗用水。从以上数据求出年总耗水量为 4456128t，年耗资金量＝年耗水量×价格＝456128×7.85＝358.06 万元。

8.10.3.2 电费的计算

电费的用量包括粉碎机用电、锅炉的鼓风机用电、车间照明用电等。根据经验数据车间每生产 1 吨酒耗电 150kW·h。

则年总耗电－10000×150－1.5×10^7 kW·h

年总耗电费＝年总耗电量×价格＝1.5×10^7×0.8＝1200 万元

8.10.3.3 煤费的计算

本次设计采用固态蒸馏法进行酿酒发酵。

其蒸汽的使用量每年用量为 6.05×10^5＋4.78×10^5＝1.083×10^6 t

按耗 6t 蒸汽折算成 1t 标准煤计算，则年耗煤量＝$\frac{1.83\times10^6}{6}$＝3.05×10^5 t

那么，年总耗煤量的使用成本为＝3.05×750×10^5＝22875 万元

因此，可得水电煤的总成本为：

水电煤三项的总成本＝花费水的总成本＋花费电的总成本＋花费煤的总成本

＝358.06＋1200＋22875＝24433.06 万元

8.10.4 员工工资的计算

按每人每月工资与福利平均 2000 元计算。

那么，全厂 2000 名员工每年的工资是 2000×2000×12＝4800 万元

8.10.5 白酒包装费用的计算

若每瓶发酵酒按照 500mL 进行计算，即可得高档发酵酒 5.24×10^7 瓶，每瓶的包装费用以 5 元计算，即共需要支出 5.24×10^7×5＝2.62×10^8 元＝26200 万元，而中档发酵酒为 8×10^7 瓶，以每瓶的包装费用为 2 元计算，则共需要 8×10^7×2＝1.6×10^8 元＝16000 万元，所以，包装的总费用为 41700 万元。

8.10.6 维修和折旧

经过实际情况调查维修与折旧的费用占总工厂成本的 10%，即可得总厂的成本费用为 23210.6＋24321.76＋42700＝91332.36 万元，故维修和折旧的总费用为 92332.36×0.1＝9134 万元。

8.10.7 车间的管理和工厂的管理

若发酵车间的管理以及工厂的管理费用所占总工厂投入成本的 4%，则发酵车间管理和工厂的管理费用是 92332.36×0.04＝3854 万元。

8.10.8 三废的处理

发酵车间三废的处理费用占总工厂成本的5%，则发酵车间三废的处理费用是92332.36×0.05＝466.23万元。

8.10.9 技术开发的费用

任何一个工厂在技术的研发方面投入的金钱都是很大的。工厂技术开发的费用占总成本的2%，则开发的费用为92332.36×0.02＝1847万元。

8.10.10 销售的费用

若白酒的销售费用按照销售收入的15%来计算，则销售费用为186330×0.15＝49324.5万元，那么总的销售成本为：92332.36＋9134＋38544＋4667＋1847＋48124.5＝159642.86万元。

8.10.11 经济的效益分析

工厂的平均年收益186330－159642.86＝27911.14万元。收入一览表见表8-16，支出一览表见表8-17。

表8-16 收入一览表

42°高档酒(20/元瓶)	42°中档酒(10元/瓶)	酒糟回收利用
106800万元	80000万元	830万元
	总计:187630万元	

表8-17 支出一览表

费用类型	花费
原料的消耗	23210.6万元
水、电、煤成本	2421.76万元
工人的工资	4884万元
包装费用	5168万元
维修与折旧	5950万元
车间管理与工厂管理	23460万元
三废处理	29725万元
技术开发	11370万元
销售费用	47124.5万元
总计:117909.86万元	

工厂的主要设备有：大型发酵罐、粉碎机、酿酒设备、硅藻土过滤机、不锈钢储存罐、洗瓶机、缓冲机、灯检、灌装机、封盖机、贴标机、烘干机、喷码机、打包机、封箱机等。

8.10.12 投资回收期的计算

投资回收期的计算：估计初期的工厂建设投资费用为60000万元，建厂所用时间大概要1.5年，而每年预计的收入大约为27911.14万元。

投资回收期$=\frac{60000}{27911.14}+1.5=3.53$年，经计算约3.5年的努力可以回收投入成本。

8.11　白云边工厂实地考察调研

8.11.1　工厂简介

湖北白云边集团是一家以酒业为龙头产业，集生产经营白酒、贸易物流、房地产开发、钢铁制造、酒店为一体的多元化产业集团。目前，公司拥有总资产70余亿元，员工7000余名。白云边建厂于1952年，1994年6月成立湖北白云边股份有限公司。主要以生产销售白酒为主。面对日趋激烈的白酒市场，公司曾一度遭遇体制短板、营销瓶颈，企业发展陷入低谷。2005年11月，根据湖北省委、省政府对县域经济发展“一主三化”的要求，白云边进行了“国有股份退出、实行民有民营”的产权制度改革，成立湖北白云边集团。

8.11.2　品牌分析

主打产品为定位于中高端的九年白云边、定位于中低端的三年白云边和五年白云边。而市场真正表现出众的只有九年白云边。九年白云边的优势在于零售60元的价格定位和当时该价位竞争较小、通过长期的品牌积累塑造的产品美誉度及其兼香型的口感带来特殊的消费体验。九年白云边畅销八年而不衰，但是面临假酒、窜货、利润小等问题，而且随着消费升级。60元的价位比较尴尬。十五年白云边在中高档酒店销售情况也不错。

8.11.3　产品消费特征

武汉市区常住人口850万（含郊区），流动人口300万左右，白酒消费量大。年市场容量估计在20亿～25亿元之间。2015年售额突破4.5亿元，可见白云边的销售十分可观，而武汉消费水平高，朋友家庭之间的宴请用酒以88～198元价位居多，九年白云边在该价位耕耘七八年时间，凭借兼香型的口感和较好的酒质，占据该价位30%左右的市场份额，是人们聚会宴请的好选择。

参考文献

[1]　周桃英，袁仲. 发酵工艺［M］. 北京：中国农业大学出版社，2010.
[2]　姚玉英. 化工原理（修订版）［M］. 天津：天津科学技术出版社，2012.
[3]　喻健良. 化工设备机械基础［M］. 大连：大连理工大学出版社，2009.
[4]　中国石化集团上海工程有限公司. 化工工艺设计手册. 4版［M］. 北京：化学工业出版社，2009.
[5]　梁世中. 生物工程设备. 2版［M］. 北京：中国轻工业出版社，2013.
[6]　吴思方. 生物工程工厂设计概论. 2版［M］. 北京：中国轻工业出版社，2013.
[7]　肖冬光. 白酒生产技术. 2版［M］. 北京：化学工业出版社，2011.
[8]　冯为民，付晓灵. 工程经济学. 2版［M］. 北京：北京大学出版社，2012.
[9]　高平，刘书志. 发酵工厂设备［M］. 北京：化学工业出版社，2011.
[10]　杜连起，钱国友. 白酒厂建厂指南. 2版［M］. 北京：中国轻工业出版社，2013.

[11] 王元太. 清香型白酒酿造技术 [M]. 北京：中国轻工业出版社. 2009.
[12] QBJS 6—2005. 轻工业建设项目初步设计编制内容深度规定.
[13] QBJS 5—2005. 轻工业建设项目可行性研究报告编制内容深度规定.
[14] QBJS 34—2005. 轻工业建设项目施工图设计编制内容深度规定.
[15] QBJS 10—2005. 轻工业建设项目设计概算编制办法.

第9章

土霉素工业的发酵生产

9.1 土霉素简介

土霉素 terramycin（oxytetracycline）化学名：6-甲基-4-(二甲氨基)-3,5,6,10,12,12a-六羟基-1,11 二氧代-1,4,4a,5,5a,6,11,12a-八氢-2-并四苯甲酰胺，分子式如图 9-1 所示。

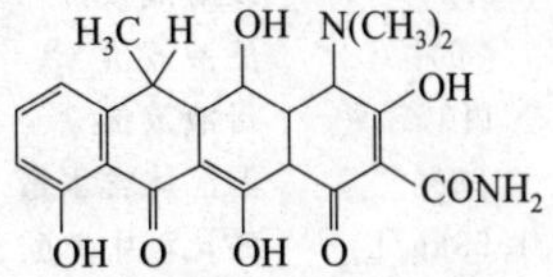

图 9-1 土霉素分子式

土霉素属四环素类抗生素，是广谱抑菌剂。许多立克次体属、支原体属、衣原体属、螺旋体对其敏感。其他如放线菌属、炭疽杆菌、单核细胞增多性李斯特菌、梭状芽孢杆菌、奴卡菌属、弧菌、布鲁菌属、弯曲杆菌、耶尔森菌等亦较敏感。临床上用于治疗上呼吸道感染、胃肠道感染、斑疹伤寒、恙虫病等疾病。

常见副作用有：肝脏、肾脏毒性，中枢神经系统毒性，斑丘疹和红斑等过敏反应，长期使用可致牙齿产生不同程度的变色黄染、牙釉质发育不良及龋齿（俗称四环素牙），B 族维生素缺乏等。

由于土霉素的广泛应用，临床常见病原菌对土霉素耐药现象严重。由于其副作用严重，现在临床上多用于兽用药。

9.2 设计目标任务参数

9.2.1 以年产 100t（成品含量：99%）土霉素工厂设计为例

设计年产量 $M=100\text{t}$，成品效价 $U_{\text{d}}=1000$ 单位/mL，年平均发酵水平 $U_{\text{f}}=35000$ 单位/mL，年工作日 $m=300\text{d}$，土霉素的发酵周期 T 为 184h，辅助时间为 10h，发酵中罐周期为 44h，辅助时间 4h，发酵周期为 35h，辅助时间 3h，接种比为 5%，液体损失率为 15%，大罐一个发酵周期内所需全料的量为 32m^3，大罐一个发酵周期内所需稀料的量为 17m^3，逃液、蒸发、取样、放罐损失总计为总料液的 15%，大、中、小罐通气比分别为 $2.0\text{m}^3/(\text{m}^3\cdot$

min)、1.5m³/(m³·min)、0.65m³/(m³·min)（每分钟内单位体积发酵液通入的空气的量）；氨氮的利用情况：培养20～40h，每4h补一次，每次10～15L，控氨水平在45mg/100mL以上。

培养基组成见表9-1，提取基本工艺参数见表9-2，土霉素提取操作工艺参数见表9-3。

表9-1 培养基组成

项目	小罐	中罐	大罐	全料	稀料
组成	配比/%	配比/%	配比/%	配比/%	配比/%
黄豆饼粉	3.0	2.5	3.0	3.5	3.0
淀粉	2.5	2.5	8.0	6.5	3.0
氯化钠	0.4	0.36	0.2		0.4
碳酸钙	0.6	0.4	1.1	0.4	0.4
磷酸二氢钾	0.005	0.003			
磷酸氢二钾	0.005	0.003			
植物油	4	2.67	0.4		1

表9-2 提取基本工艺参数

名称	参数	名称	参数
脱色岗位收率	99.24%	发酵液效价	35000U/mL
结晶干燥岗位收率	86%	滤液效价	11000U/mL
过滤岗位收率	116%	母液效价	1370U/mL
总收率	99%	湿晶体含水量	30%
发酵液密度	1.58kg/L	酸化液中草酸含量	2.3%g/mL
滤液密度	1.02kg/L	酸化加黄血盐量	0.25%g/mL
20%氨水密度	0.92kg/L	酸化加硫酸锌量	0.18%g/mL
氨水加量	12%	成品含水量	1.5%
脱色保留时间	30～50min	酸化加水量	230%v/v
滤液通过树脂罐的线速度控制在0.001～0.002m/s			

表9-3 土霉素提取操作工艺参数一览表

名称	反应时间(τ+τ')/h	装料系数φ
酸化稀释	4	0.70
结晶	8	0.70

9.2.2 设计相关内容

9.2.2.1 工艺流程设计

根据设计任务，查阅有关资料、文献，搜集必要的技术资料、工艺参数，进行生产方法的选择比较、工艺流程与工艺条件确定的论证，简述工艺流程。

9.2.2.2 工艺计算

物料衡算：每个工序画工艺流程简图，列出所有工艺参数，计算，列出衡算表，发酵和提取工段流程列出物料衡算总表。

设备选型：大罐、中罐、小罐、通氨罐、补料罐的尺寸及数量；大罐的罐壁、封头、搅拌装置及轴功率。提取工段各工序主要设备尺寸及数量。

管道设计：大罐主要接管设计，提取各种设备的主要连接管道。

9.3 工艺流程设计

9.3.1 土霉素生产工艺流程简介

土霉素是微生物发酵产物，目前国内土霉素生产工艺主要含发酵和提取两大步。提取工艺为用草酸（或磷酸）做酸化剂调节 pH 值，利用黄血盐-硫酸锌做净化剂协同去除蛋白质等高分子杂质，然后用 122# 树脂脱色，进一步净化土霉素滤液，最后调 pH 至 4.8 左右结晶得到土霉素碱产品。本次设计也按照这个工艺流程，分为三级发酵、酸化、过滤、脱色、结晶、干燥等。

9.3.2 土霉素生产总工艺流程图

土霉素生产总工艺流程图见图 9-2。

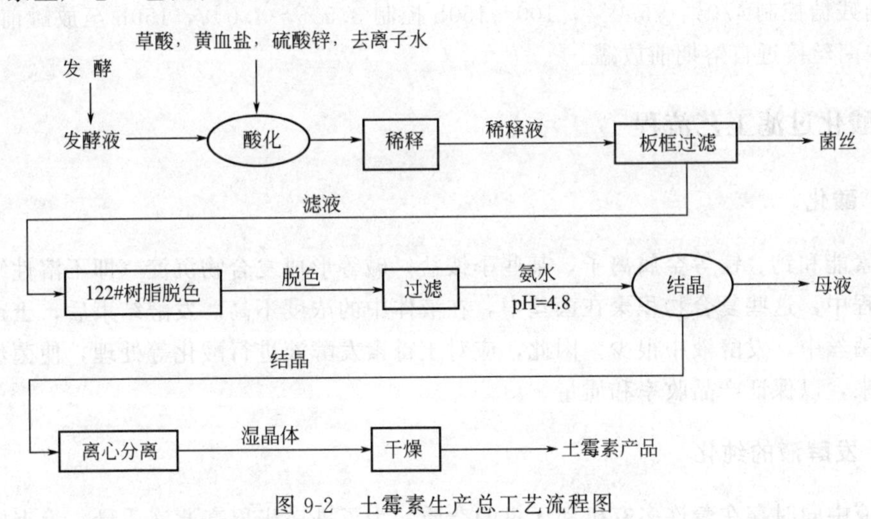

图 9-2　土霉素生产总工艺流程图

9.3.3 发酵工艺流程

9.3.3.1 斜面孢子制备

首先培养三支斜面孢子，斜面孢子的培养基是由麸皮和琼脂组成，用水配制。培养孢子条件：斜面孢子在 36.5～36.8℃培养，不得高于 37℃。若 36℃超过 2h，则生产能力明显下降，不可用于生产。而且在孢子培养过程中还需保持一定相对湿度，湿度 55%～60%。培养时间 96h。将三支斜面孢子加入无菌水之后制成悬浮液。将悬浮液放置于 4～6℃的冰箱中备用。

9.3.3.2 一级种子罐发酵

一级种子罐采用实罐蒸汽灭菌法灭菌。培养温度为 31℃，采用夹套式换热（自动温度调节），罐内生长弱，无动力设备，设备密封。发酵约 28h，培养液可趋于浓厚，并转黄色，种子培养液 pH 值为 6.0～6.4 时，移入二级种子罐。

9.3.3.3 二级种子罐发酵

二级种子罐采用实罐蒸汽灭菌法灭菌。培养温度为31℃，采用夹套式换热（自动温度调节），有搅拌动力设备。二级罐发酵约28h，培养液外观深棕、稠、有气泡，pH大于6.0时移入三级发酵罐。

9.3.3.4 三级发酵罐发酵

三级发酵罐采用实罐蒸汽灭菌法灭菌，接种量为15%～20%，发酵全程温度控制在30～31℃，分段培养。采用列管式换热（自动温度调节），有搅拌动力设备。发酵过程，菌体大量生长，培养基快速消耗，需要对其进行补料控制。发酵导致pH降低，需补氨水调节pH。产生的大量泡沫，需加消沫剂进行消沫。发酵过程消耗氧气，需通氧补充，通气量为：0.8～1.0m^3/(m^3·min)。发酵过程通氨、补糖的工艺具体控制的方法不甚相同。接种后发酵pH低于6.4时，开始通氨，通氨量参考pH。要求100h前pH在6.3～6.5，100h后pH在6.2～6.3，放罐前8h停止通氨。根据发酵液的残糖值补入总糖（即淀粉酵解液），一般在100h前残糖控制4.0%～5.0%，100～150h控制3.5%～4.0%，150h至放罐前6h控制3.0%。在菌丝接近自溶期前放罐。

9.3.4 酸化过滤工艺流程

9.3.4.1 酸化

土霉素能和钙、镁等金属离子，某些季铵盐，碱等形成复合物沉淀（即不溶性络合物）。在发酵过程中，这些复合物积聚在菌丝中，在液体中的浓度不高。发酵结束后，土霉素大部分沉积在菌丝中，发酵液中很少。因此，应对土霉素发酵液进行酸化等处理，使菌丝中的单位释放出来，以保证产品收率和质量。

9.3.4.2 发酵液的纯化

发酵液中同时存在着许多有机和无机的杂质，为了进一步提高滤液质量，为直接沉淀法创造有利条件，必须在发酵液的预处理过程中添加纯化剂。目前生产上是利用黄血盐和硫酸锌的协同作用来去除蛋白质，同时去除铁离子，并加入硼砂，以提高滤液质量。在不影响滤液质量的前提下，纯化剂的加入量应尽量减少，以降低成本。

9.3.4.3 过滤

过滤工艺采用板框过滤机过滤。滤布可以去除一些杂质。正批液经过板框过滤机后直接进入正批液储罐。为了提高过滤机中土霉素的利用率，采用三级过滤和顶洗的方法。顶洗的要求是高于4000单位的滤液才能够进入过滤机后进入正批液的储罐。低于4000单位的滤液进入其他储罐以备下一次顶洗之用。

9.3.4.4 脱色结晶工艺流程

（1）脱色

为了进一步去除滤液中的色素和有机杂质，以提高滤液质量，将滤液通入脱色罐，由其中的 122# 树脂进行脱色。该树脂在酸性滤液中氢离子不活泼，不能发生电离及离子交换作用，但能生成氢键。其生成的氢键可吸附溶液中带正电的铁离子、色素及其他有机杂质，从而提高土霉素滤液的色泽和质量。树脂在氢氧化钠溶液中，由氢型变成钠型，失去氢键的活性，使其吸附的色素和杂质解离出来，再经酸作用可恢复其氢键的活性，重复使用。

（2）结晶

土霉素发酵液经过上述预处理后，即可在酸性脱色液中用碱化剂调节 pH 至等电点，使土霉素直接从滤液中沉淀结晶出来。

9.4 物料衡算

9.4.1 总物料衡算

纯品土霉素的量：100×99％＝99t

效价：$99\times10^{9}\times1000=9.9\times10^{13}$单位

土霉素的生产过程总收率：99％

则发酵时的总效价：$9.9\times10^{13}/99\%=1.0\times10^{14}$单位

发酵液的效价：35000U/mL

发酵液的体积：$1\times10^{14}/35000=2.86\times10^{9}\,mL=2.86\times10^{3}\,m^{3}$

9.4.2 干燥工序物料衡算

干燥工序物料衡算见图 9-3，物料衡算表见表 9-4。

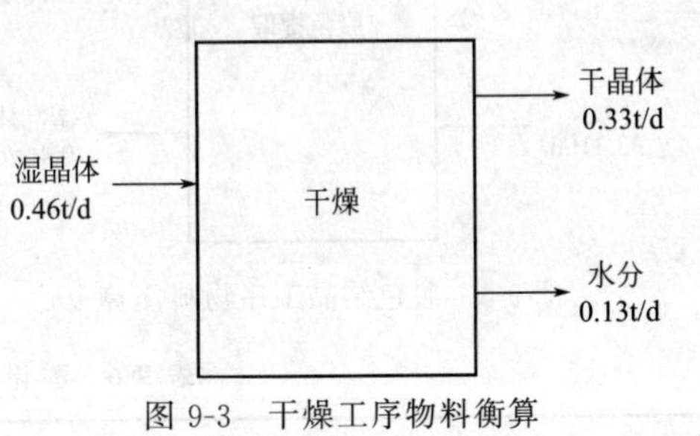

图 9-3 干燥工序物料衡算

干晶体重：100×(1－1.5％)＝98.5t

湿基含水量：$W_1=30\%/(1-30\%)=0.43$

干基含水量：$W_2=1.5\%/(1-1.5\%)=0.02$

应除去的水分：98.5×(0.43－0.02)＝40.39t

湿晶体的量：98.5＋40.39＝138.89t

表 9-4 干燥工序物料衡算表

干燥前			干燥后		
项目	质量/(t/a)	质量/(t/d)	项目	质量/(t/a)	质量/(t/d)
湿晶体的量	138.89	0.46	干晶体的量	98.5	0.33
			除去的水分	40.39	0.13
总量	138.89	0.46	总量	138.89	0.46

9.4.3 脱色结晶工序物料衡算

脱色结晶工序物料衡算见图 9-4，物料衡算表见表 9-5。

母液效价：1370U/mL

氨水加量：12％

由效价守恒得母液体积：$73.73\times10^{6}\times35000\times99.24\%\times116\%\times(1-86\%)/1370\times$

$10^6=303.57m^3$

氨水：$277.57\times12\%=33.31t$

湿晶体：0.46t/d

母液：$277.57+33.31-0.46=310.42t/d$

表 9-5　脱色提取工序物料衡算表

脱色提取前			脱色提取后		
项目	质量/(t/d)	质量/(t/周期)	项目	质量/(t/d)	质量/(t/周期)
滤液	277.57	2243.69	母液	310.42	2484.41
氨水	33.31	269.26	湿晶体	0.46	3.72
总量	310.88	2511.91	总量	310.88	2511.91

9.4.4　酸化稀释过滤工序物料衡算

酸化稀释过滤工序物料衡算见图 9-5，物料衡算表见表 9-6。

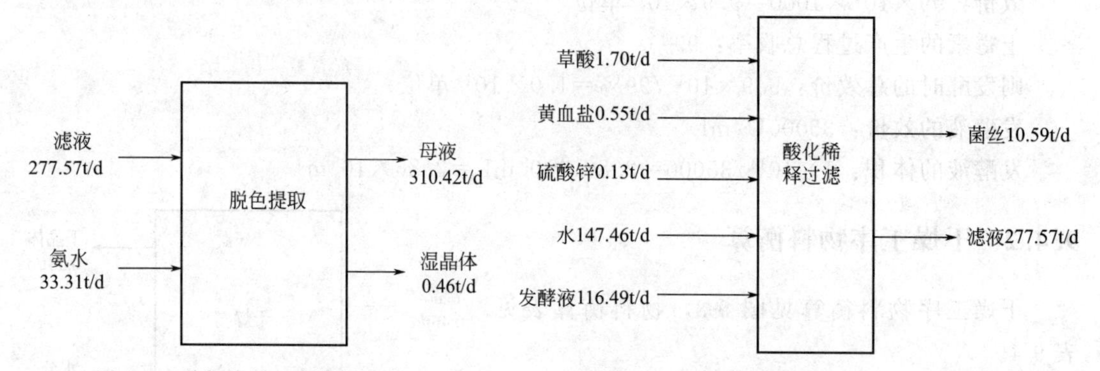

图 9-4　脱色结晶工序物料衡算　　　　图 9-5　酸化稀释过滤工序物料衡算

表 9-6　酸化稀释过滤工艺物料衡算表

酸化过滤前			酸化过滤后		
项目	质量/(t/d)	质量/(t/周期)	项目	质量/(t/d)	质量/(t/周期)
草酸	1.70	13.71	滤液	277.57	2243.69
黄血盐	0.55	4.45	菌丝	10.59	84.95
硫酸锌	0.13	1.07			
水	147.46	1370.76			
发酵液	116.49	941.66			
总量	265.79	2148.47	总量	265.79	2148.47

发酵液效价：35000U/mL

滤液效价：11000U/mL

由效价守恒得滤液的体积：$73.73\times10^6\times35000\times1.16/11000\times10^6=272.13m^3$

滤液：$272.13\times10^3\times1.02=277.57t/d$

草酸：$73.73\times10^3\times2.3\%\times10^{-3}=1.70t/d$

黄血盐：$73.73\times10^3\times0.75\%\times10^{-3}=0.55t/d$

硫酸锌：$73.73\times10^3\times0.18\%\times10^{-3}=0.13t/d$

水：$73.73\times2=147.46t/d$

发酵液：$73.73\times10^3\times1.58=116.49$t/d

总量：265.97t/d

9.4.5　发酵工序物料衡算

发酵工序物料衡算见图 9-6，物料衡算表见表 9-7。

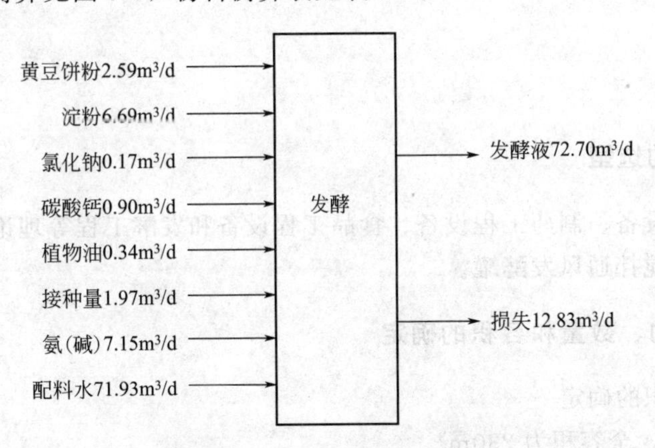

图 9-6　发酵工序物料衡算

表 9-7　发酵工序物料衡算表

进入发酵罐的量			离开发酵罐的量		
项目	体积/(m^3/d)	体积/(m^3/周期)	项目	体积/(m^3/d)	体积/(m^3/周期)
黄豆饼粉	2.59	20.94	发酵液	72.70	587.66
淀粉	6.69	54.80	损失	12.83	103.71
氯化钠	0.17	1.37			
碳酸钙	0.90	7.28			
植物油	0.34	2.79			
接种量	1.97	15.92			
氨(碱)	7.15	57.80			
配料水	71.93	581.43			
总量	85.53	691.37	总量	85.53	691.37

每天发酵液的量：$2.29\times10^4/315=72.70\text{m}^3$

逃液，蒸发，取样，放灌损失总计为总料液的 15%

每天损失的量：$72.70\times15\%/(1-15\%)=12.83\text{m}^3$

每天离开发酵罐的总量：$72.70+12.83=85.53\text{m}^3$

大罐一个发酵周期内所需全料的量：32m^3　一天内所需：$32/194\times24=3.96\text{m}^3$

大罐一个发酵周期内所需稀料的量：17m^3　一天内所需：$17/194\times24=2.10\text{m}^3$

发酵前加入的物料量：$(72.70+12.83)-3.96-2.10=79.47\text{m}^3$

	每天	每周期($\times194/24$)
黄豆饼粉：$79.47\times3\%+3.96\times3.5\%+2.10\times3\%=$	2.59m^3	(20.94m^3)
淀粉：$79.47\times8\%+3.96\times6.5\%+2.10\times3\%=$	6.69m^3	(54.08m^3)
氯化钠：$79.47\times0.2\%+2.10\times0.4\%=$	0.17m^3	(1.37m^3)
碳酸钙：$79.47\times1.1\%+3.96\times0.4\%+2.10\times0.4\%=$	0.90m^3	(7.28m^3)
植物油：$79.47\times0.4\%+2.10\times1\%=$	0.34m^3	(2.79m^3)

接种量：79.47×20%/194×24＝ 1.97m³ （15.92m³）

碱：79.47×0.015×6＝ 7.15m³ （57.80m³）

配料水： 71.93m³ （581.43m³）

9.5 设备选型

9.5.1 发酵罐

9.5.1.1 发酵罐的选型

根据生物工程设备、制药工程设备、食品工程设备和发酵工程等理论课的学习，本次发酵罐选用机械涡轮搅拌通风发酵罐。

9.5.1.2 生产能力、数量和容积的确定

（1）发酵罐容积的确定

选用 200m³ 罐，全容积为 230m³。

（2）生产能力的计算

选用公称容积为 200m³ 的发酵罐，装料系数为 0.7，那么该罐生产土霉素的能力为：200×0.7＝140（m³）

由前面的物料衡算中，已知年产 100t 土霉素的工厂，日产 72.70m³ 的土霉素。发酵的操作时间需要 194h（其中发酵时间 184h），这样生产需要的发酵罐应为：

$$N=72.70/140\times194/24=4.20(\text{罐})\text{取整后需 5 罐}$$

每日投（放）罐次为：72.70/140＝0.52(罐)

（3）设备容积的计算

由前面的物料衡算中，已知年产 800 吨土霉素的工厂，日产 72.70m³ 的土霉素，每天的发酵液的量：$V_0=72.70$（m³/d）

所需设备总容积：$V=72.70\times194/(24\times0.7)=839.51$（m³）

查表公称容积为 200m³ 的发酵罐，总容积为 230m³。

则 5 台发酵罐的总容积为：230×5＝1150m³＞839.51m³，可满足需要。

发酵罐主要尺寸见表 9-8。

表 9-8 发酵罐主要尺寸

公称容积 V_N/m³	罐内径 D/mm	圆筒高 H_0/mm	封头高 h_0 /mm	罐体总高 H/mm	不计上封头容积/m³	全容积 /m³	搅拌器直径 D/mm	搅拌转速 n/(r/min)	电动机功率 N/kW
200	5000	10000	1300	12600	223	230	1700	150	230

（4）搅拌轴功率

搅拌轴功率见表 9-8。

（5）冷却面积的计算

按发酵生成热高峰、一年中最热的半个月的气温、冷却水可能到最高温的条件下，设计冷却面积。取 $q_{max}=4.18\times6000$kJ/(m³·h)

采用竖式列管式换热器，取经验值 $K=4.18\times500$kJ/(m³·h·℃)

$$\Delta t_m=(\Delta t_1-\Delta t_2)/(\ln\Delta t_1/\Delta t_2)=(12-5)/[\ln(12/5)]=8(℃)$$

每天装0.53罐，每罐实际装液量为：72.70/0.53=137.17（m^3）

换热面积：$F=4.18\times6000\times137.17/(4.18\times500\times8)=205.76$（$m^3$）

（6）设备结构的工艺设计

① 空气分布器：单管通风

② 挡板：不设挡板

③ 密封方式：机械密封

④ 冷却管布置

a. 最高热负荷下的耗水量：

$$W=4.18\times6000\times137.17/[4.18\times(27-20)]$$
$$=1.18\times10^5\ (kg/h)=33.78\ (kg/s)$$

则冷却水体积流量为 $W'=0.03378m^3/s$，取冷却水在竖直蛇管中的流速为 $v=1m/s$，冷却管总截面积：$S_{总}=0.03378/1=0.0337$（m^2）

进水总管直径 $d_{总}^2=S_{总}/0.785$，解出 $d_{总}=0.21$（m）

b. 冷却管组数和管径

设冷却管径为 d_0，组数为 n 则：$S_{总}=0.785nd_0^2$，根据本罐情况，取 $n=8$，求出管径：$d_0=0.073$（m）

查表取 $\phi89mm\times3.5mm$ 无缝钢管，$d_{内}=82mm$，$d_{内}>d_0$，可满足要求，$d_{平均}=86mm$。

取竖蛇管端部U形弯管曲率半径为250mm，则两直管距离为500mm，

两端弯管总长度：$l_0=\pi D=3.14\times500=1570mm$

c. 冷却管总长度 L 计算

已知冷却总面积 $F=208.66m^2$，无缝钢管 $\phi89mm\times3.5mm$

每米冷却面积为：$F_0=3.14\times0.086\times1=0.27$（$m^2$）

则冷却管总长度：$L=208.66/0.27=772.82$（m）

冷却管体积：$V=0.785\times0.086^2\times772.82=4.49$（$m^3$）

d. 每组管长 L_0 和管组高度

每组管长：$L_0=L/n=772.82/8=96.6$（m）

另需连接管8m：$L_{实际}=L+8=780.82$（m）

可排竖直蛇管的高度，设为静液面高度，下部可伸入封头250mm。设发酵罐内附件占体积为$0.5m^3$，则：

$$V_{总}=V_{液}+V_{管}+V_{附件}=(780.82/8)+4.49+0.5=102.59\ (m^3)$$

筒体部分液深：$(V_{总}-V_{封})/S_{截}=(102.59-17)/(0.785\times5^2)=4.36$（m）

竖直蛇管总高：$H_{管}=4.36+0.5=4.86$（m）

又两端弯管总长：$l_0=1570mm$，两端弯管总高为500mm

则直管部分高度：$h=H_{管}-500=4360$（mm）

则一圈管长：$l=2h+l_0=2\times4360+1570=10290$（mm）

e. 每组管子圈数 n_0

$$n_0=L_0/l=96.6/10.29=9.39\ (圈)$$

管间距为：　　　　$2.5d_{外}=2.5\times0.089=0.22$（m）

竖蛇管与罐壁的最小距离为0.2m，可算出与搅拌器的距离为0.22m>0.2m，在允许范

围内。

作图表明，各组冷却管相互无影响。如发现无法排下这么多冷却管，可考虑增大管径，或增加冷却管组数。

f. 校核冷却管传热面积

$$F_{实}=\pi d_{平均}L_{实际}=3.14\times0.086\times780.82=210.85(m^2)$$

$F_{实}>F$，可满足要求。

（7）设备材料的选择

优先考虑满足工艺要求，其次是经济性。本设计选 A_3 钢，以降低设备费用。

（8）接管设计

① 接管长度 h 的设计　考虑到管直径的大小和有无保温层，一般取 100～200mm。

② 接管直径的确定

a. 按排料管（也是通风管）为例计算其管径。发酵罐装料 $140m^3$，2h 之内排空，物料体积流量：$Q=140/3600/2=0.02$（m^3/s）

发酵液流速取 $v=1m/s$

排料管截面积：$S_{料}=Q/v=0.02/1=0.02$（m^2）

管径 d：$d^2=S_{料}/0.785$，解出 $d=0.16$（m）$=160mm$

取无缝钢管 $\phi219mm\times25mm$，其内径 $169mm>160mm$，适用。

b. 按通风管计算，通风比 2vvm（0.1MPa，20℃）

通风量：$Q'=140\times2=280(m^3/min)=4.7$（$m^3/s$）

折算到工作状态（0.35MPa，30℃）下的风量：

$$Q_f=4.7\times0.1\times(273+30)/[0.35\times(273+20)]=1.4\ (m^3/s)$$

取风速：$v=25m/s$

则通风管截面积：$S_f=Q_f/v=1.4/25=0.056$（m^2）

则通风管径：$d_f^2=S_f/0.785$，解出 $d_f=0.27$（m）

因通风管也是排料管，故取 $\phi219mm\times25mm$ 无缝钢管。

c. 排料时间复核：物料流量 $Q=0.02m^3/s$，流速 $v=1m/s$

管道截面积：$S=0.785\times0.169^2=0.022$（$m^2$）

相应流量比：$P=Q/S_v=0.02/(0.022\times1)=0.9$ 倍

排料时间：$t=2\times0.9=1.8$（h）

9.5.2　二级种子罐

9.5.2.1　选型

选择机械搅拌通风发酵罐。

9.5.2.2　容积和数量的确定

$$种子罐容积=\frac{发酵罐计量体积\times接种比\times(1+液体损失率)}{种子罐装料系数}$$

$$V_{种}=230\times2\%\times(1+15\%)/0.7=7.56m^3$$

$$种子罐台数=\frac{发酵罐台数\times种子罐周期(小时)}{发酵罐周期(小时)}$$

$$n_{种}=5\times48/194=1.24，圆整取2个。$$

9.5.2.3　主要尺寸的确定

选择 $10m^3$ 的发酵罐。

具体尺寸如表 9-9 所示。

表 9-9　发酵罐尺寸

公称容积 V_N/m^3	罐内径 D /mm	圆筒高 H_0/mm	封头高 h_0 /mm	罐体总高 H/mm	不计上封头容积/m^3	全容积 /m^3	搅拌器直径 D/mm	搅拌转速 n /(r/min)	电动机功率 N/kW
10	1800	3600	475	4500	9.98	10.8	630	145	13

$$7.56/10\times100\%=75.6\%$$

选择公称容积是 $10m^3$ 的种子罐 2 个。罐的内径：1800mm；封头高度：475mm；封头容积：$0.826m^3$。

9.5.2.4　冷却面积的计算

取 $q_{max}=4.18\times6000kJ/(m^3\cdot h)$，则有

$$Q=4.18\times6000\times1.4=3.5\times10^4 kJ/(m^3\cdot h)$$

采用夹套式换热器，取经验值 $K=4.18\times200kJ/(m^3\cdot h\cdot ℃)$

$$\Delta t_1=32-23=9℃\qquad \Delta t_2=32-27=5℃$$

$$\Delta t_1/2<\Delta t_2$$

$$\Delta t_m=(\Delta t_1+\Delta t_2)/2=7℃$$

换热面积：　$F=3.5\times10^4/(4.18\times200\times7)=5.98\ (m^3)$

核算夹套冷却面积：按静止液深确定夹套高度。

静止液体浸没筒体高度：

$$H_0=(V-V_{封})/S_{罐}=(7.56-0.826)/(0.785\times1.8\times1.8)=2.65m$$

液深：　$H_L=H_{封}+H_0=0.475+2.65=3.13m$

夹套可实现的冷却面积：

$$S_{夹}=S_{筒}+S_{封}=\pi DH_0+S_{封}=3.14\times1.8\times2.65+1.8=16.78m^2$$

需换热面积 $F=5.98m^2$，可提供的换热面积 $S_{夹}=16.78m^2$。

$S_{夹}>F$，可满足工艺要求。

9.5.2.5　设备材料的选择

选择 A_3 不锈钢材质罐。

9.5.2.6　设备结构的工艺设计

（1）挡板

（2）搅拌器

（3）进风管（进出料管）

管底距罐 30mm 向下单管

按通风管计算管径

通风比：1.5vvm（0.1MPa，20℃）

通风量：$Q'=7.56\times1.5=11.34$（m^3/min）$=0.19$（m^3/s）

折算到工作状态（0.4MPa，32℃）下的风量：

$$Q_f=0.19\times0.1/0.4\times(273+32)/(273+20)=4.9\times10^{-2}\ (m^3/s)$$

取风速 $v=20m^3/s$，则通风管径：

$$d_1^2=4.9\times10^{-2}/(0.785\times20)\qquad d_1=0.056m=56mm$$

按排料管（也是通风管）计算管径。装料 $0.775m^3$，20min 之内送完，物料体积流量：

$$Q=7.56/(20\times60)=0.0063\ (m^3/s)$$

物料流速取 $v=0.5m/s$，排料管截面积：

$$S_{料}=Q/v=0.0063/0.5=0.013m^2$$

管径：　　$d_2^2=S_{料}/0.785$　　$d_2=0.13m=130mm$

取 d_1、d_2 两者大值，作为进（气）管，取管径 $D=130mm$。

查金属材料表取 $\phi168mm\times10mm$ 无缝钢管。

(4) 冷却水管

由前知冷却需热量：$Q=3.5\times10^4kJ/(m^3\cdot h)$

冷却水温变化 23～27℃，则耗水量：

$$W=Q/[C_w(t_2-t_1)]=3.5\times10^4/[4.18\times(27-23)]$$
$$=2093\ (kg/h)=0.00058m^3/s$$

取水流速 $v=1m/s$，

$$d^2=0.00058/0.785\qquad d=0.027m$$

查金属材料表取焊接管 $D_g=30mm$ 可满足要求，取冷却水接管长度 $h=100mm$。

9.5.2.7 支座选型

支撑式支座，将种子罐置于楼板上。

9.5.3 一级种子罐

9.5.3.1 选型

选择机械搅拌通风发酵罐。

9.5.3.2 容积和数量的确定

$$一级种子罐容积=\frac{二级种子罐计量体积\times接种比\times(1+液体损失率)}{一级种子罐装料系数}$$

$$V_{种}=10.8\times2\%\times(1+15\%)/0.7=0.36m^3$$

$$一级种子罐台数=\frac{二级发酵罐台数\times一级种子罐周期(小时)}{二级种子罐周期(小时)}$$

$n_{种}=1\times38/48=0.79$，圆整取 1 个。

9.5.3.3　主要尺寸的确定

选择 $1m^3$ 的发酵罐。

具体尺寸如表 9-10 所示。

表 9-10　$1m^3$ 的发酵罐的尺寸

公称容积 V_N/m^3	罐内径 D /mm	圆筒高 H_0/mm	封头高 h_0 /mm	罐体总高 H/mm	不计上封头容积/m^3	全容积 /m^3	搅拌器直径 D/mm	搅拌转速 n /(r/min)	电动机功率 N/kW
1	900	1800	250	2300	1.25	1.36	315	220	1.5

选择公称容积是 $1m^3$ 的种子罐 1 个。罐的内径：900mm；封头高度：250mm；封头容积：$0.112m^3$。

9.5.3.4　冷却面积的计算

取 $q_{max}=4.18\times6000kJ/(m^3\cdot h)$，则有

$$Q=4.18\times6000\times0.775=1.94\times10^4kJ/(m^3\cdot h)$$

采用夹套式换热器，取经验值 $K=4.18\times200kJ/(m^3\cdot h\cdot℃)$

$$\Delta t_1=32-23=9℃\qquad \Delta t_2=32-27=5℃$$

$$\Delta t_1/2<\Delta t_2$$

$$\Delta t_m=(\Delta t_1+\Delta t_2)/2=7℃$$

换热面积：　$F=1.94\times10^4/(4.18\times200\times7)=3.32\ (m^3)$

核算夹套冷却面积：按静止液深确定夹套高度。

静止液体浸没筒体高度：

$$H_0=(V-V_{封})/S_{罐}=(0.775-0.112)/(0.785\times0.9\times0.9)=1.0m$$

液深　$H_L=H_{封}+H_0=0.25+1.0=1.25m$

夹套可实现的冷却面积：

$$S_{夹}=S_{筒}+S_{封}=\pi DH_0+S_{封}=3.14\times0.9\times0.9+0.95=3.49m^2$$

需换热面积 $F=3.32m^2$，可提供的换热面积 $S_{夹}=3.49m^2$

$S_{夹}>F$，可满足工艺要求。

9.5.3.5　设备材料的选择

选择不锈钢材质罐。

9.5.3.6　设备结构的工艺设计

a. 挡板

b. 搅拌器

c. 进风管（进出料管）

管底距罐 30mm 向下单管

按通风管计算管径

通风比 0.65vvm（0.1MPa，20℃）

通风量：$Q'=0.775\times0.65=0.504\ (m^3/min)=0.0084\ (m^3/s)$

折算到工作状态（0.4MPa，32℃）下的风量：

$$Q_f = 0.0084\times0.1/0.4\times(273+32)/(273+20) = 2\times10^{-3}\ (m^3/s)$$

取风速 $v=20m^3/s$，则通风管径：

$$d_1^2 = 2\times10^{-3}/(0.785\times20) \qquad d_1 = 0.011m = 11mm$$

按排料管（也是通风管）计算管径。装料 $0.775m^3$，20min 之内送完，物料体积流量：

$$Q = 0.775/20\times60 = 0.00065\ (m^3/s)$$

物料流速取 $v=0.5m/s$，排料管截面积：

$$S_{料} = Q/v = 0.00065/0.5 = 0.0013m^2$$

管径：

$$d_2^2 = S_{料}/0.785 \qquad d_2 = 0.04m = 40mm$$

取 d_1、d_2 两者大值，作为进（气）管，取管径 $D=40mm$。

查金属材料表取 $\phi48mm\times3mm$ 无缝钢管。

d. 冷却水管

由前知需冷却热量：$Q=1.94\times10^4 kJ/(m^3\cdot h)$

冷却水温变化 23～27℃，则耗水量：

$$W = Q/[C_w(t_2-t_1)] = 1.94\times10^4/[4.18\times(27-23)]$$
$$= 1160\ (kg/h) = 0.00032m^3/s$$

取水流速 $v=1m/s$，则冷却管径：

$$d^2 = 0.00032/0.785 \qquad d = 0.02m$$

查金属材料表取焊接管 $D_g=25mm$，可满足要求，取冷却水接管长度 $h=100mm$。

9.5.3.7 支座选型

支撑式支座，将种子罐置于楼板上。

9.5.4 氨水储罐

由脱色提取工序物料衡算的计算过程可知，氨水每天的通入量为 33.31t，氨水的密度为 0.92kg/L，氨水的体积为 $33.31/0.92=36.21m^3$。

设通氨罐的直径是 D，高是 $H=1.5D$，则体积 $V=0.785D^2H$，解出 $D=3.13m$。

则可选用直径为 4m，高为 6m 的通氨罐，该通氨罐的体积为 $75.36m^3$。

9.5.5 补料罐

9.5.5.1 全料罐

一天内所需要补充的全料是 $3.95m^3$。

设全料罐的直径是 D，高是 $H=1.5D$，则体积 $V=0.785D^2H$，解出 $D=1.50m$，则可选用直径为 2m，高为 3m 的全料罐，该全料罐的体积为 $9.42m^3$。

9.5.5.2 稀料罐

一天内所需要补充的稀料是 $2.10m^3$。

设稀料罐的直径是 D，高是 $H=1.5D$，则体积 $V=0.785D^2H$，解出 $D=1.21m$，则

可选用直径为 1.5m，高为 2.25m 的稀料罐，该稀料罐的体积为 $3.97m^3$。

9.5.6　酸化罐

酸化罐一个周期要装料 2149.89t，滤液密度为 1.02kg/L，则所需酸化的体积为 $2107.74m^3$。因发酵的周期是 194h，酸化稀释反应时间是 4h，每酸化一次所需要的酸化罐的体积是 $43.46m^3$。

设酸化罐的直径是 D，高是 $H=1.5D$，则体积 $V=0.785D^2H$，解出 $D=3.33m$，则可选用直径为 4m，高为 6m 的酸化罐，该酸化罐的体积为 $75.36m^3$。

装料系数＝43.46/75.36＝57.67%＜70%，符合要求。

9.5.7　结晶罐

酸化过滤后的滤液全部进入结晶罐，结晶罐的体积要求是能够容纳全部的滤液，所需酸化的体积为 $2107.74m^3$，结晶罐的体积为 $2107.74m^3$。因发酵的周期是 194h，结晶反应时间是 8h，每结晶一次所需要的酸化罐的体积 $86.92m^3$。设结晶罐的直径是 D，高是 $H=1.5D$，则体积 $V=0.785D^2H$，解出 $D=4.19m$，则可选用直径为 5m，高为 7.5m 的结晶罐，该结晶罐的体积为 $147.19m^3$。

装料系数＝86.92/147.19＝59.05%＜70%，符合要求。

9.5.8　干燥器

设备选型选喷雾干燥器。

喷雾干燥技术是使液体物料经过雾化，进入热的干燥介质后转变成粉状或颗粒状固体的干燥工艺过程。

优点：①干燥速度迅速，因被雾化的液滴一般为 10～200μm，其表面积非常大，在高温气流中瞬间即可完成 95%以上的水分蒸发量，完成全部干燥的时间仅需 5～30s；②在恒速干燥段，液滴的温度接近于使用的高温空气的湿球温度，物料不会因为高温空气影响其产品质量，热敏性物料、生物制品和药物制品基本上能接近真空下干燥的标准，同时过程容易实现自动化。

9.5.8.1　干燥条件

混合气体由 45℃加热到 150℃，喷雾干燥器进口温度 150℃，喷雾干燥器出口温度 110℃，物料出口温度 60℃，进口温度 60℃，采用压力式雾化器雾化。

9.5.8.2　进风量

由物料衡算可知，湿基含水量 $W_1=30\%$，干基含水量 $W_2=1.5\%$，水分的蒸发量 $W=1.04t/d$，湿物料的量 $G_1=3.58t/d$，干物料的量 $G_2=2.54t/d$，根据环境温度为 20℃，相对湿度 80%，在 I-H 图上查得 $X_0=0.018$kg 水蒸气/kg 绝干空气，$I_0=49.24$kJ/kg 干空气。

当 $t_1=160$℃，$t_2=80$℃ 时，在 I-H 图上查得 $I_1=I_2=192$kJ/kg 干空气，$X=0.0425$kg 水蒸气/kg 干空气。

$$L=W/(X_2-X_0)=1.04\times10^3/(0.0425-0.018)=42448\text{kg 干空气/d}$$

求得空气在 20℃的比容 $v_0=0.862m^3$/kg 干空气，则进风量为 $V_0=L\times v_0=42448\times$

0.862=36590m³/d。

9.5.8.3 排风量

根据计算，80℃尾气排出时的含湿空气比容 $v_2=1.088m^3/kg$ 干空气，排风量 $V_2=Lv_2=42448\times1.088=46183m^3/d$。

9.5.8.4 总热耗

理论热耗：$Q_t=L(I_2-I_0)=42448\times(192.59-49.24)=6084920kJ/d$

设定设备热量损耗为8%，实际总热耗：

$$Q_p=Q_t/n_n=6084920/(1-8\%)=6614043kJ/d$$

9.5.8.5 空气加热器面积

查饱和水蒸气性质表得到，当表压为0.8MPa时，饱和蒸汽温度 $T=174.5℃$，其比热焓为 $I=2777.5kJ/kg$，冷凝水比热焓 $i=739.4kJ/kg$，对数平均温度为

$$t_m=[(T-t_0)-(T-t_1)]/\ln[(T-t_0)/(T-t_1)]$$

$$=[(174.5-20)-(174.5-160)]/\ln[(174.5-20)/(174.5-160)]=59.17℃$$

加热器面积 $F=Q_p/K\Delta t_m=6614043/83.74/59.17=1334.85m^2$。

9.5.8.6 蒸汽用量

$$D=Q_p/(1-i)=6614043/(2777.5-739.4)=3245kg\ 蒸汽/d$$

9.5.8.7 布袋除尘器的面积和袋数

一般情况下，布袋除尘器的气体处理负荷为 $q=180m^3/(m^3\cdot h)$

则布袋除尘器的过滤面积 $F_d=V/q=31506/180=175m^2$

若布袋规格为 $DL\phi120\times12000$

则布袋个数 $Z=F/(3.14DL)=232$ 袋

9.6 车间设备一览表

车间设备一览表见表9-11。

表9-11 设备一览表

设备名称	台数	规格与型号	材料	备注
三级发酵罐	5	200m³	A_3钢	专业设备
二级发酵罐	2	10m³	A_3钢	专业设备
一级发酵罐	1	1m³	A_3钢	专业设备
氨水储罐	1	75.36m³	A_3钢	专业设备
全料罐	1	9.42m³	A_3钢	专业设备
稀料罐	1	3.97m³	A_3钢	专业设备
酸化罐	1	75.36m³	A_3钢	专业设备
结晶罐	1	147.19m³	A_3钢	专业设备

参考文献

[1] 金凤，安家彦. 酿酒工艺与设备选用手册 [M]. 北京：化学工业出版社，2003：21-22.
[2] 陈钧鸿，徐玲娣. 抗生素工业分析 [M]. 北京：中国医药科技出版社，1991：120-155.
[3] 俞文和. 新编抗生素工艺学 [M]. 北京：中国建材工业出版社，1988：68-92.
[4] 范文斌，池永红. 发酵工艺技术 [M]. 重庆：重庆大学出版社，2014:152-176.

第10章

硫酸小诺米星工业的发酵生产

10.1 硫酸小诺米星简介

硫酸小诺米星属于氨基糖苷类广谱抗生素，又称相模湾霉素，英文名sagamicin。它是由一株棘孢小单孢菌JIM-401产生的，棘孢小单孢菌JIM-401基内菌丝侧枝末端产生单个孢子，不形成气生菌丝。开始菌落呈橙色，不久就转为暗橙色，培养至二十天转为酱紫色，并长出褐黑色的孢子层，不产生可溶性色素。菌落表面呈无规则的皱褶，直径为4～5mm。电子显微镜下孢子呈圆至椭圆形，表面呈不定形钝刺状。

小诺米星是庆大霉素的C_2b组分，分子式为$C_{20}H_{41}N_5O_7 \cdot 2H_2SO_4$。

小诺米星是一种对耳、肾毒性均比庆大霉素低的新抗生素，抗菌活性与庆大霉素几乎相等，它广谱抗革兰氏阴性菌和阳性菌。

硫酸小诺米星的结晶状态是无定型白色粉末，不溶于甲醇、乙醇、丙醇、氯仿、醋酸乙酯、苯、石油醚等有机溶媒，易溶于水。

依照中国药典规定，小诺米星产品的标准如下所述。

酸度：取本品0.5g，加水溶解后，pH值应为4.0～6.5。

溶液的澄清度与颜色：取本品1g，加水10mL溶解后，溶液应澄清无色；如显色，与黄色或黄绿色2号标准比色液比较，不得更深。

干燥失重：取本品，在105℃干燥至恒重，减少重量不得过8.0%。

炽灼残渣：不得过0.5%。异常毒性：取本品，加灭菌生理盐水制成每1mL中含1000单位的溶液，依照《中华人民共和国药典》检查，按静脉注射法给药，应符合规定。

热原：取本品，加灭菌生理盐水制成每1mL中含1000单位的溶液，依照《中华人民共和国药典》检查，剂量按家兔体重每1kg注射1mL，应符合规定。

降压物质：取本品，依照《中华人民共和国药典》检查，剂量按猫体重每1kg注射3000单位计算，应符合规定。

本品主要用于葡萄球菌、绿脓杆菌、大肠杆菌、痢疾杆菌、克雷白肺炎杆菌、变形杆菌等感染，对皮肤及软骨组织烧伤化脓的严重感染有特效，对败血症、呼吸道、尿道感染、眼耳鼻喉部感染、手术后的感染以及为胰部手术前的肠道消毒均有疗效。

10.2　设计的目的、任务及特点

10.2.1　设计的目的

毕业设计是一项重要任务，是检验学生在校理论学习成果的一种有效方法，同时也是联结学习生活与社会工作的桥梁，是联系所学理论与实践应用的纽带，通过此次设计，我希望能达到以下目的。

① 全面复习、巩固所学的理论知识和专业知识，建立一个完整的知识框架；

② 系统、灵活地联系设计的实际，培养自己发现问题、分析问题并解决问题的能力；

③ 所有设计工作均亲力亲为，锻炼自己，独立思考，系统规划，全面完成此次设计项目；

④ 培养资料收集、图书检索及工具书使用能力；

⑤ 掌握设计中原则性、灵活性的双重特点以及正确处理两者关系。

10.2.2　设计的任务

本设计是以任务书为主要准则。其技术依据为《中华人民共和国药典》；中华人民共和国卫生部《硫酸小诺霉素》标准 WS1-199—1987；江西制药厂厂订《原料药品原辅材料质量标准》；江西制药厂企业订《硫酸小诺霉素中间体质量标准》；江西制药厂企业订《硫酸小诺霉素工艺规程》；江西制药厂企业订《硫酸小诺霉素（自用）质量标准》以各种参考书和实际数据作为参考，同时参照江西制药厂小诺霉素的工艺流程、各技术参数等，经思考和分析，归纳选取各方面的先进之处，参照前几届同学的毕业设计说明书，最后综合考虑并完成该设计任务。

10.2.3　设计的指导思想和原则

(1) 设计工作的指导思想：既坚持原则，又发挥灵活性，既自力更生，又适度参考专业书籍。

(2) 设计方案的关键原则：技术先进可靠，经济合理可行。

具体应包括以下几个方面。

① 设计中要采用先进的、可行的、成熟的新技术，安全的、可靠的、合理的工艺和设备，大胆在机械化和自动化控制方面创新，以提高劳动生产率和降低成本；

② 要立足于自力更生，也要善于学习和利用国内外先进的新技术和最新的科学研究成果，使各项经济指标均达到较先进的水平；

③ 以设计任务书为依据，因地制宜地利用当地丰富的原料达到设计要求的生产能力和规定的产品质量；

④ 贯彻勤俭办厂的方针，力求做到少花钱多办事、投资少见效快，工业指标定额如原料损耗、发酵率、产品的收率等都达到行业的先进水平；

⑤ 考虑到副产品的综合利用，在生产主产物硫酸小诺米星的过程中，注意对副产物维生素 B_{12} 等的提取以及残余的庆大霉素的兽用处理；

⑥ 充分注意“三废”的回收和综合利用，“三废”排放指标要符合环境卫生的要求，从而取得最大的经济效益和社会效益；

⑦ 符合卫生、防火、人防等有关方面的要求，保证安全生产，尽量降低劳动强度；

⑧ 设计除应满足产品、工艺要求及完成生产任务外，还应留有一定的扩建空间和发展潜力。

10.2.4 设计特点

① 在工艺流程中，发酵车间采用二级放大、间歇好氧的发酵生产，压力输送物料，能够保证完成生产任务。

② 本设计注重污染问题的解决，各班组有条理地分开，保证安全生产，产品质量稳定可靠。

③ 由于注意了副产品——庆大霉素（兽用）的回收利用，经济效益大大提高。

④ 采用半自动化控制，操作发酵过程设备较先进，温度通过集中在控制室采用自动化控制。

⑤ 采用自然采光和通风的厂房布置。工厂位于地理位置优越的南方某中等城市，周围要交通方便，水力和电力供应充足，保证生产的稳定。

⑥ 工厂采用现代化的管理制度，生产连续化，具有较高的劳动生产率。

⑦ 空气由本厂空压机房提供，经过滤器成为无菌、无杂空气。

⑧ 采用湿热灭菌，灭菌程度较高，物料消毒采用连消，节省时间、物料，灭菌程度较高。

⑨ 利用离子交换法，使其与离子交换树脂进行选择性交换作用，再用洗脱剂洗脱，设备简单，操作方便，成本低。

10.2.5 设计的可行性研究报告

硫酸小诺米星是一种广谱抗生素，抗菌效果好，在我国有广阔的市场。价格适中，有较强的竞争能力。且生产投资少，成本低，利润高，具有一定的投资必要性和经济意义。

我国于 1975 年便能生产，经过 20 多年的不断研究，技术不断完善、成熟，年产量也日渐提高。产生的发酵废渣交给农村利用，不会造成环境的污染。排放的废水中和后可排放到江河，符合环保的要求。

生产过程采用具有国际先进水平的制药设备和检测仪器，严格按照国际标准的《药品生产管理规范》（GMP）管理生产经营，新产品开发和产品质量检测监控。产品质量稳定，对人类健康有重要的作用，有着显著的经济效益和社会效益。

本车间需投入的人力大约为 153 人，工程项目总投资 1 亿元人民币，主要由国家投资和国家特别贷款，建设期为 18 个月，投产期 18 个月，资金回收期为五年。

10.3 生产规模及产品方案

10.3.1 生产规模：年产 8t 符合卫生部标准的硫酸小诺米星

放罐单位	1180U/mL	产品	590U/mL	
装料系数	75%	总收率	34%	生产天数 300d
发酵罐	10 个	生产周期	6d	1.695kg/十亿单位

① 计算发酵罐的公称容积

$$\frac{8\times1000\times6\times10^{9}}{1.695\times34\%\times300\times10\times75\%\times1180\times10^{6}}=31.37\ (\mathrm{m}^{3})$$

② 每罐含硫酸小诺米星单位

$$31.37\times10^{6}\times1180\times10^{-9}=37.02\text{（十亿单位）}$$

③ 每月产量

$$31.37\times75\%\times300/6\times10^{-9}\times1180\times10^{6}\times34\%\times1.695=800.1\mathrm{kg}$$

④ 每年产量

$$800.1\times10=8001\mathrm{kg}=8.00\mathrm{t}$$

设计 10 个 10t 大罐，并依据接种比和装料系数计算一、二级种子罐的容积以及补料罐。

10.3.2 产品方案

（1）产品介绍

本品的硫酸盐为无定型的白色粉末，不溶于甲醇、乙醇、丙醇、氯仿、醋酸乙酯、苯、石油醚等有机溶媒，仅溶于水。

它的游离碱分子式 $C_{20}H_{41}N_5O_7$，分子量 463。

（2）发酵周期

单批周期生产	时间/h
母斜培养	24×10=240
子斜面培养	24×9=216
子斜面冷藏	24×30=720
一级罐培养	38
二级罐培养	20
发酵罐培养	130
第一批发酵	1358(取 57d)
连续生产发酵	130(取 6d)

（3）提炼周期

酸化、中和、吸附	7h
漂洗	5h
离交	63h
浓缩、成盐	38h
层析	48h
喷粉	52h

（4）产品质量指标

① 性状：白色或类白色粉末。

② 鉴别：呈正反应。

③ 含量：≥590U/mg。

④ 比旋度：$[\alpha]_{D}^{20}$：+110°～+125°。

⑤ 酸度（pH）：4.0～6.0。

⑥ 干燥失重：≤8.0%（105℃）。

⑦ 炽灼残渣：≤0.5%。

⑧ 溶液的澄清度与颜色：应澄清无色，如显色应小于2号色。

⑨ 异常毒性：1000U/mL依法检查应符合规定。

⑩ 热原：1000U/kg。

⑪ 降压物质：2000U/kg。

（5）优级品标准

① 性状：白色或类白色粉末。

② 溶液色泽：≤1号。

③ 澄清度：≤1/2号。

④ 有关杂质斑点：≤3个（薄层法）。

⑤ 毛点：≤4个。

⑥ 组分：HPLC。C1 25%～50%；C1a 15%～40%；C2 20%～50%。

⑦ 比旋度：$[\alpha]_D^{20}$：＋110°～＋125°。

⑧ 干燥失重/%：≤8.0。

⑨ 炽灼残渣：0.4%。

⑩ pH值：4.0～6.0。

⑪ 稳定性：105℃下存在4h。

⑫ 溶液色泽：≤黄色或黄绿色3号。

⑬ 生物效价：≥610U/mg（干品）。

（6）发酵液检验

控制内容	一级种子罐	料罐	二级种子罐	三级种子罐
总糖/(g/100mL)	18±0.5	＞4.0	26±0.5	5.5±0.5
氨基氮/(g/100mL)	10±5	＞3.0	18±5	40±5
pH值	7.5±0.5	＞7.0	8.0±0.3	8.0±0.3
溶磷量/(r/mL)	7±2	—	15±5	30±5
菌丝形态	菊花团状菌丝伸展,菌丝量达60%	—	菌丝大片网状散开,菌丝量达90%	—

10.3.3 主要原辅料的标准规格

主要原辅料的标准规格见表10-1。

表10-1 主要原辅料的标准规格

名称	规格	检验项目	指标	单价/(元/kg)
葡萄糖	工业	外观	白色或棕黄色	4
		含量	≥75%	
		重金属	≤2×10^{-5}	
淀粉	工业	外观	白色粉末,无霉度	2.7
		含糖量	≥80%(干品)	
		水分	≤15%	

续表

名称	规格	检验项目	指标	单价/(元/kg)
玉米粉	商品	外观	白色或淡黄色粉末无霉度	1.8
		含糖量	≥60%	
		水分	≤15%	
		细度	80%通过60目筛,其余全部过20目筛	
黄豆饼粉	商品	外观	淡黄色粉末,无霉素,变色柱	2.7
		蛋白质	≥40%	
		含油量	≤11%	
		油酸价	≤15mgKOH/g	
		水分	≤9%	
		溶磷	≤3000r/g	
		细度	85%过60目筛,其余全部过20目筛	
蛋白胨	企标	外观	黄棕色粉末无异物	8
		蛋白质	≥80%	
		溶磷	≥2000r/g	
酵母粉	药用	外观	淡黄色粉末	8
		蛋白质	≥40%	
		水分	≤9%	
		溶磷	≤8000r/g	
豆油	商品	外观	黄棕色透明液体,无味,无沉淀	5
		酸价	≤4mgKOH/g	
淀粉酶	企标	外观	黄棕色粉末	8
		酶活力	≥2000U	
轻质碳酸钙	工业	外观	白色轻质沉淀性粉末	0.6
		含量	≥96%	
		游离碱	≤0.1%	
硫酸铵	工业	外观	白色结晶	1
		含量	≥95%	
硝酸钾	工业	外观	白色结晶	5
		含量	≥98%	
氯化钴	C.P.	外观	紫红色结晶	350
		含量	≥97%	
泡敌	BAPE型	外观	微黄色透明油状液体	15
		羟值	40～56mgKOH/g	
		酸值	≤0.5mgKOH/g	
		比重	1.02～1.625(20℃)	
		浊点	11～18℃	
液氨	工业	含量	≥99.5%	1.5
盐酸	工业	外观	淡黄色液体	0.57
		含量	≥26%	
		含铁量	≤0.01%	
硫酸	工业	外观	无色或淡黄色油状黏稠液体	0.7
		含量	≥92%	
		灰分	≤0.1%	
硫酸	C.P.	外观	无色澄明的油状黏稠厚液体	4
		含量	95%～98%	
液碱	工业	外观	蓝紫色透明液体	1.5

续表

名称	规格	检验项目	指标	单价/(元/kg)
鱼粉	商品	含量	≥27%(内控)	4
		外观	棕褐色粉末	
		蛋白质	≥50%	
		水分	≤9%	
		溶磷	≤15000r/g	

10.3.4 车间组成与生产制度

(1) 劳动组织

书记
厂长
主任

- 办公室
- 发酵工段
  - 种子组
  - 无菌组
  - 配料组
  - 消毒组
  - 看罐组
  - 工艺组
- 提炼工段
  - 酸化吸附组
  - 离交组
  - 浓缩组
  - 转盐组
  - 层析组
  - 喷粉组
  - 工艺组
- 制水
- 保全
- 生化检测

(2) 岗位定员

分厂办公室人员			车间办公室		
(4人)	书记	1人	(4人)	副主任	2人
	厂长	1人		统计管理员	1人
	统计员	1人		设备员	1人
	管理员	1人			

(3) 岗位人员(共145人)

工段或大组	组别	人数	岗位	班次	备注
发酵工段	种子	6	种子	长日班	
	无菌	6	无菌	三班制	
	配料	1	领料	长日班	
		8	配料	二班制	

	消毒	2	拆检	二班制	
		12	消毒		
	看罐	17	看罐	三班制	四班三运转
		1	机动	长日班	
	工艺	6	工艺	二班制	
发酵工段	保全	3	保全	二班制	
直属大组		4	生测	长日班	
		6	化测	二班制	
		1	组分	长日班	

工段或直属班组	组别	岗位	人数	班次
提炼工段	酸化、吸附	酸化	4	二班制
		吸附	7	
		配料	5	
	离交	离交	5	二班制
	浓缩	浓缩	6	二班制
	转盐	转盐	5	二班制
	层析	层析	3	二班制
	喷粉	喷粉	8	二班制
	工艺	工艺员	6	长日班
提炼工段直属班组	制水	制水	8	二班制
	保全	保全	8	长日班
	生化检测	生测	3	二班制
		化测	7	二班制

注：车间生产 300 天，停产检修 30 天。

10.3.5　车间平面布置原则

根据产品的种类性质、工艺流程、生产管理、设备种类、数量多少而考虑布局，使物料运输、人员管理与生产管理方便，生产协调配合，人物流明确，其原则如下。

① 在布置设计时，要注意本车间和其他车间的关系，要对人流、物流作出合理安排，避免原料、中间体、成品的往返交叉运输。

② 设备布置应按工艺流程顺序，做到上下纵横相呼应。

③ 在操作中相互有联系的设备，应布置得彼此接近，便于工人操作。设备排列要整齐，设备之间要保持必要的间距。此间距除了要照顾到合理的检修与操作的要求外，还应考虑到物料运输通道及设备周围临时放置原材料及半成品的可能性。

④ 车间布置应满足检修要求，厂房应有足够高度，以便于吊装设备。对于多层车间，应放置必要的吊装孔或吊装门。

⑤ 在车间布置时要充分考虑劳动保护、安全防火和防腐等特殊要求，设计要符合各项设计规范。

⑥ 车间布置要考虑车间今后发展，在厂房内或外留有发展余地。

⑦ 工艺设计者在进行车间布置设计时，要同时满足其他非工艺专业的设计要求，搞好相互合作。

10.3.6 厂址选择

工厂的选址是一项包括政治、经济、技术等在内的综合性的复杂的工作。应根据设计任务书的要求和提炼车间的特点，经过深入的调查和研究对比，对可行性报告进行审批，并参观同行业先进工厂，结合本厂的实际情况，经过全面考虑研究确定。

(1) 厂址选择因素

厂区选择首先考虑建厂地区周围的环境卫生和各方面要求，然后综合考虑地理条件、地质条件、抗震条件、气候条件。该厂址位于珠江三角洲某中等城市近郊，厂区有公路直通干道，自来水、电都有保障，具有优越的地理优势，水陆交通方便，经济活跃，周围水、空气污染较少，有利于避免发酵过程中染菌，厂内主要地段的坡度不大于20%，以便于排出场地积水，且在历年最高洪水线上，地耐力在20t/m^2 以上，可节约基础工程投资，地震基本烈度在六级以下，符合国家有关卫生、防火、人防等要求，且厂址位于居民点下风口，城镇河流下游，厂址靠近市郊，公共设施完备。

厂内设有变压电站，且变电站放在避雷安全区内，还设有应急装置，以便及时解决突发断电故障。建有水塔，打有深水井，储存了一定体积的水，供生产、生活之用，蒸汽供应通过锅炉烧水获得，由于用锅炉烧水，污染较大，故锅炉房设在主导风向的下风口，空压站与锅炉保持一定距离，以保证较高洁净度。

(2) 气象条件

气温	最高气温 38℃	最低气温 2℃	一般气温 30℃
湿度	最高湿度 95%	平均 80%	
主导风向	冬季:东北	夏季:东南	
河水温度	最高 28℃	最低 2℃	
深井水温度	最高 20℃	最低 2℃	
自来水温度	最高 30℃	最低 2℃	

(3) 本厂的公用设施和辅助工程

办公楼，中心实验室，五金仓库，化学药品仓库，成品仓库，锅炉房，空压站，水塔，变电站，机修车间，车房，煤堆场，煤渣堆场，食堂，浴室，厕所，医务室，幼儿园，工人培训课室，职工宿舍，球场，单车棚，传达室。

由于厂区位于珠江三角洲某中等城市近郊，公用工程，生活设备等方面有良好的基础和协作环境。

(4) 动力来源

水：来自附近的自来水厂及附近的河水，其水质经过处理符合生产要求。

电：厂区有高压线通过，满足本厂生产用电。

蒸汽：由本厂锅炉房提供。

冷却：自来水经本厂冷冻站冷却提供。

空气：由本厂空压机房提供，经过滤器成为无菌无尘空气。

10.3.7　综合利用和“三废”处理

10.3.7.1　综合利用

经层析分离后的废液中含有大量的庆大霉素，可以作兽用。

10.3.7.2　废物排放

废物排放见表10-2。

表10-2　废物排放

废物名称	走向
发酵废渣(菌丝体)	交农村处理
废水	中和后排向江河

10.3.7.3　废水排放标准

废水排放标准见表10-3。

表10-3　废水排放标准

序号	项目名称	最高允许排放浓度
1	pH	6～9
2	悬浮物	500mg/L
3	生化需氧量	60mg/L
4	化学耗氧量	100mg/L

10.3.8　全厂平面布置图、管路布置原则建筑要求

① 必须符合生产流程的要求。
② 应当将占地面积较大的生产主厂房布置在厂区的中心地带。
③ 应充分考虑地区主风向的影响，以此合理布置各建、构筑厂房及厂区位置。
④ 应将人流、物流通道分开，避免交叉。
⑤ 应遵从城市规划的要求。
⑥ 必须符合国家有关规范和规定。

10.3.9　工厂平面图

工厂平面图如图10-1所示。

10.3.10　管路布置原则

① 满足生产需要和工艺设备的要求，便于安装、检修和操作管理；
② 尽可能使管线最短、阀件最少；
③ 车间内管道一般采用明线敷设；
④ 管架标高应不影响车辆和行人交通；

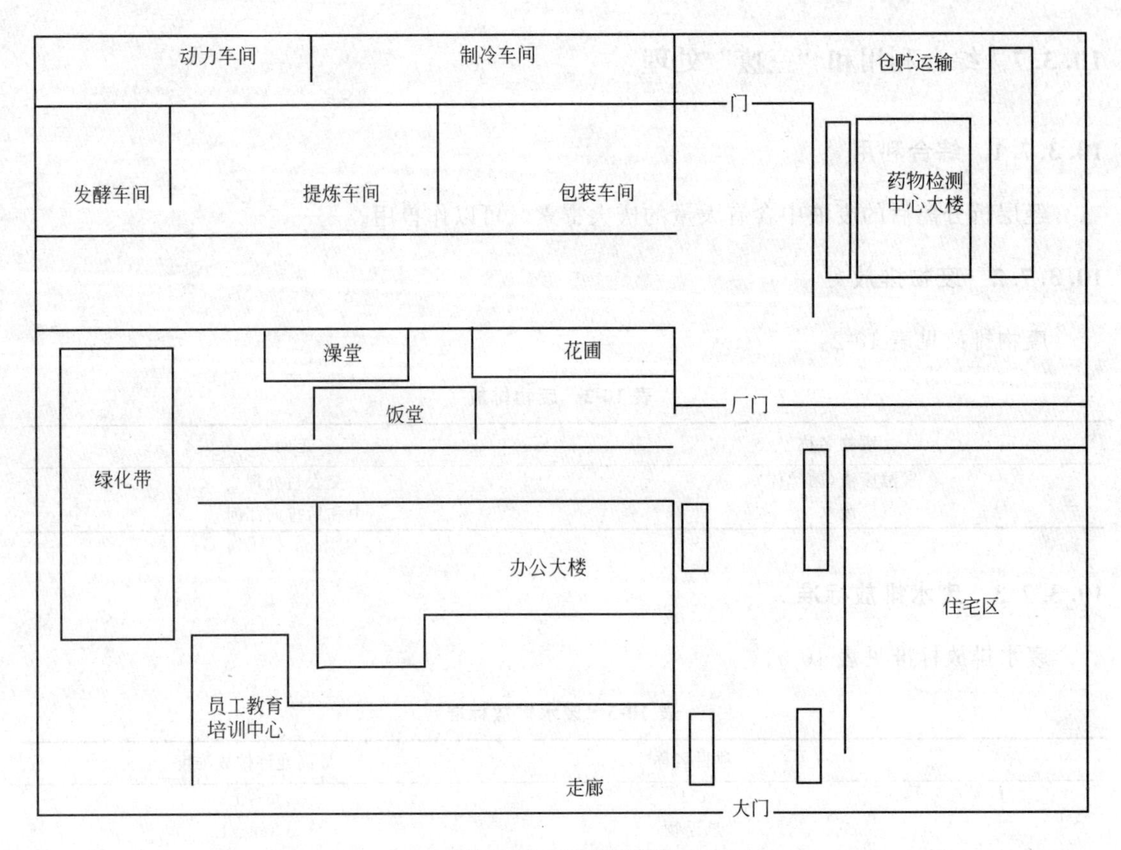

图 10-1　工厂平面图

⑤ 分层布置时，大管径、热介质、气体、保温和无腐蚀管道在上，小管径、液体、不保温、冷介质和有腐蚀性的管道在下；

⑥ 管径大的、常温的、支管少的、不常检修的和无腐蚀性的管道靠墙；

⑦ 易堵塞管道在阀门前接上水管或压缩空气管；

⑧ 阀门和就地仪表的安装高度民主应满足操作和检查的方便；

一般地说，上下水道及废水管适用于埋地敷设，埋地管的安装深度应在冰冻线以下。

10.4　工艺流程选择及论证

10.4.1　生产方案及工艺流程图

生产方案及工艺流程如图 10-2 所示。

10.4.2　工艺选择原则

① 保证产品符合国家质量标准；

② 尽量采用成熟的、先进的技术和设备，努力提高原料利用率，提高劳动生产率，降低劳动成本，降低水、电、气及其他能耗，使工厂建成后能迅速投产，在短期内达到设计生产能力和产品质量要求，并且做到生产稳定、安全可靠；

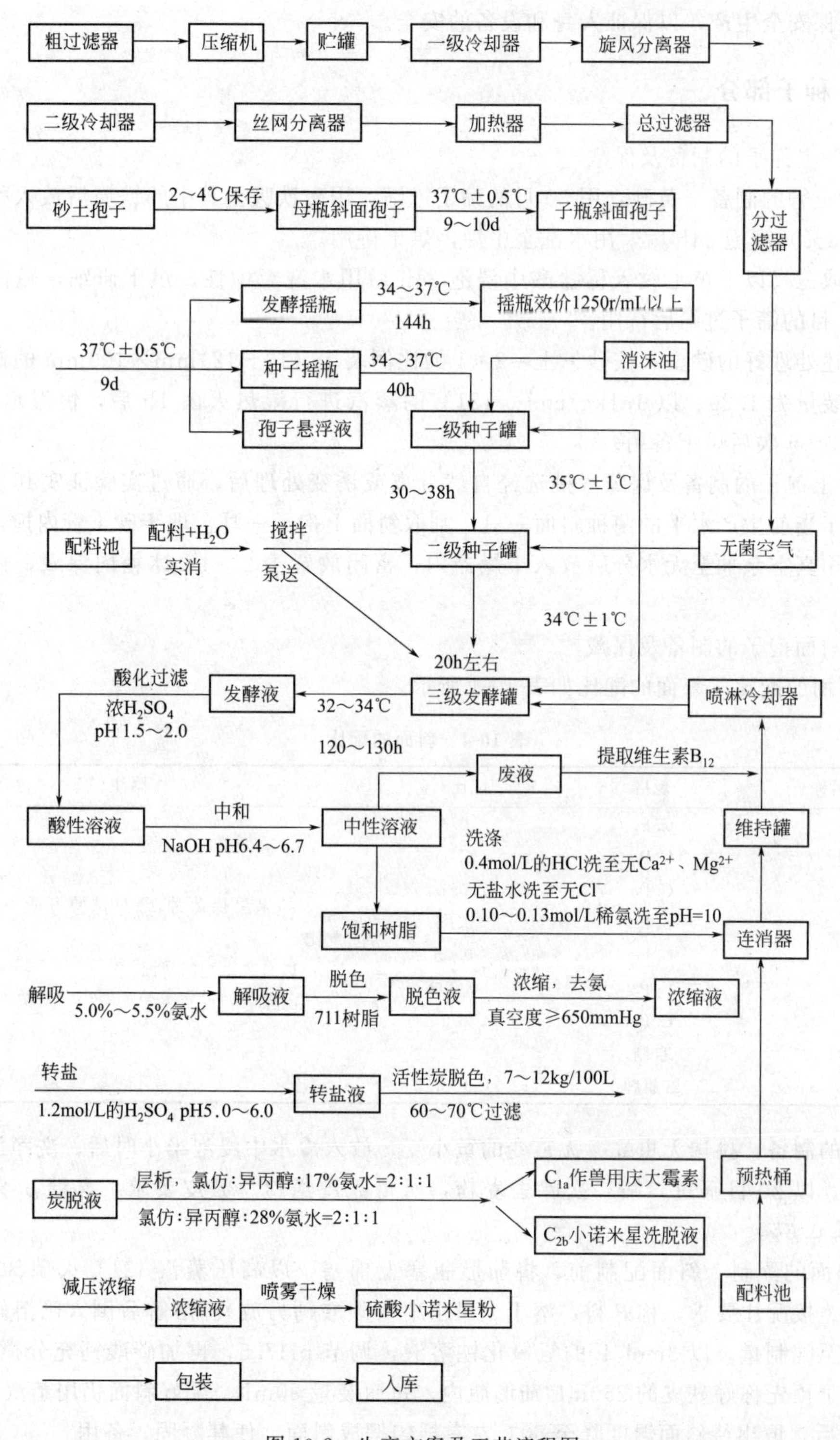

图 10-2 生产方案及工艺流程图

③ 生产过程尽量采用机械化和自动化，实现稳产、高产；

④ 尽量减少三废排放量，有完善的三废治理措施，以减少或消除对环境的污染，并做好三废的回收和综合利用；

⑤ 确保安全生产，以保证人身和设备的安全。

10.4.3 种子部分

（1）砂土孢子的制备及保藏

① 砂土管的制备 黄砂：用 80 目的筛子过筛，用磁铁吸去其中的铁屑后放入稀盐酸中（浓度为 10%）浸泡 24h 后，用水洗至中性，烘干待用。

土：取三尺以下黄土放入稀盐酸中浸泡 24h 后用水洗至中性，烘干研细，磁铁吸去铁屑，用 80 目的筛子过筛后待用。

取上述处理好的砂土，按砂：土＝2：1 的比例装于（10～12）mm×100mm 的试管内拌匀，每支装量为 1.2g。以 1.1kg/cm^2，121℃的蒸汽进行湿热灭菌 1h 后，恒温培养一天，如此反复 3～5 次后烘干备用。

② 砂土孢子的制备及保藏 挑选经自然分离或诱变处理后，通过实验证实其生产能力至少不低于当前生产水平的菌种斜面一只，刮取斜面上孢子一耳包埋于砂土管内搅匀放入干燥器中，用真空泵抽至无水分后放入干燥器内，密闭放置于 2～4℃冰箱内保藏，使用期为一年。

（2）斜面孢子的制备及保藏

① 斜面的配比 斜面的配比如表 10-4 所示。

表 10-4 斜面的配比

原料名称	规格	配比/%	附注
可溶性淀粉	C.P.	0.8	a. 如果更换菌种，经过试验可适当变动个别配比。 b. 以自来水配制斜面。 c. pH7.5
磷酸氢二钾	C.P.	0.05	
硫酸钾	C.P.	0.1	
硫酸镁	C.P.	0.05	
氯化钠	C.P.	0.05	
天冬门素	C.P.	0.002	
碳酸钙	C.P.	0.1	
麸皮	自制	2	
琼脂	红旗牌	1.6～1.8	

麸皮的制备：挑选无虫蛀、无霉变的黄小麦，放入冷水中浸泡半小时后，洗净放室温阴干，磨碎，以 20 目筛过，筛二次除去麦粉，所得麸皮送检。麸皮要求：含糖 65%、总氮 2%、总磷 0.6%。

② 斜面的配制 斜面配制前，将茄形瓶塞上棉塞，以高压蒸汽 121℃灭菌 30min 后，冷却待用。按配比要求，称好料，溶于少量水中（碳酸钙另放）。溶解后倒入已溶解的琼脂中，加水至配制量。以 3mol/L 的氢氧化钠溶液，调节 pH7.5，再加碳酸钙充分搅拌均匀。然后分装于预先称好麸皮的 250mL 茄形瓶内，每瓶装量 50mL。配好斜面仍用蒸汽 121℃灭菌 30min 后，取出待斜面温度降至 50℃左右摇匀摆成斜面，使其凝固，备用。

③ 斜面的接种法 母斜面：采用干接法。以无菌操作，以耳挖挑取砂土孢子于空白斜面上（挑取量视砂土孢子多少而定），然后用大玻棒涂布均匀。放置于 37℃＋0.5℃的恒温室内培养 10 天，于 2～4℃冰箱中备用，保藏期为三个月。

子斜面：采用湿接法。挑选母斜一只（外观要求孢子丰满，色泽正常，无自溶，无杂菌），以无菌操作倒入25～30mL无菌水于母斜中，刮下母斜孢子，制成孢悬液。用玻璃棒蘸取孢悬液一滴于空白斜面上均匀涂布完后，放入37℃±0.5℃的恒温室内培养9～10天，检查无杂菌收入2～4℃冰箱中保藏备用，剩下的孢悬液倒入肉汤一支做无菌试验。

（3）孢悬浮液的制备与接种法

① 孢悬液的制备　进罐孢悬斜面要求：外观孢子丰满，色泽正常，无自溶，无杂菌。斜面冷藏期在一个月以上，在无菌室内，按无菌操作要求，取子斜面6～7只倒入无菌水，刮下孢子，最后全部孢悬液合为一瓶，换上针头，装上不锈钢夹子待进罐。刮孢子的耙子，接种用的针头，针头处的试管护套，预先都经过了蒸汽灭菌。

② 接种方法　孢悬液制备完后，进行接种。接种前必须关窗户，停电扇，保持空气相对静止。以0.125%的新法尔喷雾喷涂接种口周围，再以75%酒精棉球擦拭接种孔，以火焰保护，迅速将孢瓶针头插入接种孔内，以压差法将孢悬液接入种子罐内后（接种起始罐压为0.8kg/cm^2），迅速拔出孢瓶针头，即刻用蜡封住接种孔，孢瓶送无菌检验。

（4）摇瓶发酵的制备与无菌培养

① 摇瓶发酵的配比　摇瓶发酵的配比如表10-5所示。

表10-5　摇瓶发酵的配比

原材料	配比/%	原材料	配比/%
淀粉	5.5	硝酸钾	0.05
葡萄糖	4	氯化钴	6r/mL
黄豆粉	0.5	油	2滴/30mL
碳酸钙	0.5	蛋白胨	0.3
硫酸铵	0.05		

注：a. 原材料质量标准与生产大罐的原材料相同；

b. 用自来水配制发酵培养基与摇瓶发酵培养基。

按配比逐项称重配制摇瓶发酵培养基，将培养基分装于250mL的三角瓶内，每瓶装量为30mL。以六层纱布一层牛皮纸包扎瓶口，以1.1kg/cm^{2}蒸汽灭菌30min待用。

② 摇瓶接种与培养　采用斜面挖块接种法。取孢子斜面一只，以无菌操作法挖孢子斜面一只接入已灭菌的，盛有摇瓶发酵液的发酵三角瓶中，接种后的三角瓶固定在摇床上，在34℃恒温室振荡培养144h（6d），摇床转速为200～230r/min，培养完后进行酸化过滤，送测生物效价，并测组分。

（5）无菌室的工艺卫生要求

无菌室按洁净区的要求管理，应做到以下几点。

① 无菌室属工艺卫生管理的洁净区。

② 每次进无菌室前，一切用具器皿需用75%酒精擦抹一遍，然后再放入半无菌室，无菌室包括缓冲道和半无菌室，在操作前后都需用紫外线照射30min。

③ 进无菌室操作前，在无菌室内用0.125%的新洁尔灭喷雾灭菌。操作完后将各种用具器皿浸泡在新洁尔灭溶液中，并用0.3%新洁尔灭擦拭操作后，再用新洁尔灭喷雾一次。

④ 每次操作，应用平皿法检查空气和操作人员手指的带菌情况。无菌室要经常保持无菌，要求平皿暴露30min，培养后长出的菌落≤3个。

⑤ 无菌室坚持每星期打扫一次，每月大扫一次，用乳酸蒸煮灭菌一次。

⑥ 建立无菌操作管理制度，操作人员不得留长发，戴饰物手表，必须每日洗澡、洗内衣一次。

⑦ 洁净工作服（鞋、帽、口罩）应编号，并每班清洗、灭菌一次。

⑧ 固体双碟培养基的配比如表 10-6 所示。

表 10-6　固体双碟培养基的配比

牛肉膏	酵母膏	蛋白胨	葡萄糖	琼脂
0.2%	0.4%	0.60%	2%	1.5%

注：1. 用自来水配制，培养基消前 pH 为 7.4；

2. 用于无菌室洁净度检查。

(6) 异常现象的处理

① 消毒过程中当压力超过 0.14Pa，安全阀放汽，此时应立即关闭进汽，打开内外排汽，待压力正常后，适当收小排汽，开启进汽；

② 消毒时，遇突然停电，应立即关进汽阀，收小排汽，待压力降至零，开锅检查物品，视情况作出处理；

③ 罐上接种如突然爆炸或关泄漏，应迅速拔出针头，盖上接种口，另外刮过斜面；

④ 在无菌室操作，如不慎将酒精灯打破，找一块干布扑打隔绝空气；

⑤ 斜面或摇瓶间在培养期间如遇突然停电，应尽量少开门。如遇培养间温度自控失灵，温度升高，超过工艺标准，则整批斜面不能使用；

⑥ 冰箱如遇突然停电应尽量少开门，来电后观察冰箱运转正常否，时间过长，应将冰箱的斜面转移；

⑦ 砂土管抽真空在遇突然停电或关电源时应立即关闭干燥器上的活塞，再拉下电闸，防止真空油倒吸。

10.4.4　发酵部分

(1) 培养基配比

培养基配比见表 10-7。

表 10-7　培养基配比

项目	一级	二级	三级	一次料	二、三次料
葡萄糖	0.1	0.3			
淀粉	1	1.5	5	5	5
玉米粉	1.5	1.5	1		
黄豆饼粉	1	2	3	3	3
酵母粉		0.2	0.5	0.5	0.5
蛋白胨	0.2	0.2	0.5	0.5	0.5
硫酸铵			0.05	0.05	0.05
碳酸钙	0.5	0.5	0.5	0.5	0.5
硝酸钾	0.05		0.05	0.05	0.05
氯化钴	1r/mL	8r/mL	8r/mL	8r/mL	8r/mL
淀粉酶	0.3g	0.3g			

续表

项目	一级	二级	三级	一次料	二、三次料
消末油泡敌	1.5L	4L			
计算体积	300L	2t	7t(21.5t 罐) 12t(28.5t 罐)		
消后体积	300	2t	7t(21.5t 罐) 12t(28.5t 罐)		
消后 pH	自然	8.0±0.3(消后用液碱调节)	8.0±0.3(消后用液碱调节)		

(2) 培养基配制

配料时应先洗净配料池及管道，而后在配料池中放水至搅拌叶，开启搅拌，加入所需各种原料并加水到规定体积，使物料搅拌均匀，块状物充分打碎，化学药品完全溶解，及时与消毒工联系好，种子或发酵培养基用泵输送到种子罐或发酵罐，加水到规定体积，进行实罐消毒；补料培养基，用泵输送到预热桶中，加水到规定体积，预热温度 75～80℃，保温 30min 后进行连续消毒，打料及连线结束后，池、桶及管道等应及时冲洗干净。

(3) 灭菌条件

(4) 培养基灭菌

培养基灭菌如表 10-8 所示，灭菌目的在于保证纯中发酵，消毒时需要的蒸汽压力一般要求不低于 3kg/cm²。补料罐连续消毒蒸汽压力要求在 4kg/cm² 以上。消毒前应检查设备清洁度、严密度，按工艺要求控制灭菌蒸汽压力、温度和保温时间，注意各进汽口、排汽口的畅通，并保持进汽、排汽的平衡，使压力与温度相对应（但应以控制温度为依据），消毒完应通入无菌空气保持罐内和管路正压，严防负压造成染菌。

表 10-8 培养基灭菌

项目		灭菌方式	温度/℃	压力/(kg/cm²)	灭菌时间/min
空气系统	总过滤器	流动蒸汽	135～140	2.0	120
	分过滤器			2.0	45
空罐		闷消	80～100	0.8～0.9	闷 30，冲 30
一、二、三级罐		空消	130～135	1.7～2.0	60
		实消	118～124	0.9～1.1	30
补料		连消	130～135	4～5	进料速度 1t/67min
管道		流动蒸汽		30	60

(5) 接种量

接种量如表 10-9 所示。

表 10-9 接种量

罐别	一级种子罐	二级种子罐	大罐
种量	5 只茄形瓶	2 种	2t 或 4t 接 7 种

(6) 接种标准

接种标准如表 10-10 所示。

表 10-10　接种标准

罐别	一级移二级	二级移大罐
种龄	36min 左右	20h 左右
形态	有菊花团状，菌丝伸展，形态较好	菌丝大片网状散开
菌丝量	试管法菌丝量 60%左右	菌丝量 90%以上挑三只样品

（7）培养条件

培养条件如表 10-11 所示。

表 10-11　培养条件

罐级	项目		
	罐温	罐压/(kg/cm^2)	通气量
一级	35℃±1℃	0.4～0.5	分、总过滤器压力差为 0.2～0.3kg/cm^2
二级	34℃±1℃	0.3～0.4	接后 0.3～0.4kg/cm^2，五小时后阀门全开至移放
三级	34℃±1℃	0.2	阀门全开

（8）中间补料

前期泡沫全降后补料 5～6t（约在 15h），中期再分二次补料 5～6t，争取在 60h 以前补完，视生长数据决定是否在 80h 左右补水或少量料。

（9）发酵周期

发酵周期为 120～130h。

（10）发酵工艺的有关部门事项

① 每年更换总过滤器介质一次，正常情况下，半年开盖检查上层情况一次，每月消总过滤器及总管道一次。

② 总过滤器消毒蒸汽压力为 1.8～2.0kg/cm^2，时间为 2h。

③ 分过滤器介质用 6 层超细纤维纸及棉花每月更换一次，每批消毒一次。

④ 空气总过滤器及分过滤器要每班定期放油水，进罐空气要加热，视季节变化情况加热到 35～45℃之间。

⑤ 维持罐每月初清铲一次，连消盘管要经常检查泄漏及喷淋情况。

⑥ 种子罐染菌，应杀菌后放下水道。

⑦ 大罐染菌后除指出染菌原因外，应采取加水煮空罐或加甲醛消毒等措施，防止连续染菌。

⑧ 罐供应不上时，可采用在转的发酵罐倒种。供给倒种的发酵罐的培养时间为 20～40h，倒种量 2～3t。

（注：被倒种的罐每月不超过 10%。）

⑨ 停空气：如果停空气，要立即关死罐的排汽阀，要先关种子罐，再关前期罐，再关中后期罐。

⑩ 如遇停水、停电、设备故障，要及时找有关人员处理。

（11）发酵培养的中间检测

发酵培养的中间检测如表 10-12 所示。

（12）异常现象的处理

① 突然停电，停空气时尽快关每只罐的排汽，原则是先关种子罐，前后期大罐，再关中后期大罐。如停空气时间太长，罐压不得超过总空气压力，以防倒压，要关各进汽阀；

表 10-12　中间检测

罐别	检查项目		
	pH、糖、氮、溶磷	无菌检查及镜检菌丝形态	生物效价
一级种子罐	消后，移前	消后，接后以后每 8h 一次至移前	
二级种子罐	消后，接后以后每 8h 一次至移前	消后，接后 8h 以后再隔 2h 取一次至移前	
发酵罐	消后，接后每 8h 一次至放罐	消后，接种后每 8h 一次至 80h	35h 以后每 8h 一次至放罐
料罐	消后	消后，以后每 8h 一次至用完为止	

注：(1) 溶磷只消后测样；

(2) 消后样要待罐温 35℃＋1℃时取，无菌消后样取 2 份。

② 电机、搅拌有异常，要通知有关人员处理；

③ 阀门、罐上出事，要找有关人员处理；

④ 按调度通知要求，检查有关部门阀门时，必须及时检查，并把结果告知调度；

⑤ 对发酵液、料的不正常现象，要及时报告。

10.4.5　提炼部分

(1) 发酵液的预处理：

① 放罐：发酵液放于酸化桶内，测量体积，取样测泡沫率，计算放罐实际体积；

② 酸化：一边搅拌，一边加入浓硫酸酸化，搅拌均匀，酸度稳定，至 pH1.5～2.0（计测）取样测滤速冻，再搅拌 30min，即可过滤；

③ 过滤：酸化了的发酵液经板框过滤，滤液输入吸附桶，并用 pH 为 2.0～2.5 的硫酸水溶液顶洗滤渣，顶洗水也吸入吸附桶，且顶洗液体积为放罐体积的 90%，分别测量体积，经搅拌均匀后取样送生测测定滤液单位；

板框过滤要求：防止泄漏，防止跑料。板框压力≤10kg/cm^2。

④ 出渣：滤渣经空气吹干后，拆板框，清洗滤布，滤渣作农用，板框清洗后，装好并检查不漏后准备再用。

(2) 离子交换树脂吸附

① 中和：一边搅拌，一边加入液碱中和至 pH6.4～6.7，待酸度稳定后即可用 732 树脂吸附；

② 树脂投入量的计算：

$$\text{应投入树脂体积(L)} = \frac{\text{溶液体积(L)} \times 0.8 \times \text{放罐单位(U/mL)} + 0.2 \times \text{顶水体积(L)} \times \text{放罐单位(U/mL)}}{70000\text{U/mL 树脂}}$$

树脂吸附能力按每毫升吸附 7 万单位计，“滤液”指滤液及顶水前峰，其体积相当于放罐体积，顶洗的余下部分为“顶水”；

③ 按计算量将树脂投入中和了的滤液顶水中，搅拌 5h 进行静态吸附。计算数据要求准确，吸附时间应保证；

④ 吸附完毕，取废液样送生测测废液单位。饱和树脂用分离器分离。其废液应输入 VB12 组进行动态吸附 VB12，饱和树脂经自来水清洗后，量体积移交给下工序。饱和树脂的洗涤过程应防止跑树脂。

（3）离子交换树脂洗涤和解吸

① 饱和树脂进离交罐后，开罐盖用自来水反洗，洗净自来水中杂质后上好罐盖；

② 酸洗：将0.4mol/L盐酸水溶液以20min/L流速洗涤，酸洗液用量为饱和树脂的20～30倍量，检查排出液无Ca^{2+}、Mg^{2+}，即可停止酸洗；

③ 洗Cl^-：将树脂中酸洗液压干，用无盐水正反交替冲洗树脂至排出液无Cl^-，既排出液电阻率在$15\times10^4\Omega/cm$以上；

④ 洗稀氨：将0.10～0.13mol/L的稀氨水以20min/L流速洗10～15倍，排出液pH在10时即可停止洗稀氨；

⑤ 解吸脱色：将5%～5.5%的氨水以20min/L流速解吸饱和树脂，待732树脂罐罐料空流出液显碱性（pH7以上），即串联711脱色树脂罐。收集脱色液体积为饱和树脂体积的6～7倍，取解吸尾液样送检在300U/mL单位以下，即停止解吸；

⑥ 解吸后的732树脂用自来水冲洗至中性；

⑦ 711脱色树脂罐脱色时为两罐串联用，经过两次两主脱色后，树脂要进行再生。

（4）解吸液浓缩、转盐、脱色

① 浓缩：解吸液经取样测单位，透光度和测量体积后进入薄膜蒸发器进行浓缩去氨。浓缩器蒸汽压力控制在$0.1\sim0.3kg/cm^2$，真空度≥650mmHg，温度不超过70℃，注意观察冷却条件。冷却条件不好，应减少进料速度。经反复浓缩3次，浓缩液含量$16\sim20\times10^4U/mL$，并取样送生检测浓缩液单位、透光度及pH值；

② 转盐：在不断搅拌下按1∶2用无盐水稀释好的1.2mol/L的CP硫酸慢慢滴加到浓缩液中调pH值为5.5～6.0；

③ 炭脱：依照庆大转盐液的颜色加适量的针用活性炭（一般加入7～12kg/100L），加热至60～65℃，并保温半小时，除去色素、杂质和热源物质，趁热过滤，过滤后的碳脱液应澄清，pH为4.0～6.0，透光度在90%以上（以$16\times10^4U/mL$计），含量$\geq14\times10^4U/mL$；

④ 用1～2倍量碳脱液体积的无盐水加热到70℃以上，顶洗脱色用活性谈回收庆大霉素，留给下一批套用。

（5）喷雾干燥及包装

① 将碳脱液经无菌板框过滤后进入无菌贮罐，并开冷冻控制5～10℃。进塔空气压力为$0.5\sim0.8kg/cm^2$，空气流量计指示43～46，塔顶温度为120～125℃，塔底温度为75～80℃，物料罐压力为$1.6kg/cm^2$，流量计指示为50～55L/h，实际进量为15～17L/h，喷完后换下接粉瓶和布袋过滤器；

② 喷雾前用无盐水清洗浓缩液贮罐、滤液贮罐、无菌板框，反复冲洗喷雾塔，并用蒸汽灭菌板框、浓缩液贮罐和率液贮罐。灭菌条件：$1.5kg/cm^2$蒸汽保持30min。清洗后的喷雾塔用热空气吹干，热空气温度为90～95℃；

③ 包装：包装场所和操作应符合控制区的有关部门要求，防尘、防蚊蝇。每周检查空间菌落两次，菌落数平均≤10个/双碟。内包装：专用双层聚乙烯塑料袋，分别熔封袋口，塑料袋置于专用铁听内，每听装重5kg，每听内（塑料袋上面）放一张合格证，每听外贴一张标签。外包装：专用硬铁板箱，每箱内装2听，计10kg，箱反面打上批号。箱盖用胶袋纸封口，用编织塑料胶袋作“井”字形捆扎。

（6）无盐水的制备

① 自来水先通过电渗析器，再通过732阳离子树脂罐和717阴离子树脂罐得到电导率

为5以下（或电阻为$20\times10^4\Omega/cm$以上）的无离子水供提炼离子交换以下工序用无盐水；

② 电渗析器的工作条件：进水压力为$2kg/cm^2$以下，出水量5t/h，水质电阻率$10\times10^4\Omega/cm$以上，水质达不到要求要酸化再生，水量达不到要求要清洗重组装电渗析器；

③ 通过阴阳离子交换树脂处理的无盐水水质达不到要求要进行树脂再生。

（7）树脂的处理

树脂失去交换能力后应用弱碱再生，其方法如下：

吸附及脱色用的阴离子树脂，先以6倍量7%Cl以20～30L/min的流速洗涤后，浸泡3h，再用自来水洗至pH7.0以后再用6倍量4%的NaOH以20～30L/min的流速洗涤后浸泡3h，用无盐水洗至无Cl^-后备用。

制水用的阳离子树脂用4倍量7%的HCl洗涤，阴离子树脂用4倍量4%的NaOH水溶液洗涤，洗完后浸泡3h，用电渗析水洗至pH5～6及pH8～9即串联洗，直到电阻率$2\times10^5\Omega/cm$以上备用。

（8）溶液的配制

① 0.4N稀盐酸配制　配制稀酸贮罐的容量为5t，在罐中先加入4.75t无盐水。然后加入250L浓盐酸至满，便得5t 0.4mol/L的稀盐酸；

② 稀氨水的配制　用5%的氨水加无盐水稀释，稀氨贮槽容量为12t，可先加入9.6t无盐水，再加入400L 55%的氨水便得10t 0.12mol/L的稀氨；

③ 5%的氨水的配制　利用100L 25%的氨水可稀释500L 5%的氨水，一般可用下列公式进行计算：溶液用量=5%×3t/溶液含量=150/浓氨含量

7%HCl的配制　在罐中放入2.3t自来水，假如700L浓HCl即可得3t 7%HCl；

④ 4%的NaOH的配制　在碱罐中放入2.7t自来水，加入300L浓NaOH即可得4% 3t NaOH。

10.5 生产控制和技术检查（包括中间体检验）

生产控制和技术检查见表10-13。

表10-13 生产控制和技术检查

岗位	名称	控制内容	控制者，检测人
	子斜面	外观：孢子丰满，色泽正常，无自溶，无杂菌 放瓶效价≥1200U/mL	菌种工、工艺员
	一级种子罐	消毒方式：实消 消配体积：计料300L，消后300L 搅拌转速：320r/min 接种量：子斜面5瓶，150mL/瓶 培养温度：35℃±1℃ 罐压：0.4～0.5kg/cm² 分与总过滤器压力差：0.2～0.3kg/cm² 种龄：36h±2h 菌丝形态：菊花团状，菌丝伸展，形态较好 无菌：接后、消后每8h取一次无菌样；移种前做系统外观和显微镜检查均保证无菌。 菌丝量：试管法菌丝量60%左右 培养基色泽：消后样白色 pH值：消后、移前7.5±0.5	消毒工、工艺员 半年检查一次，仪电工 菌种工 看罐工、工艺员 无菌组、看罐工、工艺员 无菌组 无菌组 无菌组 消毒工 消毒工、工艺员、化测组

续表

岗位	名称	控制内容	控制者，检测人
	一级种子罐	总糖：消后、移前，1.8g/100mL±0.5g/100mL	消毒工、工艺员、化测组
		氨基氮：消后、移前，13mg/100mL±0.5mg/100mL	消毒工、工艺员、化测组
		溶磷：消后 7r/mL±2.0r/mL	消毒工、工艺员、化测组
		消毒方式：实消，计配料 2t，消后 2t	
		搅拌速度：180r/min	
		培养基色泽：消后样乳白色	
		接种量：一只一级种子罐(300L)或二只一级罐(600L)	
		培养温度：34℃±1℃	
		罐压：0.3～0.4kg/cm^2	
		通气量：接后至 5h 压差为 0.3～0.4kg/cm^2，5h 后进气阀门全开	
		种龄：18～24h	
		菌丝形态：菌丝大片网状散开	
		菌丝量：≥90%，满三只样品	
		无菌：消后、接后，8h 后每 2h 取样一次；移中层前作系统外观和显微镜检查，均检查正确，保证无菌	
		pH 值：消后 pH8.0±0.3，接后，每 8h 至移前 pH7.5±0.5	
		总糖：消后，接后，每 8h 至移前 2.60kg/100mL ±0.5kg/100mL	
		氨基氮：消后，接后，每 8h 至移前 18mg/100mL ±5mg/100mL	
		溶磷：消后 15r/mL±5r/mL	
	发酵罐	消毒方式：实消	消毒工、工艺员
		消配体积：21.5t 罐，计配料 7t，消后 7t	消毒工、工艺员
		28.5t 罐，计配料 12t，消后 12t	
		搅拌转速：180r/min	半年检查一次，仪电工
		培养基色泽：消后样浅黄色，无焦煳味	消毒工、工艺员
		接种量：二只二级种子罐(约 4t)或单种(约 2t)	看罐工、工艺员
		周期：125h±5h	工艺员
		培养温度：34℃±1℃	看罐工、工艺员
		罐压：0～0.2kg/cm^2	看罐工、工艺员
		通汽量：进汽阀门全开	看罐工、工艺员
		菌丝形态：接后每 8h 至放罐取样观察	无菌组
		无菌：消后、接后，每 8～80h	无菌组
		pH 值：消后用无菌碱调节至 pH8.0±0.3	消毒工、化测组
		接后，每 8h 至放罐 pH 值>7.0	工艺员、化测组
		总糖：消后、接后，每 8h 至放罐，	消毒工、工艺员、化测组
		消后 5.3g/100mL±0.5g/100mL，放罐≤1.5kg/100mL	消毒工、工艺员、化测组
		氨基氮：消后、接后，每 8h 至放罐，	消毒工、工艺员、化测组
		消后 40mg/100mL±5mg/100mL	消毒工、工艺员、化测组
		溶磷：消后 30r/mL±5r/mL	消毒工、工艺员、化测组
	料罐	消毒方式：连消	消毒工、工艺员
		配料体积：计配料 6t，消后 6t	消毒工、工艺员
		培养基色泽：消后样浅黄色，无焦煳味	消毒工、工艺员
		无菌：消后，每 8h 至用完	消毒工、化测组
		消后：	
		pH 值：>7.0	消毒工、化测组
		总糖：>4.0g/100mL	消毒工、化测组
		氨基氮：>30mg/100mL	消毒工、化测组
		溶磷：>20r/mL	消毒工、化测组
提炼	发酵液预处理	酸化发酵液 pH 值：1.5～2.0	过滤工、工艺员
		滤渣沉降滤：≤10%	过滤工、生测
		中和滤液 pH 值：6.4～6.7	工艺员、中和工

续表

岗位	名称	控制内容	控制者，检测人
提炼	吸附	过滤收率：≥98%	中和工、工艺员
		732 树脂投料准确，吸附时间 5h	中和工、工艺员
		废液单位：<10U/mL	中和工、生测
		饱和树脂漂洗：至澄清，不流失饱和树脂	中和工、工艺员
	饱和树脂洗涤	酸洗涤：0.4mol/L HCl 洗至流出液无 Ca^{2+}、Mg^{2+}	离交工
		洗 Cl^-：无盐水洗至流出液无 Cl^-，即流出液电阻率≥$15\times10^4\Omega/cm$	离交工
		稀氨洗涤：0.1～0.13mol/L NH_4OH 洗至 pH10	离交工
	解吸树脂	解吸用氨水：5.0%～5.5%，含量准，无杂质 解吸尾液单位：<300U/mL	离交工、化测
	浓缩	浓缩液：无残氨 废液含单位：≤150U/mL	浓缩工、化测
	成盐	12mol/L H_2SO_4(c.p.)调节 pH 值 5.5～6.0	成盐工、化测
	包装	装量，批号准确，符合包装规格要求	成盐工

10.6 工艺流程论证

10.6.1 菌种保藏及复壮方式

菌种的保藏方式主要有冷冻真空干燥法、砂土管保存法、定期移植保藏法和液体石蜡法等，砂土管经过低温、干燥、隔绝空气。具有易控制、易保存、操作简单、使用易、效果好的特点，且保存期长，故采用砂土管保藏法。而其复壮方式：选育⟶砂土管保藏⟶母斜⟶子斜⟶直至通过发酵摇瓶机测定合格方可进罐。

10.6.2 菌种量与培养液量之比

菌种量与培养液量之比如表 10-14 所示。

表 10-14　菌种量与培养液量之比

罐别	一级种子罐	二级种子罐	发酵罐
菌种量	12 只茄形瓶	1.1t	8.4t
培养液量	1234L	9350L	50000L
接种比		11.8%	16.8%

注：若菌种生长不佳时，二级种子罐可移入 2t 种，即 2 个种子罐移至一个二级种子罐。

由于种子罐容积与接种比菌种量成正比，因此接种比的适当与否直接参与关系到容积，若实际接种比小于与所设计罐体积相等的接种比，则罐的体积过大，占地面积大，浪费空间与钢材。所以经反复论证，确定上述设计是符合要求的。

10.6.3 发酵方法

发酵方法分为连续发酵与间歇发酵。其中又有厌氧发酵与好氧发酵之分，大多数抗生素产生菌为好氧菌，所以抗生素生产多采用好氧发酵。

(1) 连续发酵

所谓连续发酵是指在发酵罐内连续不断流进培养液，同时又连续不断地排出发酵液。其优点为培养液浓度和代谢产物的含量相对稳定，保证产品质量和产量稳定；且发酵周期性短，设备利用率和产量较高，有利于人力和物力的节省以及生产管理，便于自动化生产。缺点为长期连续发酵过程中，微生物的变异和杂菌污染的问题，故在技术要求上存在一定难度，而且在连续流动中的不均匀性和菌丝菌在管道中流动的困难以及对微生物形态方面的活动规律尚未清楚。故以连续发酵生产较困难。

(2) 间歇发酵

此发酵方法是微生物在一个罐内完成生长缓慢期、生产加速期、平衡期和衰落期四个阶段的培养方法。其优点为全部发酵过程在一个发酵罐中进行，技术较为成熟。缺点为发酵周期长，发酵罐数多，设备利用率低。

考虑20世纪末连续发酵的理论研究和实际生产情况尚未得到一致结果，因此本流程采用了间歇发酵法。

10.6.4 物料传送与运输

输送方法有气流输送和机械输送两种。

(1) 机械输送

适用于固体物料，操作规程连续，输送能力强，动力消耗低，但占地面积大，造价昂贵，原料在输送过程中会飞出来，造成一定的损失。

(2) 气流输送

又称风力输送，采用高速流动的空气在管道中输送物料，有压力输送、真空输送、压力真空输送三种形式。气流输送设备简单，占地面积小，费用少，较连续化、自动化，管理方便，改善了劳动条件，输送能力和输送距离的可调性大，可密闭消毒管道，密闭性好，不易染菌。

对两种方法相比较综合考虑，气流产输送有更多的优越性，故原料和种子的确输送均采用气流输送。

10.6.5 灭菌方法

常用的加热灭菌方法有干热灭菌和湿热灭菌，后者有高压蒸气灭菌、实消和连消三种。在同样温度下，湿热灭菌效果比干热灭菌好，因为蒸气穿透能力强，而且细胞原生质在含水量高的情况下，易变性凝固，此外，在灭菌过程中蒸汽放出大量的汽化潜热，这种汽化潜热迅速提高灭菌物体的温度，缩短灭菌全过程的周期。

① 高压蒸汽灭菌法：适用于金属纤维、玻璃、陶瓷、木材等制品和生理盐水、培养基，耐高温的药物等。

② 实消和连消：属生产规模的高压蒸汽灭菌法，在高温下，微生物的死亡要比有机营养物质的破坏快。因此，在高压蒸汽灭菌时，只要在最高温度维持的时间足够短，则随着温度的升高，营养物质的确损失逐渐减少。连消更可以减少培养基有效成分的破坏，而且发酵设备利用率高，便于采用自动控制，但对灭菌所用的蒸汽在压力稳定性方面要求不高。实消对培养基有效成分破坏较大，但不需要专业设备，对压力等方面要求较低，占地面积小，成

本较低。

综上所述，本工艺采用高压蒸汽湿热灭菌，发酵罐、种子罐采用实消，补料罐采用连消，管道和空罐采用高压蒸汽灭菌，种子组的器皿消毒和移种则采用干热灭菌法。

10.6.6　提取方法

提取的基本方法主要有吸附法、沉淀法、溶媒萃取法和离交法。由于硫酸小诺米星单位能离解成阴离子，故可采用离子交换法，使其与阳离子交换树脂732进行选择性交换，再用洗脱剂椭氨水（4.5%～5.0%）解吸，达到浓缩和提纯的目的。其优点为设备简单，操作方便，能节省大量溶媒，成本低。其缺点为生产周期较长，受pH变化影响，稳定性差的抗生素不可采用。

10.6.7　精制方法

精制的主要方法主要有浓缩（包括减压浓缩和薄膜浓缩），盐析，脱盐法，脱水法，中间盐转移法，结晶法，重结晶法，晶体洗涤，晶体干燥等。本流程采用薄膜浓缩，在真空加热条件下，使液体形成液膜而迅速蒸发。其原理是增加汽化表面，因液体在形成液膜后具有极大的确表面积，热的传播快，且没有液体静压能影响，能较好地避免药物的过热现象，有效成分不易受破坏，浓缩效率高。

10.6.8　脱色及去热原方法

色素是具有颜色并按使其他物质着色的高分子有机物质，热原质是细菌内毒素，是具有不挥发性的大分子。二者都会影响成品的色级和外观，有损产品质量指标，尤以热原质注入人体后会引起发烧，严重的还会休克，故必须除去。

脱色及去热源的方法一般有活性炭吸附、树脂脱色及葡聚糖凝胶法。本流程采用活性炭脱色去热源及711树脂脱色。由于活性炭具有极大的表面积（500～2000m^2/g），且对各种极性基团（—COOH、—NH_2、—OH）有较强吸附力，而各种色素的生色基和助色基一般都含有数量较多的上述极性基团，故效果很好。

10.6.9　发酵液预处理

发酵液预处理的重点是去除金属离子和蛋白质，尽可能使抗生素转入便于以后处理的相中。

硫酸小诺米星是氨基糖苷类抗生素，能和Ca^{2+}、Mg^{2+}等离子形成不溶络合物，大部分沉积在菌丝内，可用硫酸酸化，使单位从菌丝体释放转入带水相中。

酸化剂一般采用草酸，因其酸性温和，腐蚀性小，但因其价格昂贵，故本流程使用硫酸。中和剂一般采用NaOH，因其来源于容易，价格便宜，不污染环境，但因其腐蚀性大，应注意防腐。

10.6.10　不过滤提取

经预处理后的发酵液，一般仍需经过滤来分离液体与菌丝体等固体杂质。但发酵液过滤是长期以来抗生素生产中的薄弱环节，不仅大大延长生产周期，且由于过滤时机械损失及破坏的原因，有时效价损失可达10%～20%，故本流程采用不过滤提取，采用静态吸附，将树脂直接投入酸化桶内，静置或搅拌，使交换达到平衡，省去发酵液的过滤工序。其优点为：工艺简单，占地省，劳动强度低，减少废菌丝的后处理工作，卫生条件较好。

10.6.11 干燥

常用的干燥方法有减压干燥、喷雾干燥、气流干燥、冷冻干燥等。本流程采用喷雾干燥，利用喷嘴将浓缩液喷成雾滴，使其在热空气中迅速干燥成细粉。因液体经喷雾后具有极大的总表面积，与热空气混合进行热交换，数秒内即被干燥，虽然介质的温度远大于100℃，但物料在干燥时温度仍保持在60℃左右，适用于如硫酸小诺米星这样的热敏性抗生素。

本流程采用气流式喷雾干燥，将浓缩液用0.15～0.5MPa（表压）的压缩空气经特殊的喷嘴喷出，浓缩液在高速气流作用下，克服表面张力，形成雾滴。经热空气气流干燥可直接获得粉末，省去蒸发、结晶、分离、粉碎等后处理工序。其缺点为：干燥介质用量多，动力消耗大，单个喷嘴生产力小，处理量小，收率低，而且旋风分离器未能有效地把1～5μm粉末收集，尚需用尾气回收塔作后集尘处理。

10.6.12 柱层析

因发酵液中含C_{1a}与C_{2b}两种性质结构都很相近的组分，采用一般的方法很难将其分离，切效率也不高，故本流程采用硅胶柱层析分离的方法，先用氯仿：异丙醇：17%氨水＝2：1：1，洗下硫酸小诺米星；体积为7个柱床体积；再用氯仿：异丙醇：28%氨水＝2：1：1，洗下C_{1a}，体积为5个体积。

10.7 物料平衡及计算

10.7.1 发酵车间物料衡算

10.7.1.1 工艺指标

① 年产量：8t

② 发酵单位：1180U/mL

③ 换算关系：1个10亿单位＝1.695kg（1mg＝590单位）

④ 总收率：34%

⑤ 装料系数：一级罐55%、二级罐70%、三级罐75%

⑥ 年生产日：300d

⑦ 发酵时间：一级10h、二级20h、三级130h

⑧ 接种比：一级到二级17%、二级到三级12%

10.7.1.2 发酵过程物料衡算

① 每年放罐总单位：$\frac{8\times1000}{1.695\times34\%}=13881.66$（十亿单位）

② 每批放罐单位：$\frac{13881.66}{300/6}=277.63$（十亿单位）

③ 每批放罐体积：$\frac{277.6\times10^9}{1180\times10^6}=235.28\text{m}^3$

④ 一个三级罐的有效容积：$\frac{235.28}{10}=23.53$（m^3）

⑤ 一个三级罐的公称容积：$\frac{23.53}{75\%}=31.37$（m^3）

⑥ 每罐放液单位：$31.37\times10^6\times1180\times10^{-9}=37.02$（十亿单位）

⑦ 每月放罐单位：$\frac{13881.66}{10}=1388.17$（十亿单位）

⑧ 每月放罐体积：$\frac{1388.17\times10^9}{1180\times10^6}=1176.42\text{m}^3$

⑨ 每天放罐体积：$1176.42/30=39.21\text{m}^3$

⑩ 每天放罐单位：$39.21\times10^6\times1180\times10^{-9}=46.27$（十亿单位）

⑪ 每天产量：$46.27\times34\%\times1.695=26.67\text{kg}$

⑫ 每年产量：$26.67\times300=7999.62\text{kg}=8\text{t}$

按三级罐发酵时间为130h，在此期间内10个三级罐都能进行发酵，则罐的利用率最高（每隔相同时间从二级罐移到三级罐），可见每隔130/10＝13h就可以放罐一批，此时年产量：

$37.02\times\frac{300\times24}{13}\times1.695\times34\%=11816.10\text{kg}=11.82\text{t}$，年产裕量 $11.82-8=3.82\text{t}$

10.7.1.3　发酵罐容积的确定

① 由上可知，三级罐的有效容积为 23.53m^3，取公称容积为 50m^3。

② 从二级罐到三级罐按接种比17%，液体损失率10%，则要求二级罐的有效容积为

$$23.53\times17\%\times(1+10\%)=4.40(\text{m}^3)$$

③ 从一级罐到二级罐按接种比12%，液体损失率10%，则要求一级罐的有效容积为

$$4.40\times12\%\times(1+10\%)=0.58(\text{m}^3)$$

10.7.1.4　物料平衡表

一级种子培养液580L	
葡萄糖0.580	碳酸钙2.9
淀粉5.80	硝酸钾0.29
玉米粉8.70	豆油2.9
黄豆饼粉5.80	淀粉酶0.0142
蛋白胨1.16	水551.86
通气、取样、粘壁损失	58L
移到二级种子罐	522L

二级种子培养液 4400L	
接一级种子量 522L	
葡萄糖 12.677 淀粉 60.77 玉米粉 58.16 黄豆饼粉 82.77 蛋白胨 7.75	碳酸钙 19.385 酵母粉 8.80 豆油 19.38 淀粉酶 0.0969 水 3763.95
通气、取样、粘壁损失	440L
移到三级种子罐	3960L

三级种子培养液 23530L	
接二级种子量 3960L	
硫酸铵 1.11 淀粉 110.84 玉米粉 22.17 黄豆饼粉 66.51 蛋白胨 1.11 氯化钴 0.032	碳酸钙 11.08 酵母粉 1.11 硝酸钾 1.11 泡敌 0.63 水 2001.07 补料量 3800.66
通气、取样、粘壁损失	2353L
放罐	20000L

含硫酸小诺米星 51.9 十亿单位，交提炼车间。

10.7.1.5 原材料消耗表（表 10-15）

10.7.2 提炼车间物料衡算

10.7.2.1 工艺指标

① 放罐单位：1180U/mL。

② 每罐放液体积：20m^3。

③ 每天以处理两罐计算。

④ 收率：总收率 34%。

分步收率：酸化、吸附、漂洗：96%；解洗、脱色：95%；薄膜浓缩：97%；转盐炭脱：97%；柱层析：44.4%；减压浓缩：97%；喷雾干燥：92%。

工艺指标如表 10-15 所示。

表 10-15 工艺指标

原料名称	一级投料量	二级投料量	三级投料量	每罐消耗	每十亿产品消耗	每月消耗	每年消耗
葡萄糖	0.580	12.68		13.26	0.56	16.86	168.56
淀粉	5.80	60.77	110.84	177.41	7.52	225.52	2255.21
玉米粉	8.70	58.16	22.17	89.03	3.77	113.17	1131.74
黄豆饼粉	5.8	82.77	66.51	155.08	6.57	197.14	1971.36
酵母粉		8.80	1.11	9.91	0.42	12.60	125.97
蛋白胨	1.16	7.75	1.11	10.02	0.42	12.74	127.37

续表

原料名称	一级投料量	二级投料量	三级投料量	每罐消耗	每十亿产品消耗	每月消耗	每年消耗
硫酸铵			1.11	1.11	0.05	1.41	14.11
硫酸钙	2.90	19.38	11.08	33.36	1.41	42.41	424.07
硝酸钾	0.29		1.11	1.4	0.06	1.78	17.80
氯化钴	0.025	0.20	0.032	0.257	0.01	0.33	3.27
淀粉酶	0.0142	0.10		0.1142	0.005	0.15	1.45
豆油	2.90	19.38		22.28	0.94	28.32	283.22
泡敌			0.63	0.63	0.03	0.80	8.01
水	551.86	3763.95	2001.07	6316.88	267.66	8029.93	80299.32

补料配方与三级发酵罐基本一致，无玉米粉。

10.7.2.2 提炼工艺物料衡算（以每天处理两罐发酵罐计算）

① 酸化：发酵液 pH 约为 7.2，调至 pH1.5～2.0，需加入 H_2SO_4 为 0.2%，折算成工业硫酸用量

$$40\times10^3\times0.2\%/98\%=81.63\text{kg}$$，以 82kg 计算。

② 中和：从 pH 1.5～2.0 回调至 pH 6.4～6.7，用与 H_2SO_4 相当的 NaOH 量

$$\frac{82}{98}\times2\times40=66.94\text{kg}$$，取 67kg。

③ 吸附：$$732\text{树脂用量(L)}=\frac{\text{发酵液体积(L)}\times\text{发酵液单位(U/mL)}}{70000\text{(U/mL)}}$$

$$=\frac{40\times10^3}{70000}\times1180=674.29\text{(L)}$$，取 700L。

④ 洗涤：

a. 稀酸洗：需 0.4mol/L 的稀盐酸约 70～80t，折酸成工业盐酸用量：

$$\frac{0.4\times36.5\times80}{1000\times35.5\%}=3.29\ \text{(t)}$$

b. 无盐水洗

c. 稀氨洗：用 0.10～0.15mol/L 氨水，用量为树脂体积的 10～15 倍，按 15 倍计，折算成液氨用量

$$\frac{0.07\times22.5\times35}{28\%}=196.88\ \text{(L)}$$

⑤ 解吸：用 4.5%～5.0%氨水，按饱和树脂量的 9 倍计算，折算成液氨用量

$$5\%\times13.5\times35/28\%=84.375\ \text{(L)}$$

⑥ 脱色：用两个装 711 树脂的脱色罐串联进行二次脱色，711 树脂量为 732 树脂量的二倍，即 1400L，脱色液体积为 732 树脂量的 7～9 倍，按 9 倍计，即 6300L。

⑦ 浓缩：经三次浓缩，最后效价达 (18～20)×10^4 U/mL，按 20×10^4 U/mL 计，脱色液效价为 1×10^4 U/mL，即浓缩液体积为$\frac{6300\times1}{20}\times97\%=305.55$ (L)。

⑧ 转盐：c.p. 硫酸用量约为浓缩液的 0.1%，即 305.55×0.1%=0.306kg。

⑨ 炭脱：活性炭用量为浓缩液体积的 7%～10%，按 10%计，305.55×10%=31kg。

⑩ 柱层析：样品体积为柱层体积的 20%，则硅胶用量为 306/20%=1530 (L)。

洗脱液 a. 氯仿：异丙醇：17%氨水=2：1：1，洗下硫酸小诺米星；体积为7个柱床体积。

b. 氯仿：异丙醇：28%氨水=2：1：1，洗下 C_{1a} 的体积为5个体积。

氯仿用量：1530×12×2/4=9180（L），异丙醇用量：1530×12×1/4=4590（L）。

氨水折算成28%液氨用量：1530×5×1/4+1530×7×1/4×17%/28%=3538（L）。

⑪ 减压浓缩：洗脱液 a. 体积为10710L，效价为306×20×44.4%/10710=0.253×10^4（U/mL），

b. 体积为7650L，效价为306×20×55.6%/7650=0.445×10^4（U/mL）。

浓缩液最后效价为20×10^4U/mL，

浓缩液体积 a. 10710×0.253×97%/20=131.42（L），

b. 7650×0.445×97%/20=165.12（L）。

10.7.2.3 原材料消耗表

提炼一次即处理两罐发酵液（40m^3，含硫酸小诺米星：40×10^6×1180×10^{-9}=47.2×10^{10}U，产品为47.2×34%=16.05×10^{10}U）所消耗的原材料，再折算为产十亿单位硫酸小诺米星所消耗的原材料，最后折算为年产15t硫酸小诺米星所消耗的原材料。原材料消耗表见表10-16。

表10-16 原材料消耗表

原材料名称	一次消耗量	每十亿单位消耗量	每月消耗量	每年消耗量
711树脂量/L	1400	87.23		
732树脂量/L	700	43.61	可回收利用	
硅胶量/L	1530	95.33		
工业硫酸/kg	81.63	5.09	152.7	1527
C.P.硫酸/kg	0.306	0.019	0.57	5.7
工业盐酸/T	3.29	0.25	7.5	75
NaOH/kg	67	4.17	125.1	1251
液氨/L	196.88	12.27	368.1	3681
无盐水				
活性炭/kg	31	1.93	可回收利用	
氯仿/L	9180	571.96	17158.8	171588
异丙醇/L	4590	285.98	8579.4	85794

10.8 提炼车间设备选型及计算

10.8.1 酸化桶

① 根据工艺条件，每天约放罐二次，每13h放一罐，每罐为20m^3，则每天需处理发酵液按40m^3计。选酸化桶规格为35m^3，装填系数为70%，则酸化桶数量为

$\frac{40\times10^3}{35\times10^3\times70\%}$=1.63，约需2个酸化桶，考虑到备用，取3个。

② 用圆筒锥底桶，取 $D:H=1:2$ （1）

$$V=\pi D^2H/4=35 \quad (2)$$

解得 $D=2.7$m，$H=4.06$m；取 $D=2700$mm，$H=4100$mm，壁厚取 6mm。

③ 搅拌器：用两档 45°直浆，转速 80r/min，配电机 Y_{1325}-4，$N=5.5$kW。

④ 材料：碳钢，内衬环氧树脂。

10.8.2 浓缩塔

参考江西制药厂，选用升膜式列管换热器。采用三次浓缩，料液（1×10^4U/mL）⟶（2～6）$\times10^4$U/mL⟶（6～8）$\times10^4$U/mL⟶（18～20）$\times10^4$U/mL。

10.8.3 确定传热面积

加热蒸汽压力 0.1MPa，进料量 2t/h，沸点 65℃，传热系数 2000kcal/(h·m²·℃)。

传热面积 $A=\dfrac{DR}{K(T_s-T)}=\dfrac{Wr}{K(T_s-T)}$，$W=F(1-x_0/x)$，$x_0$ 取 1，x 取 4，$F=2$t/h，故 $W=2000\times(1-1/4)=1500$（kg/h）

又查表得 65℃蒸汽 $r=559.7$kcal/kg，加热蒸汽压力为 0.1MPa，查表得 $T_s=100$℃，$R=539.4$kcal/kg，

则传热面积 $$A=\frac{1500\times559.7}{2000\times(100-65)}=12\text{m}^2$$

蒸汽消耗量 $$D=Wr/R=1500\times559.7/539.4=1556\text{kg/h}$$

取 20%的安全系数，$S=1.2\times12=14.4\text{m}^2$

采用 ϕ25mm×2mm，长为 5m 的黄铜管为加热管，则管数为 $n=s/\pi d_0L=14.4/0.025\times5\times3.14=37$

10.8.4 确定蒸发器的主要工艺尺寸

（1）加热室

加热管按正三角形排列，取管间距 t 为 70mm，则管束中心线上管数 $n_c=1.1\sqrt{37}=7$

加热室内径 $D_I=t(n_c-1)+2b'$，取 $b'=1.5d_0$，则 $D_I=70(7-1)+2\times1.5\times25=495$mm

取 $D_I=500$mm。

（2）分离室

取分离室高 $H=1.5$m，由表查得压强为 20kPa 蒸汽的密度 0.1308kg/m³，二次蒸汽的流量

$$V_s=\frac{1500}{0.1308\times3600}=3.2\text{m}^3/\text{s}，取蒸发体积强度 V_s'=1.5\text{m}^3/\text{s}$$

则分离室直径 $$D_I=\sqrt{\frac{3.2}{3.14/4\times1.5\times1.5}}=1.35\text{m}$$

10.8.5 辅助装置

① 除沫器：安装在蒸发器顶部。

② 冷凝器和真空装置：选用干式逆流高位混合式冷凝器和往复式真空泵。

10.8.6 层析柱

依据工艺条件，柱床体积为1530L，层析一次时间为48h，径高比取1∶10，装柱系数取80%，总柱容积$V=1530/80\%=1912.5$L，用六个层析柱。则

$1/4\pi d^2 H=\frac{1912.5\times10^6}{6}$，又$H=10D$，解得$D=344$mm，$H=3440$mm。

10.8.7 离交罐

（1）筒体

根据工艺条件，732树脂用量为700L，装罐系数为65%。

树脂床径高比$D:H=1:1.25$，又$V=0.785D^2H=0.7$，解得$D=0.894$，$H=1.12$；考虑装罐系数，取$D=900$mm，$H=1120/65\%=1385$mm，取$H=1500$mm，规格ϕ900mm×1500mm，壁厚6mm，容量为3t，材料为碳钢内衬橡胶。

另外，由于离交时间达63h，而发酵液每13h放一次罐，故需罐数为63/13=5个，并考虑到备用，需10个3t离交罐。

（2）封头

选用椭圆封头，JB 1154—1973，规格D_g 1200×6，材料用不锈钢。

（3）筒配法兰

选用乙型平焊法兰（JB 1159—1973），光滑密封面（代号：G），$P_g=1\text{kg/cm}^2$，材料16Mn。

法兰垫片采用光滑密封面法兰用非金属软垫片（JB 1161—1973），材料为石棉橡胶板。

（4）进料口

按进料量最大的稀盐酸计算，工艺要求进料70～80m³，取80m³，3h完成。则

$V_s=80/3=26.7\text{m}^3/\text{h}$，取流速为2m/s，由

$$0.785D_i^2\times2=26.7/3600，得 D_i=0.069\text{m}$$

取公称直径$D_g=70$mm，外径76mm，壁厚4mm。

选带套管进料管，材料为硬聚氯乙烯，内管$d_{g1}\times s_1=76\text{cm}\times4\text{cm}$，外管$d_{g2}\times s_2=108\text{cm}\times4\text{cm}$。

套管连接法兰选用HG 5006－58，螺栓4M12。

（5）树脂出入口

树脂出入口参考《化工过程及设备设计》，选用ϕ219mm×6mm，高度略高于柱床高度。

（6）视镜

选用带颈视镜PN 2.5 DN 8.0，$h=50$，YHS 4-81-78-10，视镜玻璃用钢化硼硅玻璃（SJ-25）。

（7）液位计

选用板式液位计PN 1.0，规格ϕ18×304，JB597－64，与树脂进口等高。

（8）支座

选用A型悬挂式支座（JB 1165—73），离交罐为3t，选支座的允许负荷为4t。

（9）其他

罐顶上应有压强表，附属管道一般采用硬聚氯乙烯管，阀门采用不锈钢阀门。溶液的流量用转子流量计测量，在阀门和交换罐之间装有一段玻璃短管。

10.9　重点设备——喷雾干燥塔

参考江西制药厂，采用气流式雾化器，塔顶带旋风分离器。

工艺参数：塔顶温度120℃，塔底温度85℃，喷头压力0.16～0.20MPa，贮罐压力0.14～0.16MPa，进料流量15L/h，浓缩液浓度200000U/m，成品含水量5%，浓缩液相对密度为1.1，浓缩液进入干燥室温度20℃，大气温度25℃，湿度80%。

10.9.1　物料衡算

$$w_1=1-\frac{2\times10^5}{5.9\times10^5\times1.1}=69.2\%$$

$$c_1=\frac{w_1}{1-w_1}=\frac{0.692}{1-0.692}=2.25\text{kg 水/kg 干料}$$

$$c_2=\frac{w_2}{1-w_2}=\frac{0.05}{1-0.05}=0.0526\text{kg 水/kg 干料}$$

干料量 $G_c=G_1(1-w_1)=15\times1.1\times(1-0.692)=5.08\text{kg/h}$

总水分汽化量 $W=G_c(c_1-c_2)=5.08(2.25-0.0526)=11.2\text{kg/h}$

恒速阶段水分汽化量 $W_c=G_c(c_1-c_0)=5.08(2.25-0.2)=10.4\text{kg/h}$

降速阶段水分汽化量 $W_f=G_c(c_0-c_2)=5.08(0.2-0.0526)=0.75\text{kg/h}$

产品量 $G_2=G_1-W=15\times1.1-11.2=5.3\text{kg/h}$

原始空气湿含量 $x_0=x_1=0.016\text{kg/kg}$ 干空气

10.9.2　求喷嘴孔径

$$w_1=c_1\sqrt{\frac{2\Delta p}{\gamma_1}}=0.3\sqrt{\frac{2\times1.6\times10^5}{1100}}=5.12\text{m/s}$$

$d_1=\sqrt{\dfrac{v_1}{0.785w_1}}=\sqrt{\dfrac{15}{1000\times3600\times0.785\times5.12}}=0.001\text{m}$，取1mm，壁厚取1mm，则外径为3mm。

则 $\rho_a d_w=2.29\times0.003=6.87\text{kg/m}^2$，设液滴平均为16μm，查图得 $M_a/M_1=2.65$

$M_1=15\times1.1\times1000\div3600=4.58\text{g/s}$，$M_a=2.65\times4.58=12.15\text{g/s}$

$V_a=M_a/\gamma_a=12.15\times10^{-3}/2.29=5.30\times10^{-3}\text{m}^3/\text{s}$

气流喷嘴孔径 $d_a=\sqrt{\dfrac{V_a}{0.785w_a}+d_1^2}=\sqrt{\dfrac{5.30\times10^{-3}}{0.785\times5.12}+0.001^2}=3.63\times10^{-2}\text{m}=5.68\text{mm}$

10.9.3　热量衡算

在衡速阶段物料温度等于进口空气的湿球温度，$t_w=38℃$

物料最终浊度 $\theta_2=(t_2-t_w)\dfrac{c_0-c_2}{c_0-c^*}+t_w=(85-38)\dfrac{0.2-0.0526}{0.2-0.02}+38=76.5℃$

求出口空气的 X_2

$\Delta=\dfrac{I_2-I_1}{X_2-X_1}=\theta_1 c_{水}-(q_m+q_r+q_c)$，成品比热 $c_m=0.07\text{kJ/kg}\cdot℃$，干燥室外壁散发至大气的传热系数 $\alpha=10\text{kcal/}(\text{m}^2\cdot\text{h}\cdot℃)$。

干燥室表面积 $F=\pi DH=3.14\times1.2\times4=15.07\text{m}^2$

喷嘴进入空气量 $G_a=12.15\times3600/1000=43.74\text{kg/h}$

$$q_m=\frac{G_2}{W}c_m(\theta_2-\theta_1)=\frac{5.3}{11.2}\times0.3(76.5-20)=8.02\text{kcal/(kg}\cdot\text{h)}$$

$$q_r=\frac{1}{W}\alpha F(t_{壁}-t_0)=\frac{1}{11.2}\times10\times15.07(40-25)=201.8\text{kcal/(kg}\cdot\text{h)}$$

$$q_c=\frac{G_a}{W}c(t_2-t_0)=\frac{43.74}{11.2}\times0.24(85-25)=56.2\text{kcal/(kg}\cdot\text{h)}$$

故 $\Delta=20-(8.02+201.8+56.2)=-246.0$

因 $I_2=595X_2+0.24t_2+0.46X_2t_2$，$I_1=40.24\text{kcal/kg}$，故

物料在临界水分时的空气湿含量 $X_c=\dfrac{w}{L}\dfrac{c_1-c_0}{c_1-c_2}+X_1=\dfrac{11.2\ (2.25-0.2)}{2.25-0.0526}+0.016=0.0292\text{kg/kg}$

故 $t_c=87.5℃$

恒速阶段水分汽化所需热量 $Q_c=W_c(595+0.47t_c-\theta_1)+G_2c_m(t_w-\theta_1)=10.4(595+0.47\times87.5-20)+5.3\times0.3\times(38-20)=6436\text{kcal/h}$

降速阶段水分汽化所需热量 $Q_f=0.75(595+0.47\times85-38)+5.3\times0.3(76.5-38)=509\text{kcal/h}$

干燥过程热效率 $\eta=\dfrac{Q_c+Q_f}{Q_p}=\dfrac{6436+509}{22092}=31.4\%$

汽化每公斤水分所需热量 $=\dfrac{Q_p}{w}=\dfrac{22092}{11.2}=1972.5\text{kcal/kg}$

(4) 干燥室尺寸

$$t=\frac{t_1+t_2}{2}=\frac{125+85}{2}=125℃$$

干燥室平均湿含量 $X=\dfrac{0.016+0.0302}{2}=0.0231\text{kg/kg}$ 样品

干燥室中空气比容 $V=(0.773+1.244\times0.0231)\dfrac{375.9}{273}=1.104\text{m}^3/\text{kg}$

干燥室直径 $D=1.2\text{m}$

$$X_2=\frac{I_1-0.24t_2-\Delta X_1}{595+0.46t_2-\Delta}=\frac{40.2-0.24\times85+246\times0.016}{595+0.46\times85+246}=0.0302\text{kg/kg}\ 样品$$

干空气用量 $L=\dfrac{W}{X_2-X_1}=\dfrac{11.2}{0.0302-0.016}=789\text{kg/h}$

原始空气比容 $V_0=(0.773+1.244X_0)\dfrac{273+t_0}{273}=(0.773+1.244\times0.016)\dfrac{293}{273}=0.851\text{m}^2/\text{kg}$

因 $I_0=12.3\text{kcal/kg}$，预热器加入热量 $Q=L(I_1-I_0)=789\times(40.3-12.3)=22092\text{kcal/kg}$

干燥室中空气流速 $w_m=\dfrac{(L+G_a)V}{3600\times0.785D^2}=\dfrac{(789+43.74)\times1.104}{3600\times0.785\times1.2^2}=0.226\text{m/s}$

干燥室中颗粒直径 $D_d=D_w\sqrt[3]{\dfrac{r_w(1-w_1)}{r_d(1-w_2)}}=1.6\sqrt[3]{\dfrac{1.1\times(1-0.692)}{1.2\times(1-0.05)}}=10.7\mu\text{m}$

干燥室中颗粒平均直径 $D_m=\dfrac{16+10.7}{2}=13.4\mu\text{m}$

干燥室中颗粒自由沉降速度 $w_t=\dfrac{D_m\gamma_m}{18u}=\dfrac{(13.4\times10^{-6})\times1150}{18\times2.29\times10^{-6}}=5.01\times10^{-3}\text{m/s}$

$$\alpha_v=1.58\times10^{-3}\frac{\lambda_g G_2}{\gamma_d\pi D^2/4}\left(\frac{1}{D_d}\right)^{1.6}\times\left(\frac{1}{w_m+w_t}\right)^{0.8}$$

$$=1.58\times10^{-3}\frac{2.28\times10^{-2}\times5.3}{1200\times0.785\times1.2^2}\times\left(\frac{1}{10.7\times10^{-6}}\right)^{1.6}\left(\frac{1}{0.226+0.00501}\right)^{0.8}$$

$$=40.8\text{km/(m}^3\cdot\text{h}\cdot℃)$$

恒速阶段 $\Delta t_c=\dfrac{(t_1-t_w)+(t_c-t_w)}{2}=\dfrac{120-38+87.5-38}{2}=65.8℃$

$V_c=\dfrac{Q_c}{\alpha_v\Delta t_c}=\dfrac{6436}{40.8\times65.8}=2.40\text{m}^3$

降速阶段 $\Delta t_f=\dfrac{(87.5-38)-(85-76.5)}{\ln\dfrac{49.5}{8.5}}=23.3℃$

$$V_f=\frac{Q_f}{\alpha_v\Delta t_f}=\frac{509}{40.8\times23.3}=0.54\text{m}^3$$

总需干燥室体积 $V=V_c+V_f=2.40+0.54=2.94\text{m}^3$

干燥室高度 $H=\dfrac{V}{0.785D^2}=\dfrac{2.94}{0.785\times1.2^2}=2.6\text{m}$，为安全起见，干燥室圆筒部分可取为3m。

10.10　水、电、蒸汽、气、冷估算（提炼部分）

10.10.1　水

① 漂洗用水　　30t/罐，每年共85罐。

② 离交

自来水反冲　　15t/罐

酸洗涤　　80t/罐

无盐水洗涤　　15t/罐

稀氨洗涤　　15t/罐

氨水解吸　　15t/罐

再生用水　　50t/罐

③ 层析洗脱

17%氨水的用水量　10710×(1−17%)×1/4=2222.33

约为3t/罐

④ 洗涤用水　10t/罐

⑤ 生活用水　220L/(d·人) 220×76×330=5517600L/年=5518t/a

故每年消耗水总量为（30+15+80+15+15+15+50+3+10)×85+5518=253237t

10.10.2 电

(1) 各设备全年用电总量

① 酸化桶搅拌器功率　5.5kW/罐，3h

② 振荡筛电机功率　3kW/罐，4h

③ 离交洗涤时，制备无盐水所耗功率　1.35kW/罐，10h

④ 薄膜蒸发器功率　11kW/罐，18h

⑤ 转盐罐搅拌器功率　2.2kW/罐，20h

⑥ 喷雾塔电机功率30　kW/罐，52h

全年用电总量为（5.5×3+3×4+1.35×10+11×18+2.2×20+30×52)×85=156740kW·h。

(2) 照明用电为用电总量（5%～10%）取6%，则照明用电156740×6%=94044kW·h，估计照明功率为16kW。

全年总功率1844+16=1860kW，按总装机容量的使用系数70%～80%，取75%，整车间装机容量为：

1860/75%=2480kW

则应选用变压电。

10.10.3 蒸汽

(1) 薄膜蒸发所需蒸汽1.556t/h，18h

(2) 喷雾干燥蒸汽消毒所需蒸汽1t/h，2h

全年总蒸汽为（1.556×18+1×2)×85=2551t

10.10.4 制冷

(1) 浓缩

① 浓缩液储罐夹层进冷却水　0.16t/h，18h

② 浓缩塔冷凝器用水　0.32t/h，18h

(2) 转盐　转盐罐夹层进冷却水　0.16t/h，20h

(3) 层析　洗脱液储罐　0.16t/h，48h

(4) 喷雾干燥前　进无菌储罐冷冻保藏　0.16t/h，40h

全年总制冷量为（0.16×18+0.32×18+0.16×20+0.16×48+0.16×40)×85=2203t。

10.10.5 无菌空气

喷雾干燥　43.74kg/h，40h

全年无菌空气总量为 43.74×40×85=148716kg=933t。

参考文献

[1] 国家药品监督管理局. 药品生产验证指南，2003.

[2] 国家药品监督管理局. 药品 GMP 检查指南. 2003.

[3] 国家药品监督管理局. 药品生产质量管理规范，1998 年修订，国家药品监督管理局《药品生产质量管理规范》附录，1998.

[4] 中华人民共和国药典委员会中华人民共和国药典.（二部）. 2000

[5] 朱宏吉,张明贤.《制药设备与工程设计》. 北京：化学工业出版社,2004. 6.

[6] 中华人民共和国卫生部.《硫酸小诺霉素》标准 WS 1-199—87 (1987).

[7] 江西制药厂厂订.《原料药品原辅材料质量标准》1994 版.

[8] 江西制药厂企业订.《硫酸小诺霉素中间体质量标准》1997 修订版.

[9] 江西制药厂企业订.《硫酸小诺霉素工艺规程》1992 版.

[10] 江西制药厂企业订.《硫酸小诺霉素（自用）质量标准》1996 版.

[11] 俞文和. 新编抗生素工艺学. 北京：中国建材出版社,1996.